建筑工程预算

瞿丹英　主编

内容提要

"建筑工程预算"是建筑工程类专业的一门主要的职业技术课程。本书主要介绍工程计量与计价方法，建筑工程预算编制的程序，上海市现行计价规范、标准和计价依据。本书以能力培养为本位，以岗位技能为目标，围绕框架结构、砌体结构、剪力墙结构、轻钢结构4种典型项目展开。本书内容分为6个模块，每个模块又分解为若干个学习任务。

本书不但适合作为建筑工程类专业学生的教材，更是建筑工程类工程技术人员不可或缺的参考书。

图书在版编目(CIP)数据

建筑工程预算/瞿丹英主编．—上海：上海交通大学出版社，2020(2022重印)
ISBN 978-7-313-21771-4

Ⅰ．①建…　Ⅱ．①瞿…　Ⅲ．①建筑预算定额—高等学校—教材　Ⅳ．①TU723.34

中国版本图书馆CIP数据核字(2019)第173247号

建筑工程预算
JIANZHU GONGCHENG YUSUAN

主　　编：瞿丹英
出版发行：上海交通大学出版社　　地　　址：上海市番禺路951号
邮政编码：200030　　电　　话：021-64071208
印　　制：苏州市古得堡数码印刷有限公司　　经　　销：全国新华书店
开　　本：710 mm×1000 mm　1/16　　印　　张：16
字　　数：271千字　　插　　页：5
版　　次：2020年5月第1版　　印　　次：2022年12月第2次印刷
书　　号：ISBN 978-7-313-21771-4　　ISBN 978-7-89424-215-0
定　　价：55.00元

目　　录

前　言

“建筑工程预算”是建筑工程类专业的一门主要的职业技术课程。通过课程基本理论的学习，帮助学习者掌握工程计量与计价方法及建筑工程预算编制的程序，熟悉上海市现行计价规范、标准和计价依据等内容，培养学习者解决工程计量、计价问题的能力，并快速掌握工程预算书的编制和有关计价软件操作技巧，为今后工程实践打下良好的基础。

本教材编写注重以能力为本位，以岗位技能为目标，围绕框架结构、砌体结构、剪力墙结构、轻钢结构 4 种典型项目，并与企业合作共同开发构建新的课程框架，把教材内容整合为 6 个模块，每个模块根据预算工作过程，分解为若干个学习任务，使得学习者逐步掌握项目预算的编制，重点掌握工程量计算、计价定额应用和软件编制预算书，兼顾造价人员的资格证书考试。教材配套有工程案例图纸、基于 BIM 技术的虚拟工程教学模型、随堂实训手册、信息化教学资源等学习材料。本书的主要内容有 6 个方面。

(1) 工程造价概述，主要讲解造价费用的组成、建筑安装费用的计算方法及预算定额的应用。

(2) 框架结构工程施工图预算编制，主要是围绕某框架办公楼工程的计量与计价知识和方法展开学习和实践操作。

(3) 剪力墙结构工程施工图预算编制，主要是围绕某剪力墙工程的计量与计价知识和方法展开学习和实践操作。

(4) 砌体结构工程施工图预算编制，主要是围绕某砌体结构工程的计量与计价知识和方法展开学习和实践操作。

(5) 钢结构工程施工图预算编制，主要是围绕某钢结构厂房工程的计量与计价知识和方法展开学习和实践操作。

(6) 工程预算软件，主要围绕工程项目开展云计价软件操作学习和预算书编制应用。

本书以《上海市建筑和装饰工程预算定额》(SH 01 - 31—2016)为基础,结合上海市现行最新的计价规范、取费标准等为依据编写,使教材内容与行业企业要求紧密联系。

模块一、二、三、五由瞿丹英编写,模块四由刘夏虹编写,模块六由王建明编写,模块二中插图由葛东霞协助绘制,模块二、模块四中的部分计算由王丽核对,由瞿丹英负责统稿。在教材编写过程中同济大学应惠清和上海建科造价咨询有限公司冯闻给予了大量指导和帮助,王德芳和俞嘉在插图绘制中给予了帮助,在此一并表示感谢。

本书在编写过程中,参考了大量文献资料,在此谨向原书作者表示衷心感谢。由于时间仓促,编者水平有限,书中存在的不足之处,敬请各位读者批评指正。

模块一　工程造价概述

工程造价是建筑工程预算中的重要内容。本模块主要介绍建筑安装工程费用的组成；建筑安装工程费用的计价方法和程序；预算定额及预算定额的使用方法等方面。

任务1　造价的含义及组成

一、工程造价的含义

工程造价有两层含义：一是从投资者、业主、建设单位或房地产开发商的角度阐述。它是指建设一项工程预期开支或实际开支的全部固定资产投资费用，包括设备及工具、器具购置费用、建筑安装工程费用、工程建设其他费用、预备费、建设期贷款利息。如果是生产性建设项目，还包括流动资产投资费用（即流动资金）。二是从建筑市场建筑产品交易的角度阐述。它是指为建成一项工程，预计或实际在建筑市场各类交易活动中所形成的工程各类价格和建设工程总价格。例如，土地市场、设备市场、技术劳务市场、承包市场等交易活动中所形成的土地价格、设备价格、技术劳务价格、工程承包价格和工程总价格。本书把工程造价理解为工程承发包价格，即为建筑安装工程费用。

二、建筑安装工程费用的组成

根据《上海市建设工程施工费用计算规则(SHT0－33—2016)》相关规定，上海市建筑安装工程施工费用由直接费、企业管理费和利润、措施费、规费和增值税组成。

1. 直接费

工程施工过程中消耗的构成工程实体和部分有助于工程形成的各项费用，

包括人工费、材料费、工程设备费和施工机具使用费。

(1) 人工费：直接从事建筑安装工程施工作业的生产工人和附属生产单位工人的各项费用,内容包括工资、奖金、津贴补贴、社会保险费(个人缴纳部分)等。

(2) 材料费：施工过程中耗用的构成工程实体的主要材料、辅助材料、构配件、零件、半成品的费用,包括材料原价(或供应价)、市内运输费、运输损耗费等,不包含增值税可抵扣进项税额。

(3) 施工机具使用费：由工程施工作业所发生的施工机械、仪器仪表使用费或其租赁费组成,不包含增值税可抵扣进项税额。

2. 企业管理费和利润

(1) 企业管理费是指建筑安装企业组织施工生产和经营管理所需的费用,包括管理人员工资、办公费、差旅交通费、固定资产使用费、工具用具使用费、劳动保险和职工福利费、劳动保护费、材料采购和保管费、检验试验费、工会经费、职工教育经费、财产保险费、财务费、税金(房产税、车船使用税、土地使用税、印花税)、其他费用(技术转让费、技术开发费、投标费、业务招待费、绿化费、广告费、公证费、法律顾问费、审计费、咨询费、保险费)等。企业管理费不包含增值税可抵扣进项税额。

此外,城市维护建设税、教育附加费、地方教育附加费和河道管理费等附加税费计入企业管理费。

(2) 利润：施工企业完成所承包工程获得的盈利。

3. 措施费

(1) 安全防护、文明施工措施费是指按照国家现行的建筑施工安全、施工现场环境与卫生标准和有关规定,用于购置和更新施工安全防护用具及设施、改善安全生产条件和作业环境所需要的费用,不包含增值税可抵扣进项税额。安全防护、文明施工措施费按直接费与企业管理费和利润之和为基数,由发承包双方按安全防护、文明施工措施费的内容,根据建设工程具体特点及市场情况,参考工程造价管理机构发布的费率进行计算。

(2) 施工措施费是指施工企业为完成建筑产品时,为承担的社会义务、施工准备、施工方案发生的所有措施费用(不包含已列定额子目和企业管理费所包括的费用),不包含增值税可抵扣进项税额。

施工措施费一般包含夜间施工、非夜间施工照明,二次搬运,冬雨季施工,地上、地下设施、建筑物的临时保护设施(施工场地内),已完工程及设备保护、树木、道路、桥梁、管道、电力、通信改道、迁移等措施费；施工干扰费；工程监测费；工程新材料、新工艺、新技术的研究、检验、实验、技术专利费；创部、市优质工程施工措施费；特殊条件下施工措施费；特殊要求的保险费；港监及交通秩序维持费等。施工措施费由发承包双方遵照政府颁布的有关法律、法令、规章及各主管部门的有关规定，招标文件和批准的施工组织设计所指定的施工方案等所发生的措施费用，根据建设工程特点及市场情况，参照工程造价管理机构发布的市场信息价格，以报价的方法在合同中约定价格。

4. 规费

规费是指政府和有关权力部门规定必须缴纳的费用，主要包括社会保险费、住房公积金。

(1) 社会保险费：是指企业按规定标准为职工缴纳的各项社会保险费，一般包括养老保险费、失业保险费、医疗保险费和生育保险费、工伤保险费。

(2) 住房公积金：指企业按规定标准为职工缴纳的住房公积金。

5. 增值税

增值税即为当期销项税额，应按国家规定的计算方法计算，列入工程造价。

根据财政部、税务总局、海关总署《关于深化增值税改革有关政策的公告》(财政部　税务总局　海关总署公告(2019)39号)和住房和城乡建设部办公厅《关于重新调整建设工程计价依据增值税税率的通知》(建办标函(2019)193号)，以及市住房和城乡建设管理委员会《关于做好增值税税率调整后本市建设工程计价依据调整工作的通知》(沪建标定(2019)176号)相关规定，从2019年4月1日起，本市按一般计税方法计税的建设工程，计价依据中增值税税率由10%调整为9%。

三、建筑安装工程费用的计价方法及程序

按照建筑产品的计价特点，建筑安装工程预算费用是对建筑工程的假定产品进行计价，即对建筑安装工程按不同的分部工程进行计价，最终形成供求双方认可的建筑安装工程交易价格，这是采用各种不同计价办法的最终目的。

依照我国工程造价的改革，建筑产品计价由原先的定额计价方法逐步发展到现在的量价分离的工程量清单计价法，但在目前的一定时期内，建筑市场的工程计价还并存这两种计价办法。在上海，定额计价模式从《上海市建筑和装饰预算定额(2000)》起已经实现了量价分离。

1. 定额计价方法

定额计价方法常用工料单价法。它是指项目单价采用分部分项工程的不完全价格(即包括人工费、材料费、施工机具台班使用费)的一种计价方法。工料单价法是概预算人员根据施工图计算工程量,分部分项工程量单价(预算定额基价)乘以工程量计算直接费,再以直接费(或其中人工费)为基础,计算企业管理费、利润、增值税。直接费中,只包括人工费、材料费、施工机具使用费,不包括企业管理费、利润、增值税等。

我国工料单价法有两种计算方法:一是单价法;二是实物法。

(1) 单价法编制施工图预算工作步骤:

① 熟悉施工图及施工组织设计。

② 计算各计价项目的工程数量。

③ 工程量整理汇总。

④ 套用定额,载入市场价。

⑤ 根据预算定额计算分部分项工程费。

⑥ 计算措施费、企业管理费、利润、规费、增值税等费用,汇总工程造价。

⑦ 校核。

⑧ 编制说明,报表打印整理装订成册,填写封面,签字盖章。

(2) 实物法编制施工图预算工作步骤:

① 熟悉施工图及施工组织设计。

② 计算各计价项目的工程数量。

③ 工程量整理汇总。

④ 套预算定额消耗量,分别计算分部分项工程人材机消耗总量。

⑤ 直接根据人材机市场价计算分部分项工程合价。

⑥ 计算措施费、企业管理费、利润、规费、增值税等费用,汇总工程造价。

⑦ 校核。

⑧ 编制说明,报表打印整理装订成册,填写封面,签字盖章。

上海市根据现行定额情况,在编制施工图预算中采用的是实物计算法。本书重点介绍建筑和装饰工程实物法计价程序,根据上海市建设工程施工费用计算规则(SHT 0－33—2016)进行。

建设工程施工费用计算顺序如表 1－1 所示。

表1-1　建设工程施工费用计算表

<table>
<tr><th>序号</th><th colspan="2">项　目</th><th>计　算　式</th><th>备　注</th></tr>
<tr><td>一</td><td colspan="2">直接费</td><td>按定额子目规定计算</td><td>依据预算定额、说明</td></tr>
<tr><td rowspan="3">其中</td><td colspan="2">人工费</td><td>按定额工日耗量×约定单价</td><td></td></tr>
<tr><td colspan="2">材料费</td><td>按定额工日耗量×约定单价</td><td>不包含增值税可抵扣进项税额</td></tr>
<tr><td colspan="2">施工机具使用费</td><td>按定额工日耗量×约定单价</td><td>不包含增值税可抵扣进项税额</td></tr>
<tr><td>二</td><td colspan="2">企业管理费和利润</td><td>$\sum$ 人工费×约定费率</td><td>不包含增值税可抵扣进项税额</td></tr>
<tr><td rowspan="2">三</td><td rowspan="2">措施费</td><td>安全防护、文明施工措施费</td><td>(直接费＋企业管理费和利润)×约定费率</td><td>不包含增值税可抵扣进项税额</td></tr>
<tr><td>施工措施费</td><td>报价方式计取</td><td>由双方合同约定，不包含增值税可抵扣进项税额</td></tr>
<tr><td>四</td><td colspan="2">人工、材料、施工机具差价</td><td>结算期信息价－[中标期信息价×(1＋风险系数)]</td><td>由双方合同约定，材料、施工机具使用费中不包含增值税可抵扣进项税额</td></tr>
<tr><td rowspan="2">五</td><td rowspan="2">规费</td><td>社会保险费</td><td>人工费×相应税率</td><td>沪建市管(2019)24号文费率取32.60%</td></tr>
<tr><td>住房公积金</td><td>人工费×相应税率</td><td>沪建市管(2019)24号文费率取1.96%</td></tr>
<tr><td>六</td><td colspan="2">小　计</td><td>(一)＋(二)＋(三)＋(四)＋(五)</td><td></td></tr>
<tr><td>七</td><td colspan="2">增值税</td><td>(六)×相应税率</td><td>沪建标定(2019)176号文规定税率取9%</td></tr>
<tr><td>八</td><td colspan="2">合　计</td><td>(六)＋(七)</td><td></td></tr>
</table>

2. 工程量清单计价方法

工程量清单计价方法即综合单价计价法。按照单价综合内容的不同又可分为全费用综合单价和部分费用综合单价。目前常采用部分费用综合单价，部分费用综合单价是指项目单价综合了人工费、材料费、施工机具台班使用费、企业管理费、利润及风险费的一种计价方法。具体计价过程是以各个分部分项工程的数量乘以对应的项目综合单价，合计为单位工程的分部分项工程费，然后另加单位工程的措施费、其他项目费、规费、增值税后生成单位工程的总造价。这种计价方式现在常用于工程量清单招投标中，具体计价程序在工程量清单计价课程中学习。

四、案例分析

案例：某工程为上海郊区镇民用建筑，已知工程某部分数据如表 1-2 所示。表中数据均为假设，不包含增值税可抵扣进项税额，以人工费为基数，根据给出数据按定额计价法列出建设工程费用计算表中数据。假设企业管理费和利润费率取 30%，安全防护、文明施工措施费费率为 3.3%(民用建筑费率)，施工措施费用取 5 000 元，规费中社会保险费费率取 32.60%，住房公积金费率取 1.96%，税费费率取 9%，风险不考虑。

表 1-2 某工程预算表

序号	定额编号	项 目 名 称	单位	工程量	单价/元	合价/元	其中/元
							人工费
1	01-1-1-2	平整场地	m^2	500	7.01	3 505	3 505
2	01-1-1-3+4	推土机推土 推距 180 m	m^3	100	31.773	3 177	491
3	01-1-1-7	人工挖土方 埋深 1.5 m 以内	m^3	110	37.561	4 132	2 720.3
4	01-1-1-9	机械挖土方深度为 3.5 m 以内	m^3	120	11.869	1 424	741.6
直接费合计						12 238	7 458

解：(1) 方法指导：根据定额计价法计价程序结合工程实际取费要求计算该工程的费用。根据上海市有关规定，以直接费中的人工费作为计算基数，计算工程造价费用。

(2) 具体费用计算如表 1-3 所示。

表 1-3 建设工程费用计算表

序号	费 用 名 称		计 算 方 法	费用/元
1	预算定额分部分项工程直接费		分部分项工程预算计价表汇总	12 238
2	其中	人工费		7 458
3	企业管理费和利润		(2)×30%	2 237.4

(续表)

序号	费用名称		计算方法	费用/元
4	安全防护、文明施工措施费		[(1)+(3)]×3.3%	477.7
5	施工措施费		5 000	5 000
6	小计		(1)+(3)+(4)+(5)	19 953.1
7	人工、材料、设备、机具价差		结算期信息价−[中标期信息价×(1+风险系数)]	0
8	规费	社会保险费	(2)×32.60%	2 431.22
9		住房公积金	(2)×1.96%	146.2
10	税金		[(6)+(7)+(8)+(9)]×9%	2 006.34
11	费用合计		(6)+(7)+(8)+(9)+(10)	24 536.86

任务2　预算定额

一、预算定额的概念

预算定额是指在正常施工生产条件下，在社会平均先进水平的基础上，完成单位合格工程建设产品(结构构件或分项工程)的施工所需消耗的人工、材料和施工机械台班的数量标准。

二、预算定额的分类

依据《上海市建设工程定额体系表 2015》，上海市现行预算定额分为建筑安装工程、房屋建筑与装饰工程、安装工程、市政工程、园林绿化工程、城市轨道交通工程、燃气工程、民防工程、城镇给排水工程、公路工程、水运工程、水利工程、主题类、通用类定额。本教材主要介绍《上海市建筑和装饰工程预算定额(SH 01－31－2016)》。

三、预算定额的作用

(1) 预算定额是编制施工图预算，确定和控制建筑安装工程造价的依据。

(2) 预算定额是确定招投工程标底的依据。

(3) 预算定额是对设计方案进行技术经济评价的依据。

(4) 预算定额是施工企业进行经济核算的依据。

(5) 预算定额是对竣工工程进行结算的依据。

(6) 预算定额是编制概算定额和概算指标的依据。

四、预算定额的组成

以《上海市建筑和装饰工程预算定额(SH 01－31—2016)》(以下简称《定额》)为例说明。《定额》由总说明、分部工程定额和附录组成。

1. 总说明

总说明是对定额使用方法及共同性的问题所作的综合说明和规定。

2. 分部工程定额

每一分部工程均由分部说明、工程量计算规则和定额表组成。

分部说明是对本分部工程的编制内容、使用方法和共同性问题所作的说明和规定。

工程量计算规则是对分部分项工程量计算规则所作的统一规定。《定额》按照工程种类不同以分部工程分章编制,共分为土石方工程,地基处理与边坡支护工程,桩基工程,砌筑工程,混凝土及钢筋混凝土工程,金属结构工程,木结构工程,门窗工程,屋面及防水工程,保温、隔热、防腐工程,楼地面装饰工程,墙、柱面装饰与隔断、幕墙工程,天棚工程,油漆、涂料、裱糊工程,其他装饰工程,附属工程,措施项目等17个分部工程定额规则,供建筑工程量计算参考。

定额表是定额的基本表现形式,每个定额表包括工作内容,定额编号,项目名称,计量单位,人工、材料及机械的消耗量。

3. 附录

《定额》中附录内容是主要材料损耗率。

五、预算定额的使用方法

1. 定额编号

为了查阅方便,建筑工程预算定额项目表的定额编号采用四级编码,用阿拉伯数字具体编制排序。

第一级：专业编码，建筑和装饰工程为01；

第二级：章编号，用阿拉伯数字依次编排；

第三级：节编号，用阿拉伯数字依次编排；

第四级：分项编号，用阿拉伯数字依次编排。

例如：

平整场地　　　定额编号　01-1-1-1

独立基础　　　定额编号　01-5-1-3

在编制施工图预算时，对工程项目套用定额均须填写定额编号。

2. 预算定额查阅方法

为计算造价费用，定额计价法就要求能正确地查找定额，定额表查阅是在定额表中找出所需的项目编号、名称、人工、材料、机械名称及它们所对应的数值。一般查阅分三步进行：

第一步：按章—定额节—项目的顺序找至所需项目名称，并从上而下目视；

第二步：在定额表中找出所需的人工、材料、机械名称，并从左向右目视；

第三步：纵横交点的数值，就是所找数值。

3. 预算定额项目的表现含义

完整的定额表包含工作内容、项目名称、定额编号、计量单位、消耗量等内容。

下面举例说明《定额》中定额项目的表现含义。

例： 砖(240 mm)多孔砖墙定额，查定额编号：01-4-1-8。

(1) 工作内容：调运砂浆、运砌砖、预埋混凝土砖等全部操作过程，表示该预算项目包含的所有工作过程。

(2) 计量单位：m^3，表示该预算项目采用1 m^3砖墙为单位。

(3) 消耗量：具体分为两部分定额消耗量，即1 m^3砖墙消耗的人工、材料用量。

人工消耗量包括砖瓦工为0.902 9工日，其他工为0.139 0工日，合计人工工日为1.041 9工日；材料消耗量包括蒸压灰砂多孔砖240×115×90为342.690 3块，干混砌筑砂浆DM M5.0为0.229 9 m^3，水为0.107 3 m^3。

4. 预算定额的应用

预算定额在应用时，通常有3种情况：预算定额的直接套用、预算定额的调整与换算和定额补充。

(1) 预算定额的直接套用：

当实际工程的设计要求与预算定额的项目条件完全相符时，可以直接套用定额。

例： 现浇混凝土整体楼梯。

解： 定额编号：01-5-6-1；计量单位：m^3。

(2) 预算定额的调整与换算：

当实际工程的设计、施工要求与定额的工程内容、材料规格、施工工艺等条件不完全相符时，可根据定额的总说明、分部工程的说明等有关规定，在定额规定范围内加以调整换算。经过换算的定额编号一般在其右侧写上"换"字。

① 系数换算：指在使用某些预算项目时，定额中的部分人材机消耗量或全部乘以规定系数。

例： 圆弧形外墙面抹灰。

解： 根据定额说明，圆弧形外墙面抹灰套用直形外墙面抹灰，定额中人工乘以系数 1.15。定额编号：01-12-1-1 换，定额中人工消耗包括一般抹灰工为 0.143 4×1.15，其他工为 0.019 2×1.15，其余不变。

② 砂浆换算：即抹灰砂浆厚度的换算，抹灰定额在消耗量中均有不同砂浆的厚度，若设计与定额规定的抹灰厚度不同时，可以根据抹灰每增减 5 mm 的子目另列项计算。

例： 外墙面抹 25 mm 厚砂浆。

解： 定额编号：01-12-1-1 与 01-12-1-3 合并套用。

③ 材料消耗量换算：若设计要求与定额不同时，用料可以调整，但人工不变。

例： 40 mm×50 mm 建筑油膏屋面变形缝。

解： 变形缝材料调整值＝定额消耗量×(设计缝口断面面积÷定额缝口断面面积) 调整系数＝(40×50)/(30×20)＝3.333，定额编号：01-9-2-23 换，材料消耗量包括建筑油膏消耗量 0.877 7×3.333。

(3) 预算定额的补充：

当分项工程的设计要求与定额条件完全不相符或者由于设计采用新工艺、新材料、新结构，在预算定额中没有这类项目，属于定额缺项时，可编制补充新预算定额。

模块二　框架结构工程施工图预算编制

1. 案例工程项目概况

本工程为 20 万锭棉纺纱厂办公楼，四层，结构类别为框架结构，总高度为 16.2 m，建筑面积为 3 585 m^2。墙体材料：防潮层以下为混凝土砖，防潮层以上为 200 mm 厚轻质粉煤灰加气砌块，基础为有梁式满堂基础。

要求依据《建筑工程建筑面积计算规范》(GB/T50353—2013)、《定额》、《混凝土结构施工图平面整体表示方法制图规则和构造详图》16G101 系列图集计算本工程的工程量，并按照上海有关取费标准和市场材料价进行预算编制。

2. 工程图纸

工程图纸包括图纸目录、设计说明、建筑图、结构图，见工程案例图纸。

任务 1　建筑面积计算

一、建筑面积概述

建筑面积指建筑物各层平面面积，是各层结构外围水平投影面积之和。建筑面积是反映建筑规模的重要指标，它广泛应用于基本建设计划、统计、设计、施工和工程概预算等各个方面，如计划、统计表中的开工面积、竣工面积，在建筑工程造价管理方面起着非常重要的作用。

建筑面积具体包括使用面积、辅助面积和结构面积三部分。

1. 使用面积

使用面积是指建筑物各层平面中直接为生产或生活使用的净面积之和，如住宅建筑中的居室、客厅等。

2. 辅助面积

辅助面积是指建筑物各层平面中为辅助生产或辅助生活所占净面积之和，如楼梯、走道、卫生间、厨房等。

使用面积与辅助面积之和称为有效面积。

3. 结构面积

结构面积是指建筑各层平面中的墙体、柱等结构所占面积总和(不包括抹灰层厚度所占面积)。

在城市规划中还涉及建筑用地面积，根据《中华人民共和国城市规划法》和《上海市城市规划条例》，建设用地面积计算必须以城市规划管理部门划定的用地范围为准。

土地开发强度主要用建筑密度及建筑容积率等指标来反映。

建筑密度(%)＝建筑底层占地面积/建设用地面积。

建筑容积率＝建筑总面积/建设用地面积。

一般情况下，建筑容积率计算中建筑面积指地上部分建筑面积之和，不包括地下室、半地下室面积，屋顶建筑面积不超过标准层建筑面积10%的也不计。

二、建筑面积计算规则解析

鉴于建筑发展中出现的新结构、新材料、新技术、新的施工方法，为了解决建筑技术的发展产生的面积计算问题，本着不重算、不漏算的原则，对建筑面积的计算范围和计算方法进行了统一修改和完善。建设部于2013年在总结《建筑工程建筑面积计算规范》(GB/T50353—2005)的基础上发布了《建筑工程建筑面积计算规范》(GB/T50353—2013)，GB/T50353—2005规范同时废止。

1. 计算建筑面积的规定

(1) 建筑物的建筑面积应按自然层外墙结构外围水平面积之和计算，对建筑物内的设备层、管道层、避难层等有结构层的楼层也应计算建筑面积。

结构层高在2.20 m及以上的，应计算全面积；结构层高在2.20 m以下的，应计算1/2面积。如图2-1所示，其建筑面积$S=B\times L$。

(2) 建筑物内设有局部楼层时，对于局部楼层的二层及以上楼层，有围护结构的应按其围护结构外围水平面积计算，无围护结构的应按其结构底板水平面

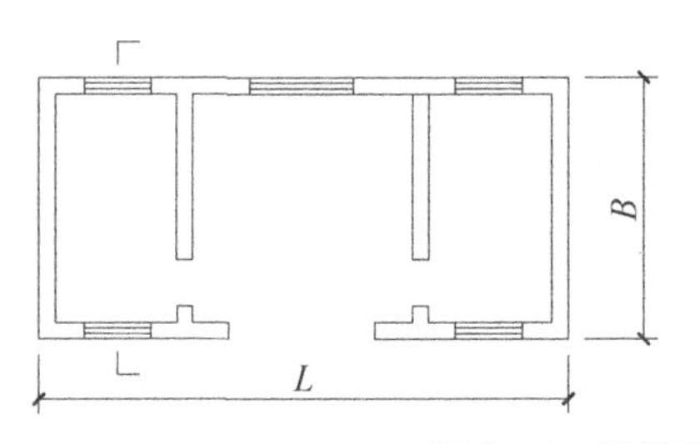

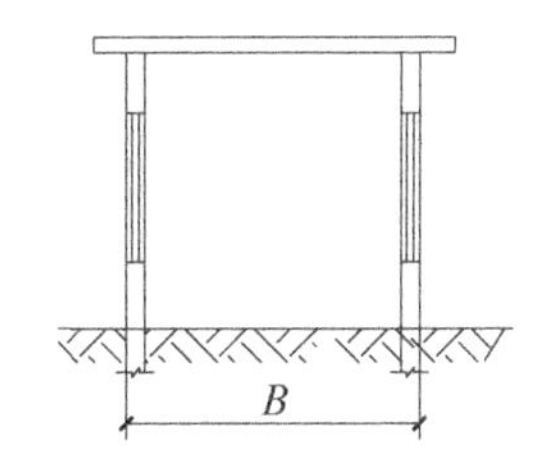

图 2-1　建筑物建筑面积

积计算，且结构层高在 2.20 m 及以上的，应计算全面积，结构层高在 2.20 m 以下的，应计算 1/2 面积。如图 2-2 所示，其建筑面积 $S=B\times L+a\times b$。

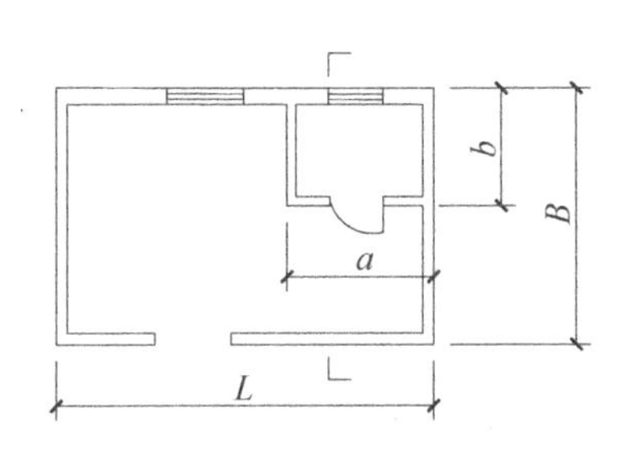

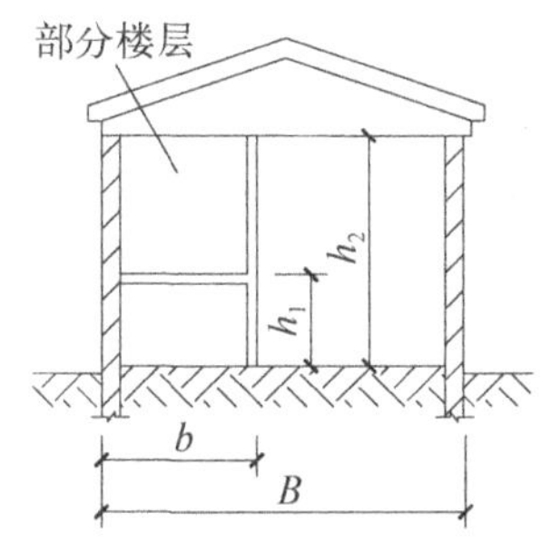

图 2-2　建筑物内有局部楼层建筑面积

(3) 对于形成建筑空间的坡屋顶，结构净高在 2.10 m 及以上的部位应计算全面积；结构净高在 1.20 m 及以上至 2.10 m 以下的部位应计算 1/2 面积；结构净高在 1.20 m以下的部位不应计算建筑面积，如图 2-3 所示。

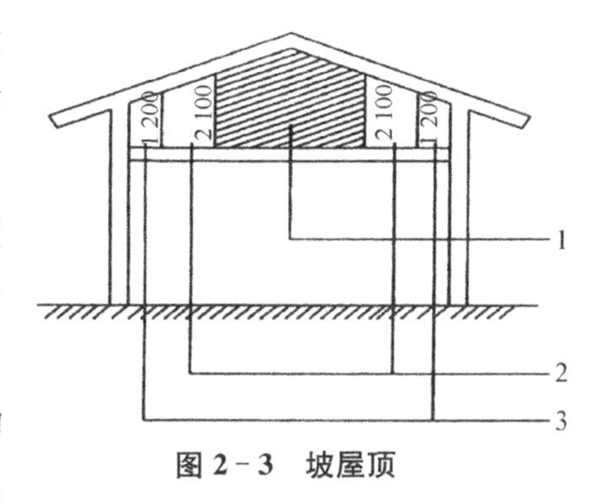

图 2-3　坡屋顶

(4) 对于场馆看台下的建筑空间，结构净高在 2.10 m 及以上的部位应计算全面积；结构净高在 1.20 m 及以上至 2.10 m以下的部位应计算 1/2 面积；结构净高在 1.20 m 以下的部位不应计算建筑面积(见图 2-4)。

室内单独设置的有围护设施的悬挑看台，应按看台结构底板水平投影面积计算建筑面积。

有顶盖无围护结构的场馆看台应按其顶盖水平投影面积的 1/2 计算面积(见图 2-5)。

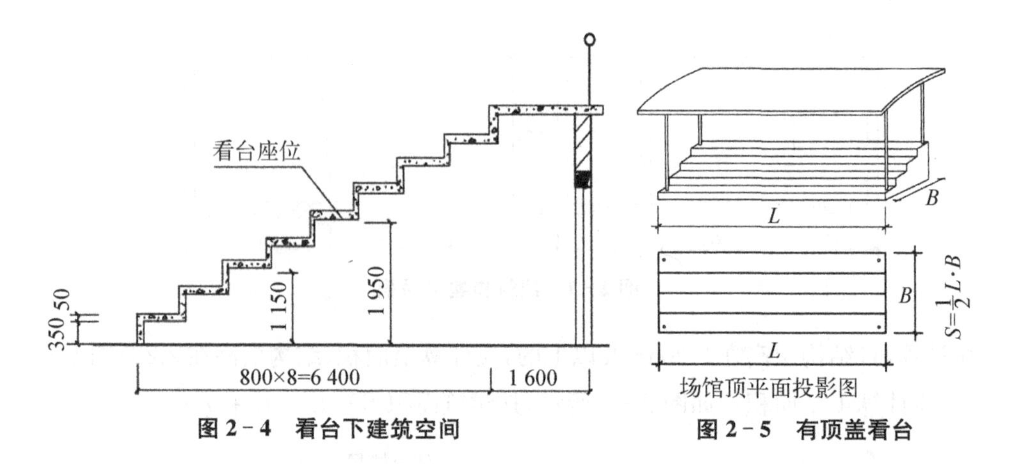

图 2-4 看台下建筑空间　　图 2-5 有顶盖看台

(5) 建筑物的门厅、大厅应按一层计算建筑面积，门厅、大厅内设置的走廊应按走廊结构底板水平投影面积计算建筑面积。结构层高在 2.20 m 及以上的，应计算全面积；结构层高在 2.20 m 以下的，应计算 1/2 面积(见图 2-6、图 2-7)。

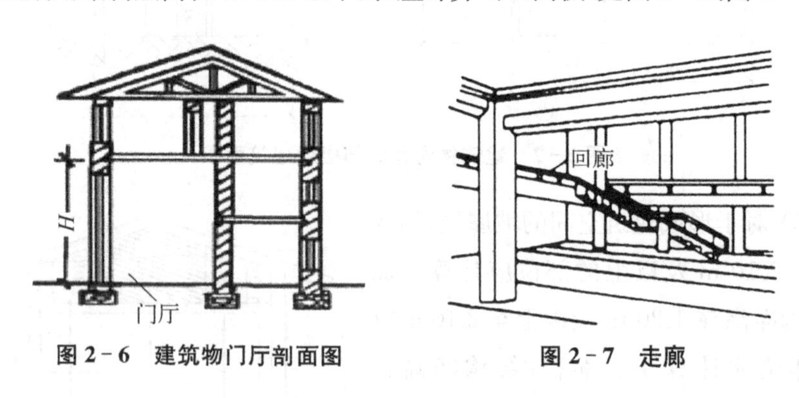

图 2-6 建筑物门厅剖面图　　图 2-7 走廊

(6) 对于建筑物间的架空走廊，有顶盖和围护设施的，应按其围护结构外围水平面积计算全面积；无围护结构、有围护设施的，应按其结构底板水平投影面积计算 1/2 面积(见图 2-8)。

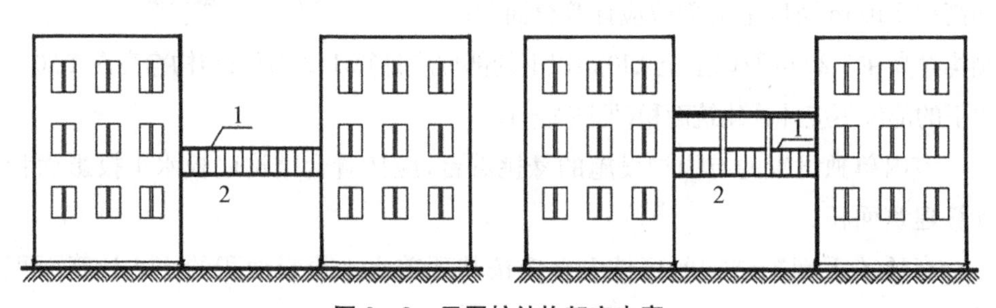

图 2-8 无围护结构架空走廊

（7）对于立体书库、立体仓库、立体车库，有围护结构的，应按其围护结构外围水平面积计算建筑面积；无围护结构、有围护设施的，应按其结构底板水平投影面积计算建筑面积。无结构层的应按一层计算，有结构层的应按其结构层面积分别计算。结构层高在 2.20 m 及以上的，应计算全面积；结构层高在 2.20 m 以下的，应计算 1/2 面积。

注意，起局部分隔、存储等作用的书架层、货架层或可升降的立体钢结构停车层均不属于结构层，故该部分分层不计算建筑面积。

（8）有围护结构的舞台灯光控制室，应按其围护结构外围水平面积计算。结构层高在 2.20 m 及以上的，应计算全面积；结构层高在 2.20 m 以下的，应计算 1/2 面积。

（9）附属在建筑物外墙的落地橱窗，应按其围护结构外围水平面积计算。结构层高在 2.20 m 及以上的，应计算全面积；结构层高在 2.20 m 以下的，应计算 1/2 面积。

（10）窗台与室内楼地面高差在 0.45 m 以下且结构净高在 2.10 m 及以上的凸（飘）窗，应按其围护结构外围水平面积计算 1/2 面积。

（11）有围护设施的室外走廊（挑廊），应按其结构底板水平投影面积计算 1/2 面积；有围护设施（或柱）的檐廊，应按其围护设施（或柱）外围水平面积计算 1/2 面积（见图 2-9）。

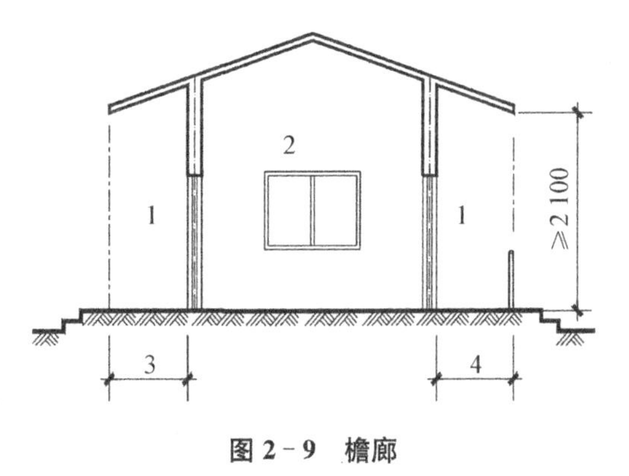

图 2-9　檐廊

1—檐廊；2—室内；3—不计算建筑面积部位；4—计算 1/2 建筑面积部位

（12）门斗应按其围护结构外围水平面积计算建筑面积，且结构层高在 2.20 m 及以上的，应计算全面积；结构层高在 2.20 m 以下的，应计算 1/2 面积（见图 2-10）。

（13）门廊应按其顶板的水平投影面积的 1/2 计算建筑面积；有柱雨篷应按其结构板水平投影面积的 1/2 计算建筑面积；无柱雨篷的结构外边线至外墙结构外边线的宽度在 2.10 m 及以上的，应按雨篷结构板的水平投影面积的 1/2 计算建筑面积（见图 2-11）。

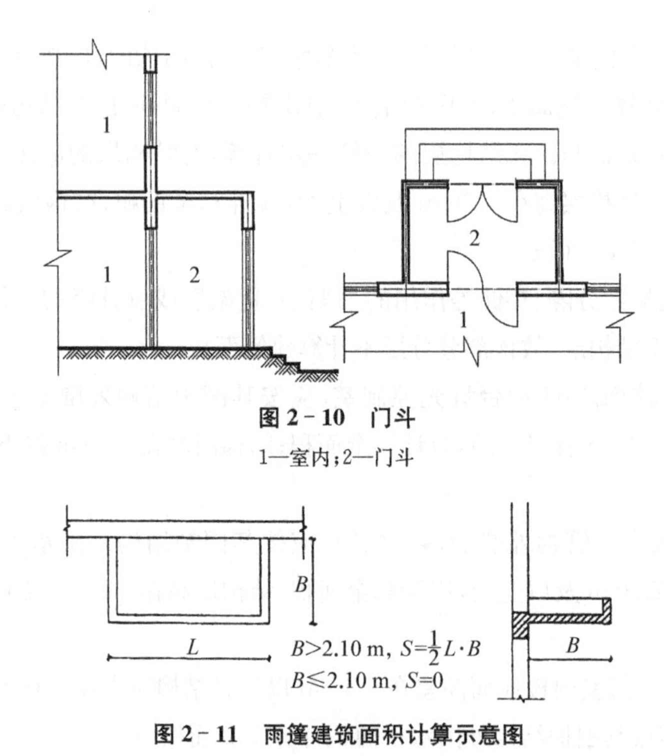

图 2-10　门斗

1—室内；2—门斗

图 2-11　雨篷建筑面积计算示意图

(14) 设在建筑物顶部的、有围护结构的楼梯间、水箱间、电梯机房等，结构层高在 2.20 m 及以上的应计算全面积；结构层高在 2.20 m 以下的，应计算 1/2 面积(见图 2-12)。

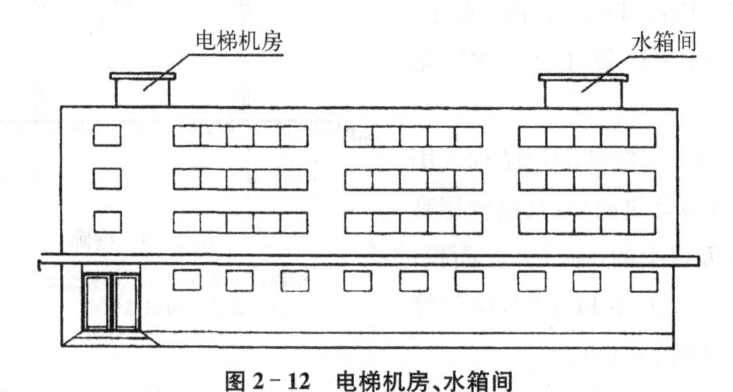

图 2-12　电梯机房、水箱间

(15) 围护结构不垂直于水平面的楼层，应按其底板面的外墙外围水平面积计算。结构净高在 2.10 m 及以上的部位，应计算全面积；结构净高在 1.20 m 及以上至 2.10 m 以下的部位，应计算 1/2 面积；结构净高在 1.20 m 以下的部位，不应计算建筑面积(见图 2－13)。

注意,由于目前很多建筑设计追求新、奇、特,造型越来越复杂,很多时候根本无法明确区分什么是围护结构、什么是屋顶,因此对于斜围护结构与斜屋顶采用相同的计算规则,即只要外壳倾斜,就按结构净高划段,分别计算建筑面积。

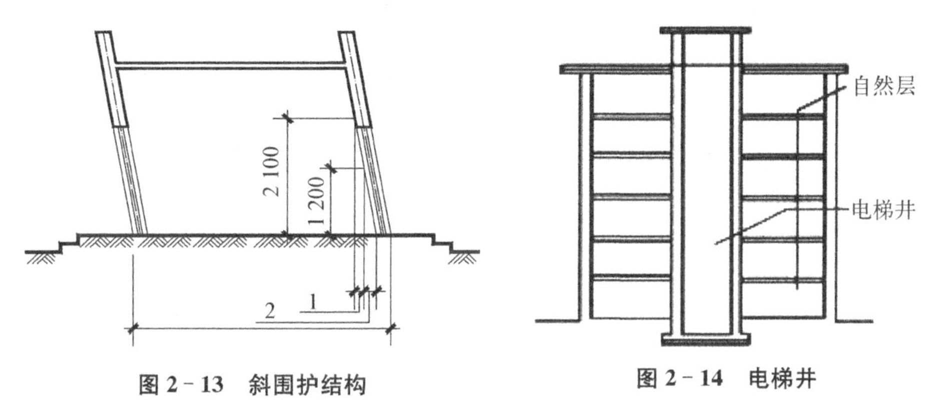

图 2－13　斜围护结构

1—计算 1/2 建筑面积部位;2—不计算建筑面积部位

图 2－14　电梯井

(16) 建筑物的室内楼梯、电梯井、提物井、管道井、通风排气竖井、烟道,应并入建筑物的自然层计算建筑面积(见图 2－14)。

(17) 室外楼梯应并入所依附建筑物自然层,并应按其水平投影面积的 1/2 计算建筑面积(见图 2－15)。

(18) 在主体结构内的阳台,应按其结构外围水平面积计算全面积;在主体结构外的阳台,应按其结构底板水平投影面积计算 1/2 面积。

(19) 有顶盖无围护结构的车棚、货棚、站台、加油站、收费站等,应按其顶盖水平投影面积的 1/2 计算建筑面积。

(20) 以幕墙作为围护结构的建筑物,应按幕墙外边线计算建筑面积。

(21) 建筑物的外墙外保温层,应按其保温材料的水平截面积计算,并计入自然层建筑面积(见图 2－16)。

(22) 与室内相通的变形缝,应按其自然层合并在建筑物建筑面积内计算。对于高低联跨的建筑物,当高低跨内部连通时,其变形缝应计算在低跨面积内。

2. 不计算面积的规定

(1) 与建筑物内不相连通的建筑部件,指的是依附于建筑物外墙外不与户室开门连通,起装饰作用的敞开式挑台(廊)、平台,以及不与阳台相通的空调室

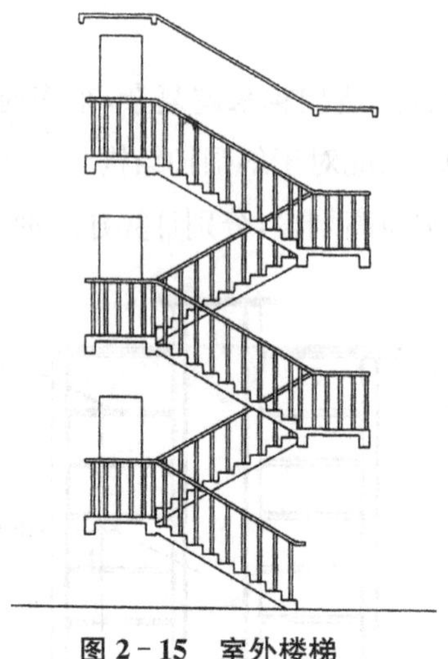

图 2-15　室外楼梯

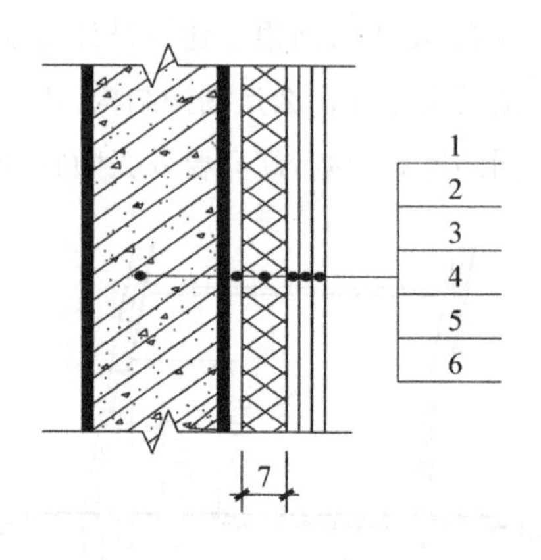

图 2-16　建筑外墙外保温

1—墙体；2—黏结胶浆；3—保温材料；4—标准网；5—加强网；6—抹面胶浆；7—计算建筑面积部位

外机搁板(箱)等设备平台部件。

(2) 骑楼、过街楼底层的开放公共空间和建筑物通道，骑楼(见图 2-17)，过街楼(见图 2-18)。

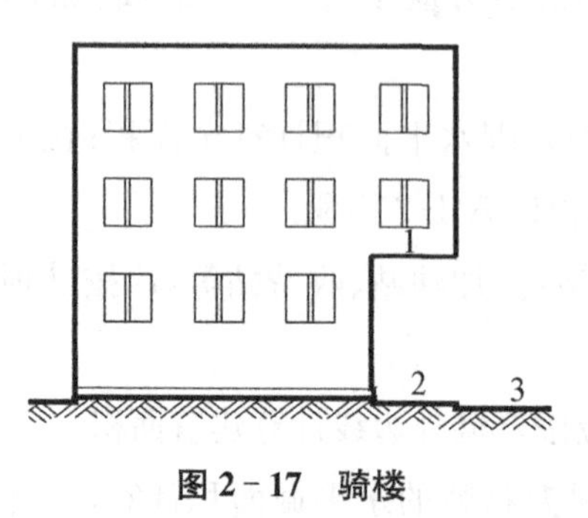

图 2-17　骑楼

1—骑楼；2—人行道；3—街道

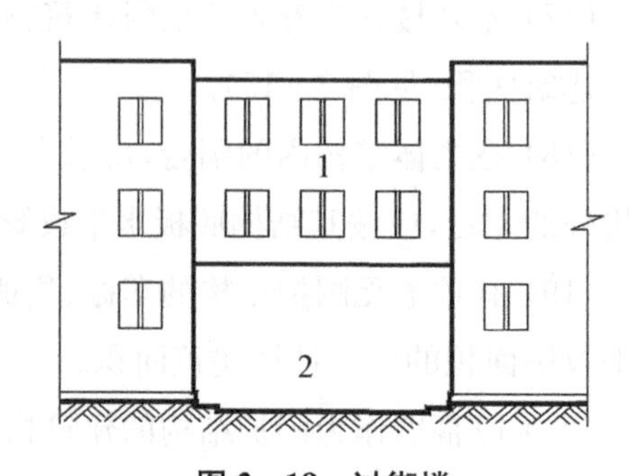

图 2-18　过街楼

1—过街楼；2—建筑物通道

(3) 舞台及后台悬挂幕布和布景的天桥、挑台等。

(4) 露台、露天游泳池、花架、屋顶的水箱及装饰性结构构件。

(5) 建筑物内的操作平台、上料平台、安装箱和罐体的平台，其主要作用为室内构筑物或为设备服务的独立上人设施，因此不计算建筑面积。

(6) 勒脚、附墙柱、垛、台阶、墙面抹灰、装饰面、镶贴块料面层、装饰性幕墙，主体结构外的空调室外机搁板(箱)、构件、配件，挑出宽度在 2.10 m 以下的无柱雨篷和顶盖高度达到或超过两个楼层的无柱雨篷。

注意，附墙柱是指非结构性装饰柱。

(7) 窗台与室内地面高差在 0.45 m 以下且结构净高在 2.10 m 以下的凸(飘)窗，窗台与室内地面高差在 0.45 m 及以上的凸(飘)窗。

(8) 室外爬梯、室外专用消防钢楼梯。

注意，室外钢楼梯需要区分具体用途，若专用于消防的楼梯，则不计算建筑面积，如果是建筑物唯一通道，兼用于消防，则需要按室外楼梯规则计算建筑面积。

(9) 无围护结构的观光电梯。

(10) 建筑物以外的地下人防通道，独立的烟囱、烟道、地沟、油(水)罐、气柜、水塔、贮油(水)池、贮仓、栈桥等构筑物。

三、建筑面积计算案例

案例 1： 计算高低联跨的单层建筑物的建筑面积，如图 2－19 所示。其边轴线与墙内侧平齐，内部轴线居柱中心，柱子均为 500 mm×500 mm，墙厚均为 240 mm，设高跨层高为 12 m，低跨层高为 9 m。

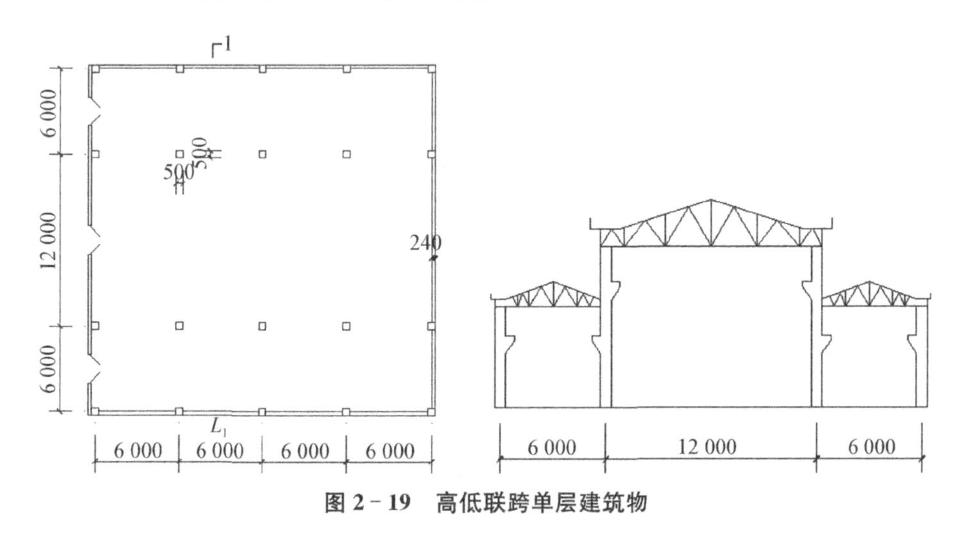

图 2－19　高低联跨单层建筑物

解： (1) 计算规则分析：本例建筑物层高均大于 2.2 m，故应计算全面积，高低联跨的建筑物可分别计算建筑面积，也可合并计算，下面按分别计算法进行具体计算：

(2) 计算：S(高跨) $=(24+0.24\times2)\times(12+0.25\times2)=306(m^2)$

S(低跨) $=(24+0.24\times2)\times(6-0.25+0.24)\times2=293.27(m^2)$

S(总面积) $=S$(高跨) $+S$(低跨) $=306+293.27=599.27(m^2)$

案例 2： 某多层建筑物，平面及剖面图如图 2-20(a)、(b)所示，求有技术层时计算建筑面积。

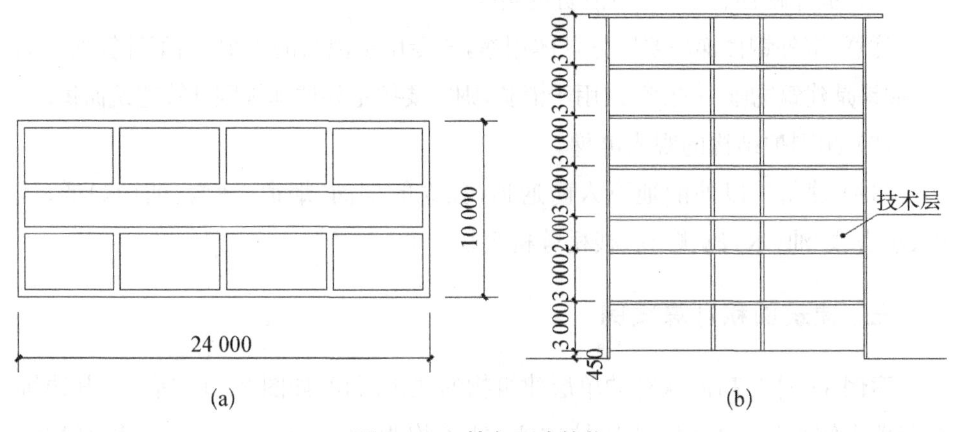

图 2-20　某多层建筑物

解： (1) 计算规则分析：多层建筑物首层应按其外墙勒脚以上结构外围水平面积计算；二层及以上楼层应按其外墙结构外围水平面积计算总面积，建筑物内的技术层层高小于 2.2 m，计算 1/2 建筑面积，本例中建筑层高其他为 3 m(除技术层外)，均在 2.20 m 以上者应计算全面积。

(2) 计算 $S=24\times10\times6+1/2\times24\times10=1\,560(m^2)$。

案例 3： 根据工程图纸，计算 20 万锭棉纺纱厂办公楼工程一层平面的建筑面积。一层层高为 4.2 m，如图 2-21 所示。

解： (1) 计算规则分析：建筑物首层应按其外墙勒脚以上结构外围水平面积计算，本例中建筑层高为 4.2 m，在 2.20 m 以上应计算全面积。

图中突出外墙结构柱应计入建筑面积，尺寸按 200×300 计算。

(2) 计算：S(一层) $=54.6\times20.2-(8.4\times5-0.3\times2)\times1.2-(8.4\times5-0.3\times2)\times0.9=1\,015.98(m^2)$

S(突出柱) $=0.2\times0.6\times8=0.96(m^2)$

S(合计) $=1\,015.98+0.96=1\,016.94(m^2)$

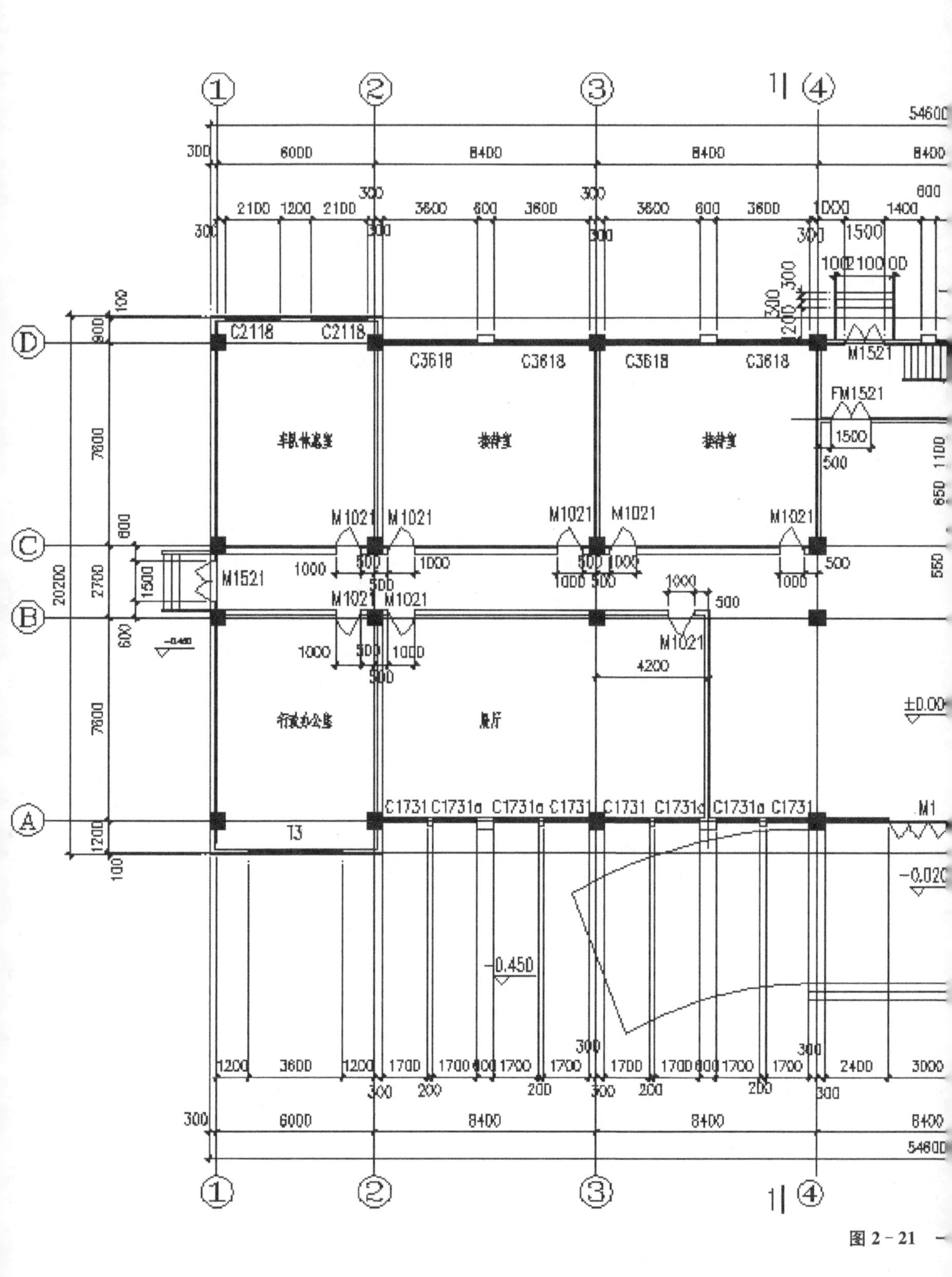

①
②
③
④
54600
300
6000
8400
8400
8400
2100
1200
2100
3600
600
1500
C2118
C2118
C3618
C3618
C3618
C3618
M1521
FM1521
接待室
接待室
M1021
M1021
M1021
M1021
M1021
M1021
M1021
M1021
1000
500
4200
20200
7800
2700
1200
行政办公室
展厅
C1731
C1731a
T3
M1
±0.000
-0.020
-0.450
1700
200
2400
3000
Ⓐ
Ⓑ
Ⓒ
Ⓓ

图 2-21

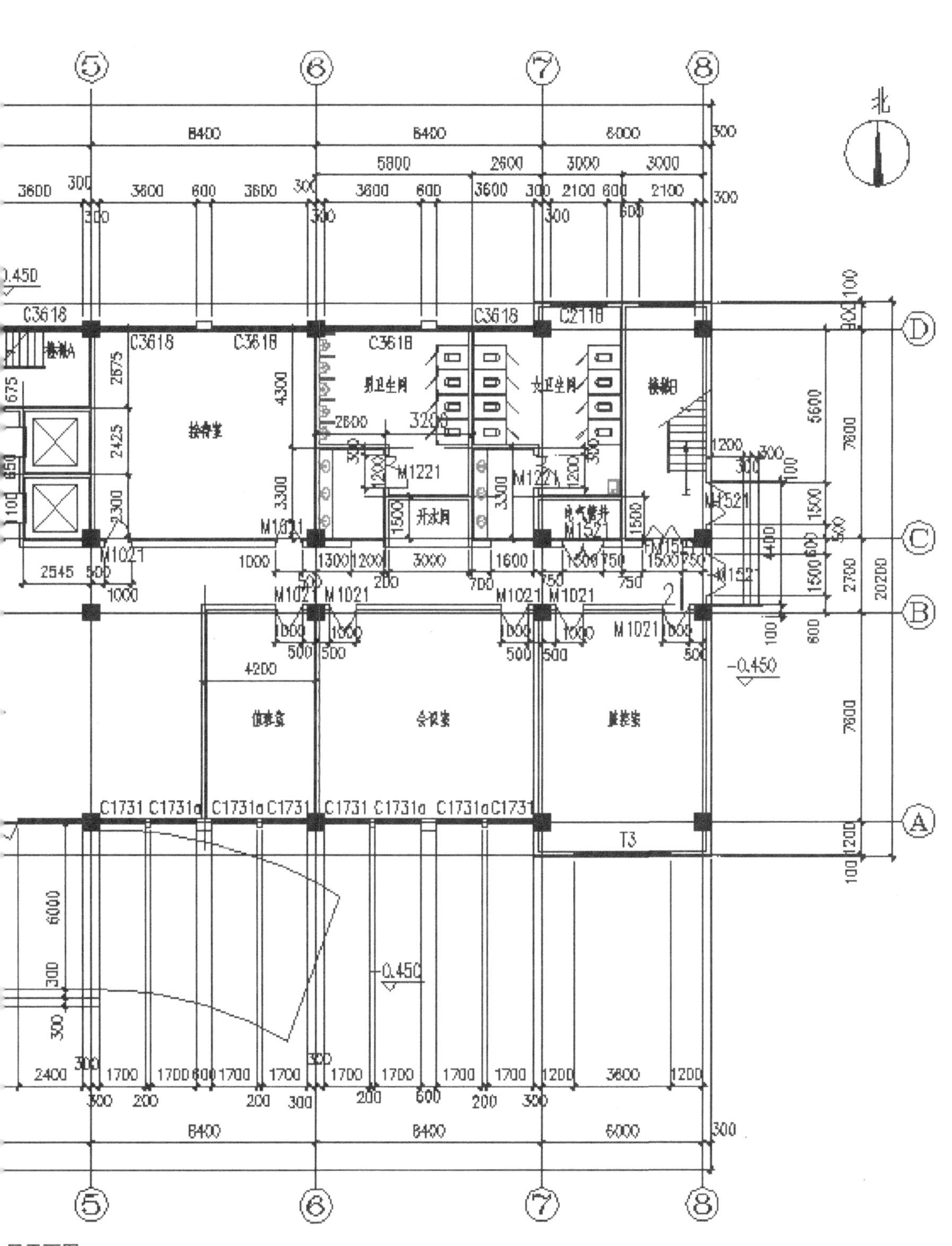

层平面图

任务 2　土方工程计量与计价

一、土方工程概述

（1）土方工程施工主要包括两类：一是场地的平整；二是建（构）筑物基础及地下室工程的开挖与回填，包括逆作法施工土方。

（2）土石方工程定额项目划分为土方工程和回填两个部分。

在《定额》中，土方分挖沟槽、基坑和一般土方。

凡图示槽底宽在 7 m 以内的，且底长＞3 倍底宽以上的为沟槽。

凡图示底长≤3 倍底宽且底面积在 150 m^2 以内的为基坑。

超出上述范围，且平整场地平均厚度在 300 mm 以外，均按一般土方计算。

二、土方工程量计算规则

（1）平整场地指建筑物场地平均厚度在 300 mm 以内就地挖、填及找平土方，《定额》项目中分人工和机械场地平整两种。平整场地工程量按建筑物或构筑物底面积的外边线各放 2 m 以面积计算，如图 2－22 所示。

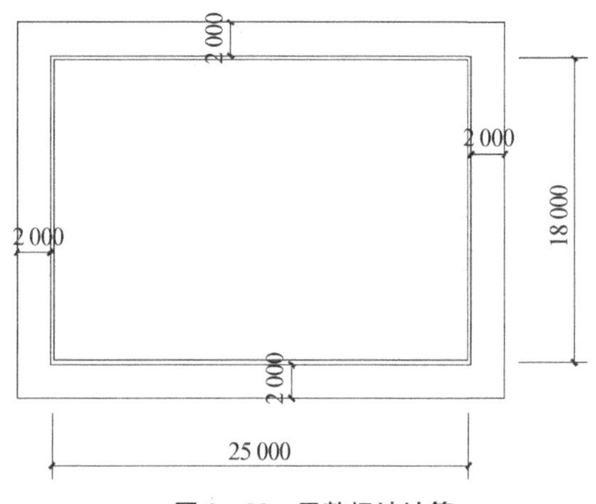

图 2－22　平整场地计算

平整场地计算公式：$S = S_{底面积} + L_{外} \times 2 + 16$，本公式只适用于矩形建筑物平整场地计算。

(2) 平均挖土厚度在 30 cm 以上的场地平整工程，按一般土方计算，以方格网法进行计算或按土层断面尺寸乘以长度计算挖方工程量，回填与运土应另行计算。

(3) 土方开挖体积均以挖掘前的天然密实体积为准计算，若以天然密实体积折算时，则按表 2-1 计算。

表 2-1　土方体积折算表

虚方体积	天然密实体积	夯实后体积	松填体积
1.00	0.77	0.67	0.83
1.20	0.92	0.80	1.00
1.30	1.00	0.87	1.08
1.50	1.15	1.00	1.25

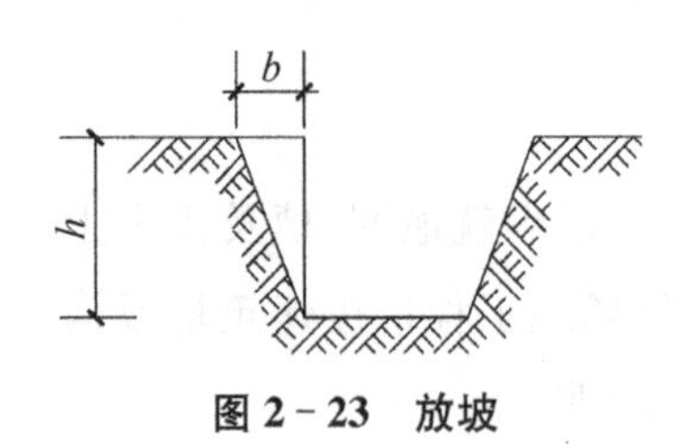

图 2-23　放坡

(4) 基础挖土深度按基础垫层底至设计室外地坪的高度(H)确定，交付施工场地标高与设计室外地坪标高不同时，应按交付施工场地标高确定，如图 2-23 所示。

(5) 挖土深度超过了放坡起点的深度，设计或施工组织设计无规定时，需进行放坡，如图 2-23 所示。挖土放坡时，按表 2-2 计算放坡系数(放坡起点为基坑底)。为便于计算，放坡常用坡度 K 表示为 $k=b/h$。

表 2-2　放坡系数取值表

名　　称	挖土深度/(米以内)	放坡系数
挖土	1.5	—
挖土	2.5	1∶0.5
挖土	3.5	1∶0.7
挖土	5.0	1∶1.0
采用降水措施	不分深度	1∶0.5

注意，表格中放坡系数指挖土深度 h 与放坡宽度 b 的比值。

(6) 基础施工所需工作面取值如表 2-3 所示。

表 2-3 基础施工所需工作面宽度取值表

名　　称	每边增加工作面宽度/mm
砖基础	200
混凝土基础、垫层支模板	300
基础垂直面做防水层	1 000(防水层面)
地下室埋深超 3 m 以上	1 800
支挡土板	100(另加)

(7) 挖基坑土方工程量计算公式：

① 不规则地坑土方量的计算按近似计算，$V=\frac{1}{6}\times H\times(F_1+4F_0+F_2)$，如图 2-24 所示。

式中：H——地坑深度；F_1、F_2——地坑上、下两底面积；F_0——地坑中($H/2$ 截面处)截面面积。

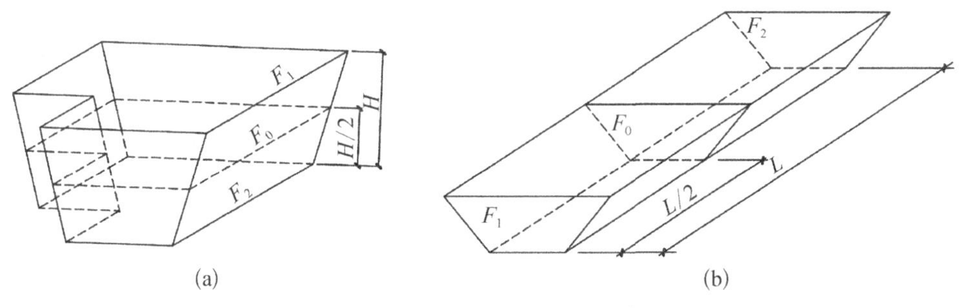

图 2-24 地坑、地槽土方计算

② 方形地坑 $V=(A+2C+KH)\times(L+2C+KH)\times H+K^2\times H^3/3$，或 $V=\frac{1}{6}\times[ab+(a+a_1)\times(b+b_1)+a_1b_1]\times H$

③ 圆形地坑 $V=\pi\times H\times[(R+C)^2+(R+C)\times(R+C+KH)+(R+C+KH)^2]/3$。

方形、圆形地坑如图 2-25 所示。

式中：V——挖地坑土方体积；A、L——地坑底宽、底长；R——地坑底圆半径；C——工作面宽度，若施工技术方案有规定时，按规定取，若施工技术方案

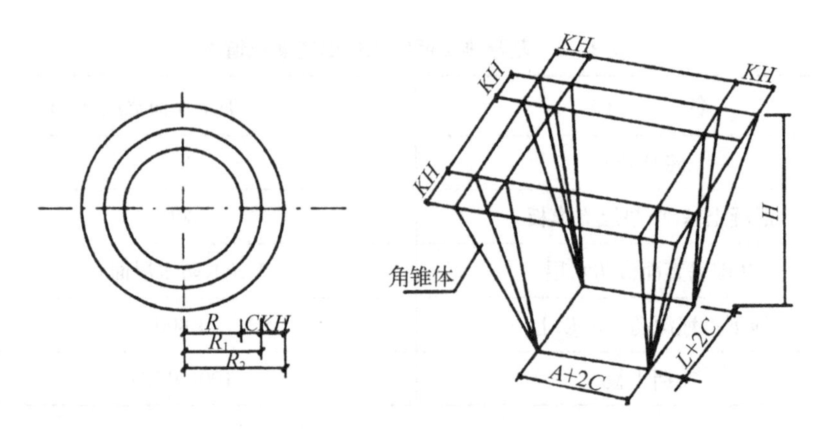

图 2-25　圆形、方形基坑土方计算

未规定时按表 2-3 取值；K——坡度；H——地坑深度；a、b——放地地坑底边长；a_1、b_1——放坡地坑上口边长。

(8) 土方工程定额计价说明：

① 人工土方定额综合考虑了干、湿土的比例。

② 机械土方是按天然湿度土壤考虑(指土壤含水率在 25%以内)的。含水率大于 25%时，定额人工、机械乘以系数 1.15。

③ 机械土方定额中已考虑了机械挖掘所不及位置和修整底边所需的人工。

④ 机械土方(除挖有支撑土方及逆作法挖土外)未考虑群桩间的挖土人工及机械降效差，遇有桩土方按相应定额人工、机械乘以系数 1.5。

⑤ 挖土机在垫板上施工时，人工、机械乘以系数 1.25。定额未包括垫板的装、运及折旧摊销。

⑥ 土方定额均未包括湿土排水。

三、土方工程计算案例

案例 1： 计算图 2-26 平整场地的工程量，图中尺寸为建筑物外墙外边线尺寸。

解： (1) 计算方法分析：平整场地工程量按建筑物底面积的外边线各放 2 m，以平方米计算。矩形构成的建筑物平整场地计算公式：$S = S_{底面积} + L_{外} \times 2 + 16$。

(2) 计算过程：$S = 75 \times 52.5 - (50 \times 40) + (75 + 75 + 52.5 + 52.5 + 40 \times 2) \times 2 + 16 = 2\,623.5(m^2)$

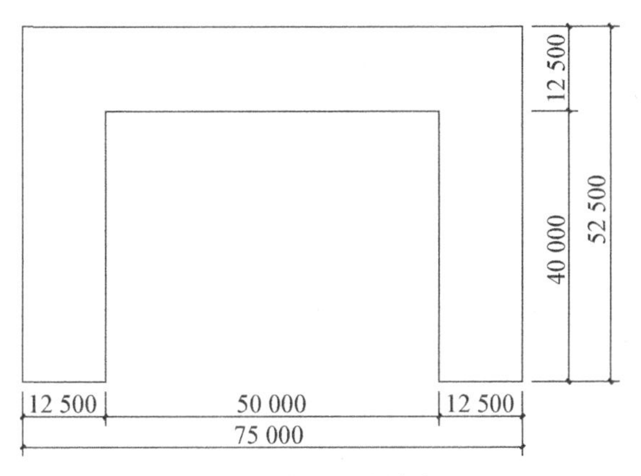

图 2－26　建筑物外墙外边线

案例 2： 计算图 2－27 机械挖基坑土方工程量。

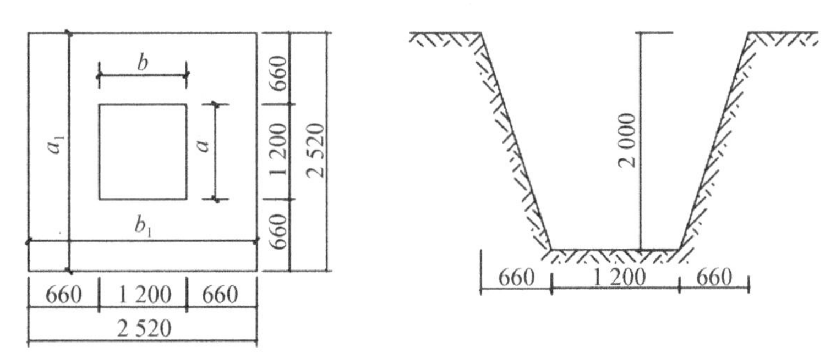

图 2－27　基坑

解：（1）计算方法分析：由图可知，地坑为四棱台形，挖土按四棱台体积计算。

（2）计算：独立基础四棱台地坑计算公式：

$$V=\frac{1}{6}\times[ab+(a+a_1)\times(b+b_1)+a_1b_1]\times H$$

式中：a、b——下底边长；a_1、b_1——上口边长。

$$\text{人工挖地坑工程量}=\frac{1}{6}\times[1.2^2+(1.2+2.52)^2+2.52^2]\times 2=7.21(\text{m}^3)$$

案例 3： 以 20 万锭棉纺纱厂办公楼工程项目为例（见图 2－28），计算该工程基础挖土方工程的工程量，并列出定额子目。

说明：本工程为筏板基础，筏板底标高为−2.000 m，筏板厚为 400 mm，垫层厚为 100 mm，设计室外地坪标高为−0.450 m。

解：(1) 计算方法分析：本工程基础为筏板基础，按基坑土方大开挖计算，由图可知，挖土深度 $H=1.65(\text{m})>1.5(\text{m})$，按定额规定，进行放坡，放坡系数取1∶0.5，根据定额规定混凝土基础工作面 C 取 300 mm。

不规则地坑土方量的计算按近似计算：$V=\frac{1}{6}\times H\times(F_1+4F_0+F_2)$

式中：H——基坑挖土深度；F_1、F_2——基坑上、下两底面积；F_0——基坑中($H/2$ 高截面处)截面面积。

(2) 计算过程：计算如表 2-4 所示。

表 2-4　工程量计算表(计算结果保留 2 位小数)

序号	项目名称	计　算　过　程	计算结果	单位
1	挖地槽土方参数	$H=2.00+0.1-0.45=1.65(\text{m})$　$C=0.3(\text{m})$ 放坡系数取 1∶0.5		
2	F_2	$(17.9+1.7+1.4+0.1\times2+0.3\times2)\times(54+1.0\times2+0.1\times2+0.3\times2)+$8轴$0.1\times(3.0\times2+1.0\times2+0.2+0.6)-$扣除面积$(0.4+0.7)\times(8.4\times5-1.0\times2-0.2-0.6)$	1 196	m^2
3	F_1	由 $H=1.65$ m　$B/H=0.5$ 得 $B=0.825$ m		
		$(17.9+1.7+1.4+0.1\times2+0.3\times2+0.825\times2)\times(54+1.0\times2+0.1\times2+0.3\times2+0.825\times2)+0.1\times(3.0\times2+1.0\times2+0.2+0.6+0.825\times2)-$扣除面积$(0.4+0.7)\times(8.4\times5-1.0\times2-0.2-0.6-0.825\times2)$	1 330.39	m^2
4	F_0	由 $H=0.825$ m，$B/H=0.5$，得 $B=0.413$ m		
		$(17.9+1.7+1.4+0.1\times2+0.3\times2+0.413\times2)\times(54+1.0\times2+0.1\times2+0.3\times2+0.413\times2)+0.1\times(3.0\times2+1.0\times2+0.2+0.6+0.413\times2)-$扣除面积$(0.4+0.7)\times(8.4\times5-1.0\times2-0.2-0.6-0.413\times2)$	1 262.60	m^2
5	基坑 V	$(1/6)\times1.65\times(1\,330.39+4\times1\,262.60+1\,196)$	2 083.62	m^3

定额子目：01-1-1-9，机械挖土方。

任务3　满堂基础工程计量与计价

一、满堂基础工程概述

(1) 当独立基础或条形基础不能满足设计要求时，在设计上将基础联成一个整体，称为满堂基础。满堂基础按设计形式不同分为有梁式满堂基础和无梁式满堂基础，如图2-29～图2-30所示。

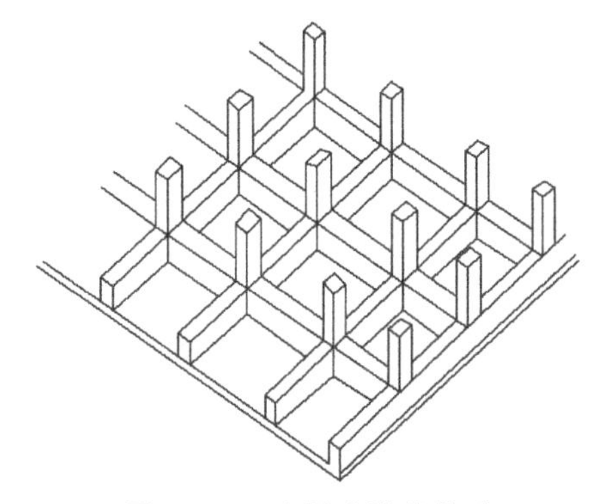

图2-29　有梁式满堂基础

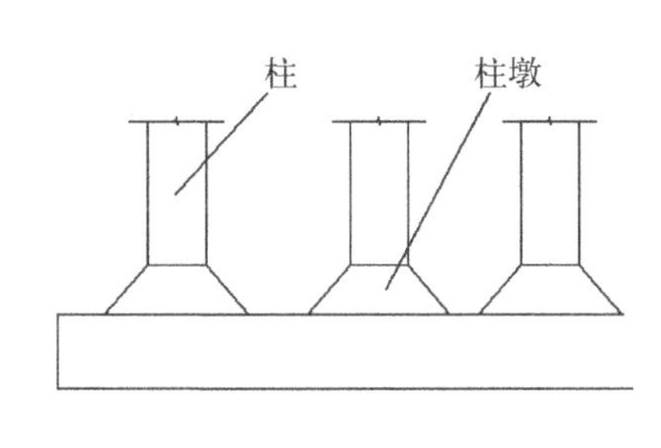

图2-30　无梁式满堂基础

(2) 满堂基础工程定额包括现浇现拌、现浇泵送、现浇非泵送混凝土3种类型。

(3) 满堂基础按照施工过程分为模板工程、钢筋工程、混凝土浇筑工程3个分项内容，本任务主要介绍模板工程、混凝土浇筑工程的计算，钢筋工程的计算在任务10中单独介绍。

二、满堂基础工程定额规则

(1) 模板工程量计算。定额规定现浇混凝土及钢筋混凝土满堂基础模板工程量，均按混凝土与模板接触面面积计算。有梁式满堂基础，梁高(指基础扩大顶面至梁顶面的高度)≤1.2 m时，模板合并计算；梁高(指基础扩大顶面至梁顶面的高度)>1.2 m时，扩大顶面以下的基础部分，按带形基础计算，扩大顶面以上部分模板按混凝土墙子目计算。

模板工程量计算式：

垫层模板=垫层周长×垫层厚度。

有梁式满堂基础模板=底板周长×板厚+梁突出高×2×梁净长；

无梁式满堂基础模板=底板周长×板厚。

(2) 混凝土浇筑工程量计算。满堂基础混凝土计算包括基础垫层和基础混凝土两部分。

基础垫层、满堂基础混凝土工程量均按设计图示尺寸的实体体积计算，不扣除基础内钢筋、预埋铁件和螺栓所占体积。

混凝土工程量计算式：

垫层体积=垫层面积×垫层厚度。

有梁式满堂基础体积=基础底板面积×底板厚度+梁截面面积×梁长；

无梁式满堂基础体积=基础底板面积×底板厚度。

(3) 基础工程定额计价说明：

① 钢筋混凝土基础工具式钢模板支模深度按 3 m 编制。支模深度为 3 m 以上时，超过部分再按基础超深 3 m 子目执行。

② 有梁式满堂基础带杯芯者，杯芯按只计算，不再计算杯芯接触面积。

③ 有梁式满堂基础下翻梁用砖模时，砖模套用砖基础定额子目，抹灰按《定额》"第十二章墙、柱面装饰与隔断、幕墙工程"相应定额执行。

④ 模板按摊销量编制。组合钢模板包括装箱及回库维修耗量。

三、满堂基础工程计算案例

案例 1：某框架结构房屋的现浇泵送混凝土筏形基础平面图(见图 2-31)和基础剖面详图(见图 2-32)，按图示标注尺寸，计算筏板基础、垫层及相应模板的工程量。

解：(1) 计算方法分析：本工程基础为现浇混凝土筏板基础，计算内容包括模板、垫层、筏板基础工程量。

模板工程量计算式：

垫层模板=垫层周长×垫层厚度。

有梁式满堂基础模板=底板周长×板厚+梁高×2×梁净长(扣除重叠部分)。

混凝土工程量计算式：

垫层体积=垫层面积×垫层厚度。

有梁式满堂基础体积=基础底板面积×底板厚度+梁截面面积×梁长。

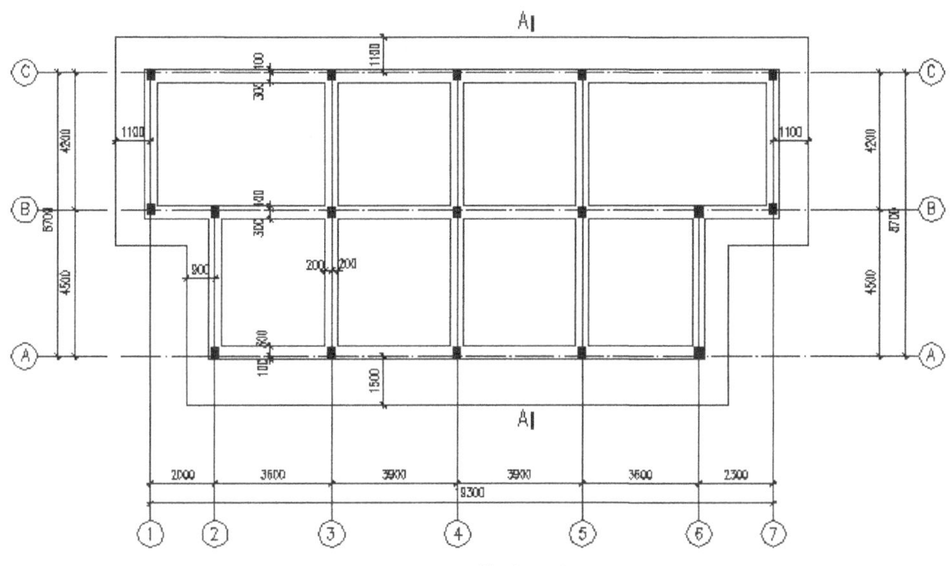

图 2-31　基础平面图

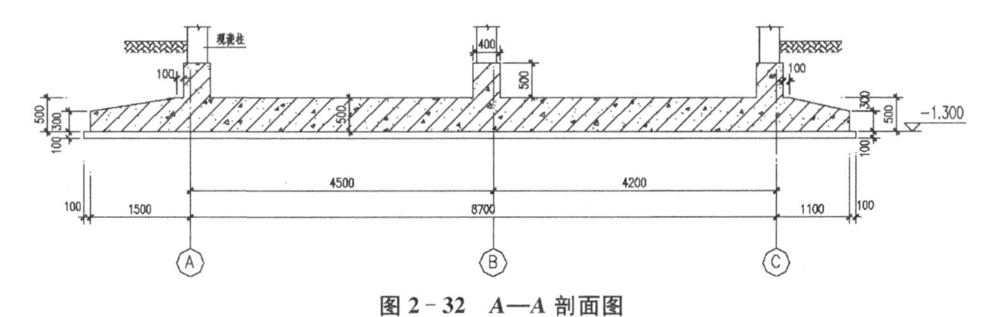

图 2-32　A—A 剖面图

(2) 计算：计算如表 2-5 和表 2-6 所示。

表 2-5　工程量计算表(计算结果保留 2 位小数)

序号	项目名称	计　算　过　程	计算结果	单位
1	垫层模板	[(19.3+1.1×2+0.1×2)×2+(8.7+1.1+1.5+0.1×2)×2]×0.1	6.64	m^2
2	基础模板	$S_{底板模板}+S_{梁模板}$		
	S底板模板	[(19.3+1.1×2)×2+(8.7+1.1+1.5)×2]×0.3	19.68	m^2
	S基础梁模板(突出底板部分)	A 轴： [3.6×2+3.9×2+0.2×2+(3.6−0.2×2)×2+(3.9−0.4)×2]×0.5	14.4	m^2

（续表）

序号	项目名称	计 算 过 程	计算结果	单位
	S基础梁模板（突出底板部分）	B轴：(19.3＋0.1×2－0.4×5＋19.3－0.3×2－0.4×3)×0.5	17.5	m^2
		C轴：(19.3＋0.1＋0.2＋19.3－0.3－0.2－0.4×3)×0.5	18.6	m^2
		1、7轴：(4.2＋0.1＋0.3＋4.2－0.1－0.3)×2×0.5	8.4	m^2
		2、6轴：(4.5＋0.1－0.3＋4.5－0.3－0.3)×2×0.5	8.2	m^2
		3～5轴：(8.7－0.3×2－0.4)×2×0.5×3	23.1	m^2
	基础模板合计	19.68＋14.4＋17.5＋18.6＋8.4＋8.2＋23.1	109.88	m^2
3	V垫层体积	[(19.3＋1.1×2＋0.1×2)×(8.7＋1.1＋1.5＋0.1×2)－2.5×4.9－2.2×4.9]×0.1	22.65	m^3
4	V基础体积	V基础底板＋V基础梁		
	V基础底板	[(19.3＋1.1×2)×(8.7＋1.1＋1.5)－2.5×4.9－2.2×4.9]×0.5－(1.3×0.2/2)×(19.3－2.0－2.3＋0.9×2)－(0.7×0.2/2)×(4.5－1.1＋0.1)×2－(0.9×0.2/2)×[19.3＋1.1×2＋(4.2＋0.1＋1.1)×2＋2.0＋0.1－0.2＋2.3＋0.1－0.2)]	104.01	m^3
	V基础梁（突出底板部分）	[19.3×2＋8.7×2＋(3.6×2＋3.9×2－0.2×2)＋(8.7－0.6－0.4)×3]×0.4×0.5	18.74	m^3
	V基础体积合计	104.01＋18.74	122.75	m^3

表2-6 计价定额子目表

序 号	定额编号	项目名称	工程量	单位
1	01-17-2-39	垫层复合模板	6.64	m^2
2	01-17-2-47	有梁满堂基础复合模板	109.88	m^2
3	01-5-1-1	预拌泵送混凝土垫层	22.65	m^3
4	01-5-1-4	预拌泵送混凝土满堂基础	122.75	m^3

案例 2：根据案例工程图纸，计算 20 万锭棉纺纱厂办公楼工程的①～②/A～D 轴间筏板基础工程量（见图 2－28），并列出定额子目。

解：(1) 计算方法分析：本工程基础为有梁式现浇混凝土筏板基础，计算内容包括筏板及基础梁的体积。

混凝土工程量计算式：

有梁式满堂基础体积＝基础底板面积×底板厚度＋梁截面面积×梁长。

图中体积计算未考虑柱与基础交接处的基础梁加宽部分体积。

(2) 计算：计算结果列于表 2－7 和表 2－8 中。

表 2－7　工程量计算表（计算结果保留 2 位小数）

序号	项目名称	计　算　过　程	计算结果	单位
1	V 有梁筏基	V 基础底板＋V 基础梁		
	V 基础底板	(6.0＋1.0×2)×(17.9＋1.2＋0.9＋0.5＋0.5)×0.4	67.2	m^3
	V 基础梁（突出底板部分）	①轴：JL1(17.9＋1.2＋0.9＋0.5＋0.5－0.4×4)×0.4×(1.2－0.4)	6.21	m^3
		②轴：JL2(17.9＋1.2＋0.9＋0.5＋0.5－0.4×4)×0.4×(1.2－0.4)	6.21	m^3
		A、B、C、D 轴梁取①～②轴之间部分：(6＋0.6)×0.4×(1.25－0.4)×4	8.98	m^3
2	合　　计	67.2＋6.21＋6.21＋8.98	88.6	m^3

表 2－8　计价定额子目表

序　号	定 额 编 号	项 目 名 称	工 程 量	单位
1	01－5－1－4	预拌泵送混凝土满堂基础	88.6	m^3

任务 4　框架结构上部钢筋混凝土工程计量与计价

一、框架结构上部钢筋混凝土工程概述

(1) 现浇框架结构钢筋混凝土工程，其主要工艺流程：钢筋绑扎，模板搭设，

柱、梁、板、楼梯等构件混凝土浇筑与振捣，养护等。

(2) 框架结构上部钢筋混凝土主要构件包括柱、梁、板、楼梯、阳台、栏板、雨篷、檐沟、过梁、构造柱等构件。任务 4 主要介绍 20 万锭棉纺纱厂办公楼工程中涉及的框架柱、构造柱、框架梁、楼板、楼梯等构件的模板和混凝土工程量计算。

二、框架结构钢筋混凝土工程定额规则

1. 模板工程量计算

《定额》规定现浇混凝土及钢筋混凝土框架结构模板工程量，除另有规定外，均按混凝土与模板接触面面积计算。《定额》子目分为组合钢模板和复合木模板两种。

(1) 柱模板：《定额》项目包括矩形柱、异形柱、圆形柱、构造柱、框架柱接头等项目。其中，异形柱指多边形、L 形及非矩形柱。框架柱接头指预制框架柱、梁接头用现浇混凝土连接。

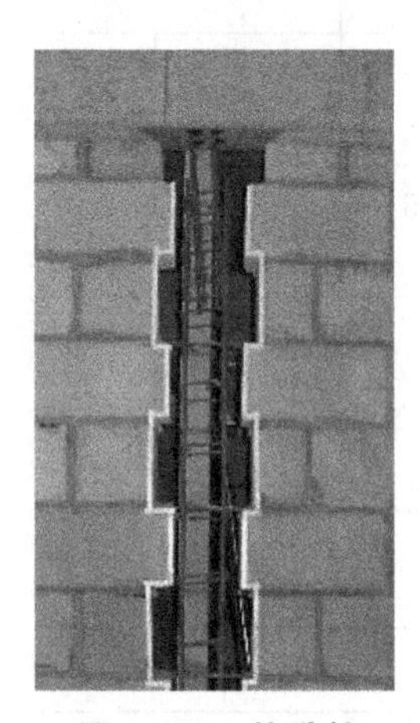

图 2-33　构造柱

框架柱模板计算公式为：柱模板面积＝柱高×柱周长；

而对于柱高，从柱基或板上表面算至上一层楼板下表面。

构造柱模板计算公式：构造柱模板＝(构造柱宽＋马牙槎宽)×柱高。

构造柱一般按 300 mm 高留一马牙槎缺口，每个缺口按 60 mm 留槎，构造柱模板面积按外露面积计算，与墙接触面不计算模板，如图 2-33 所示。

(2) 梁模板：《定额》项目包括矩形梁、异形梁、圈梁、过梁、弧形梁、拱形梁等项目。

梁模板计算公式：模板面积＝(梁宽＋梁高＋梁高)×梁长(如梁端头支模需增加端头模板)。其中，梁长计算与梁混凝土体积计算中的梁长相同。

框架结构中板下次梁模板计入板模板中，柱间主梁模板按梁模板单独计算。

(3) 板模板：《定额》项目包括有梁板、无梁板、平板、拱形板、薄壳板、空心板、弧形板等项目。

框架结构中板模板按主梁间模板净面积及有梁板下的次梁模板面积合并计

算，板下梁高从板底算至梁底高度。

(4) 现浇钢筋混凝土楼梯，以图示的露明面的水平投影面积计算，不扣除小于 500 mm 的楼梯井所占面积。楼梯的踏步、踏步板平台梁等侧面模板不计算。

楼梯模板的计算式如图 2-34 所示。

当 $Y \leqslant 500$ mm 时，S 模板 $= A \times L$；

当 $Y > 500$ mm 时，S 模板 $= (AL - YX)$。

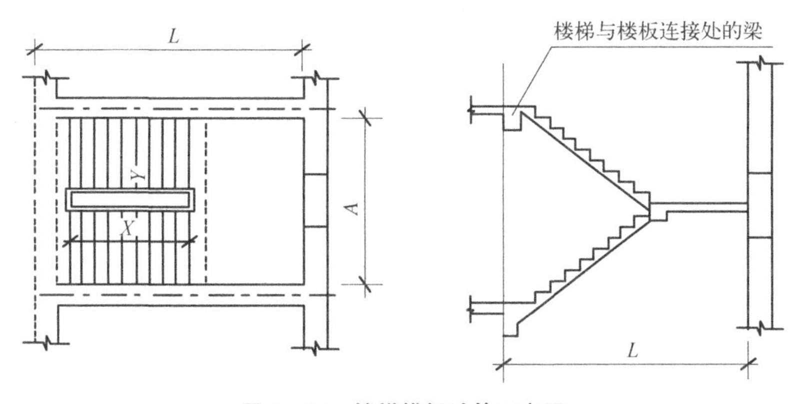

图 2-34　楼梯模板计算示意图

2. 模板计算注意事项

(1) 现浇钢筋混凝土框架柱支模高度(室外地坪至板底或板面至上层板底之间的高度)为 3.6 m 以上时，另按超过部分的工程量计算。

(2) 现浇钢筋混凝土板上单孔面积在 0.3 m^2 以内的孔洞不予扣除，洞侧壁模板亦不增加；单孔面积在 0.3 m^2 以外时，应予扣除；洞侧壁模板并入板模板后进行工程量计算。

(3) 不同类型的板连接时，以墙中心线为界。

(4) 柱、梁、墙、板、栏板相互连接的重叠部分均不扣除模板面积。

3. 现浇混凝土工程量计算

(1) 柱《定额》项目：分矩形柱、异形柱、圆形柱、构造柱等项目。

(2) 工程量计算规则：除《定额》注明外，混凝土浇捣工程量均按图示尺寸实体体积计算，不扣除混凝土内钢筋、预埋铁件和螺栓等所占体积。

4. 柱工程量计算公式

(1) 矩形柱：$V = H \times S_{柱断面}$。

(2) 构造柱体积计算公式：

$V = H \times (0.24 \times 0.24 + 0.03 \times 0.24 \times N_{马牙搓边数})$(240 mm 厚墙)；

$V = H \times (0.365 \times 0.365 + 0.03 \times 0.365 \times N_{马牙搓边数})$　(365 mm 厚墙)。

① H 柱高：有梁板柱高从柱基上表面或楼板上表面至上一层楼板底的高度，无梁板柱高自柱基或楼板上表面至柱帽下表面的高度(见图 2-35)。

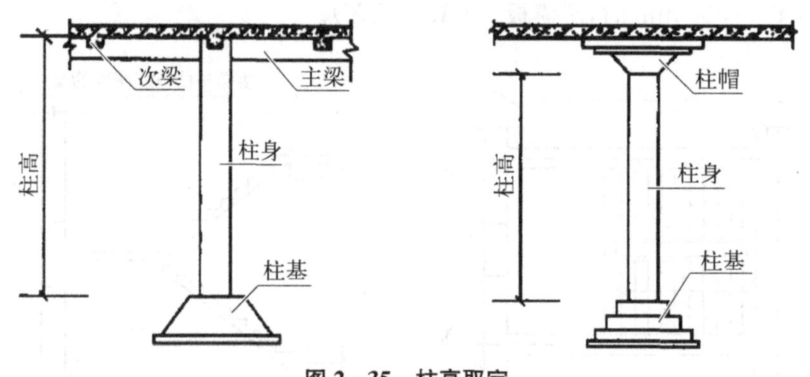

图 2-35　柱高取定

② 构造柱与砖墙咬接马牙搓部分的体积并入柱身内计算，如图 2-33 所示。

构造柱高：按地圈梁(或基础梁)与上一层梁之间的净高计算，但是遇圈梁算至圈梁顶。

(3) 梁《定额》项目分矩形梁、异形梁、圈梁、过梁、弧形梁、拱形梁等项目。

工程量计算公式：$V = S_{截面积} \times L_{梁长}$。

框架梁长的确定如图 2-36 所示。

梁与柱交接，梁长算至柱侧面(即不包括与柱交接部分)。

主梁与次梁交接：次梁算至主梁的侧面，主梁按全长计算。

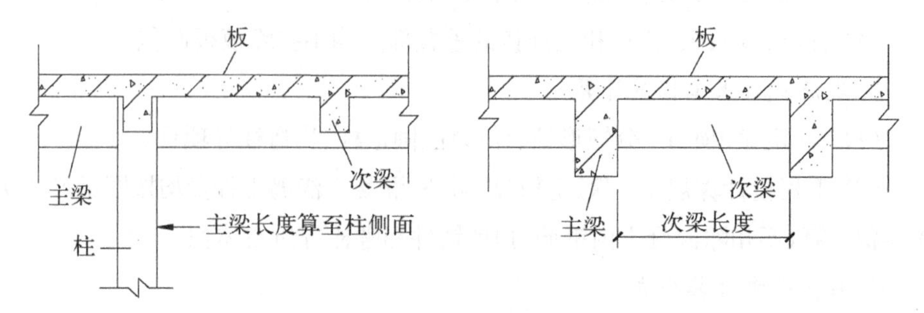

图 2-36　梁长取定

梁高确定：框架结构中，梁与板相连接时，梁高算至现浇板板底。

圈梁与过梁相连接时，圈梁与过梁应分别计算，其中过梁长按门窗洞口宽加500 mm计算。

(4) 现浇钢筋混凝土楼板。

现浇混凝土楼板《定额》项目：分为有梁板、无梁板、平板、弧形板、拱形板、薄壳板。

框架结构中板混凝土工程量取柱间框架主梁、次梁及板体积之和，按有梁板计算。

(5) 现浇整体钢筋混凝土楼梯。

现浇混凝土楼梯《定额》仅有一个子目，直形、弧形楼梯应用同一个定额。

现浇整体钢筋混凝土楼梯按实体体积计算，应扣除楼梯井所占的面积，实体体积包括休息平台、平台梁、斜梁、楼梯板、踏步以及楼梯与板连接的梁。当整体楼梯与现浇板无梁连接时，以楼梯的最后一个踏步边缘加300 mm为界。楼梯基础另行计算。

5. 计价注意事项

(1) 现浇混凝土分为泵送预拌混凝土和非泵送预拌混凝土。泵送预拌混凝土定额不包括泵送费用(泵管、输送泵车、输送泵)；泵送费用按"《定额》第十七章措施项目"相应定额执行。

(2) 挑檐、天沟壁、雨篷翻口壁高超过400 mm时，按全高执行栏板子目。

(3) 与主体结构不同时浇捣的厨房、卫生间等处墙体下部的现浇混凝土翻边，按圈梁定额子目执行。

(4) 散水、坡道混凝土按厚度60 mm编制，如设计厚度不同时可做换算，但人工不做调整。

(5) 现浇钢筋混凝土构件未包括预埋铁件、预埋螺栓、支撑钢筋及支撑型钢等，若实际发生按相应定额执行。

三、框架结构混凝土工程计算案例

案例1：某现浇框架结构的二层结构平面如图2-37所示，已知柱截面尺寸KZ1为400 mm×500 mm，KZ2为450 mm×600 mm，柱基标高为−1.000 m，设计室外标高为−0.300 m，本层楼面均为现浇板，厚度除注明外均为100 mm，柱、梁、板均为 C30 商品泵送混凝土,计算现浇混凝土柱、梁、板的工程量,及 1/A 轴的 KZ1、1 轴的 KL1 和 1～2/B～C 轴板的模板工程量(采用复合木模),并列计价定额子目。

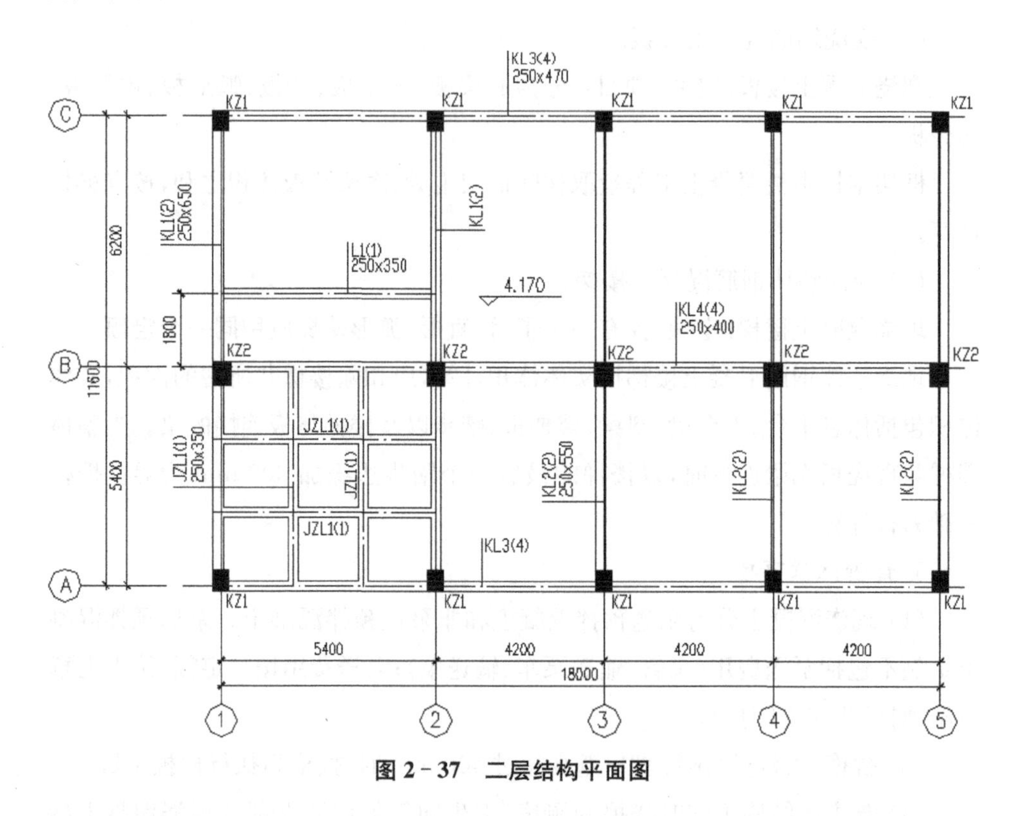

图 2-37　二层结构平面图

解:(1) 计算方法分析:本工程为框架结构,计算内容包括柱、梁、板模板面积及混凝土工程量。

模板工程量计算:柱模板计算公式:柱模板面积=柱高×柱周长。

注意,柱模是否超高的判断高度为层高,计算时无地下室建筑物首层柱支模高度从室外地坪至上层板底高度超过 3.6 m 时,柱模超过部分另计,并套用相应超高定额。

框架结构中柱间主梁模板单独计算,板下次梁模板计入楼板模板中。

梁模板计算公式:模板面积=(梁宽+梁高+梁高)×梁长

混凝土工程量计算:矩形柱体积为 $V=H_{柱高}\times S_{柱断面}$;梁体积:$V=S_{截面积}\times L_{梁长}$。

板体积：$V = V_{板} + V_{板下梁}$

(2) 计算：计算列于表 2-9 和表 2-10 中。

表 2-9　工程量计算表（计算结果保留 2 位小数）

序号	项目名称	计 算 过 程	计算结果	单位
1	1/A 轴的 KZ1 模板	(1.0+4.17−0.1)×(0.4+0.5)×2+(0.4+0.5)×0.1(边柱的板侧面模板)	9.22	m^2
2	1/A 轴的 KZ1 模板超 3.6 m 部分	(4.17−0.1−3.3)×(0.4+0.5)×2+(0.4+0.5)×0.1(边柱的板侧面模板)	1.48	m^2
3	1 轴 KL1 模板	(0.25+0.65+0.65−0.1)×(6.2−0.375−0.125)+(0.25+0.65+0.65−0.1)×(5.4−0.475−0.375)	14.87	m^2
4	1～2 轴及 B～C 轴区域有梁板模板	(6.2−0.25)×(5.4−0.05−0.125)+(梁侧模)(5.4−0.05−0.125)×(0.35−0.1)×2	33.70	m^2
5	柱混凝土体积	KZ1：0.4×0.5×(1.0+4.17−0.1)×10	10.14	m^3
		KZ2：0.45×0.6×(1.0+4.17−0.1)×5	6.84	m^3
		合计：KZ1+KZ2	16.98	m^3
6	有梁板	KL1：0.25×(0.65−0.1)×(6.2+5.4−0.375×2−0.6)×2	2.82	m^3
		KL2：0.25×(0.55−0.1)×(6.2+5.4−0.375−0.6−0.375)×3	3.46	m^3
		KL3：0.25×(0.47−0.1)×(18−0.2×2−0.4×3)×2	3.03	m^3
		KL4：0.25×(0.40−0.1)×(18−0.25×2−0.45×3)	1.21	m^3
		L1：0.25×(0.35−0.1)×(5.4−0.05−0.125)	0.33	m^3
		JZL1：0.25×(0.35−0.1)×[(5.4−0.125×2)×2+(5.4−0.05−0.125)×2−0.25×4]	1.23	m^3
	梁体积合计	2.82+3.46+3.03+1.21+0.33+1.23	12.08	m^3
	板体积	(18+0.2×2)×(11.6+0.125×2)×0.1	21.80	m^3
7	有梁板体积	梁体积+板体积=12.08+21.80	33.88	m^3

表 2－10 计价定额子目表

序 号	定额编号	项目名称	工程量
1	01－17－2－53	矩形柱复合模板	9.22 m^2
2	01－17－2－59	柱模板超高	1.48 m^2
3	01－17－2－61	矩形梁复合模板	14.87 m^2
4	01－17－2－62	矩形梁模板超高	14.87 m^2
5	01－17－2－74	有梁板模板	33.70 m^2
6	01－17－2－85	板模板超高	33.70 m^2
7	01－5－2－1	预拌混凝土(泵送)矩形柱	16.98 m^3
8	01－5－5－1	预拌混凝土(泵送)有梁板	33.88 m^3

案例 2：根据项目引领(一)工程图纸，计算 20 万锭棉纺纱厂办公楼工程的二层结构图(见图 2－38)中①～②/A～B 轴区域柱、梁、板混凝土工程量及部分构件模板工程量，并列出计价定额子目。

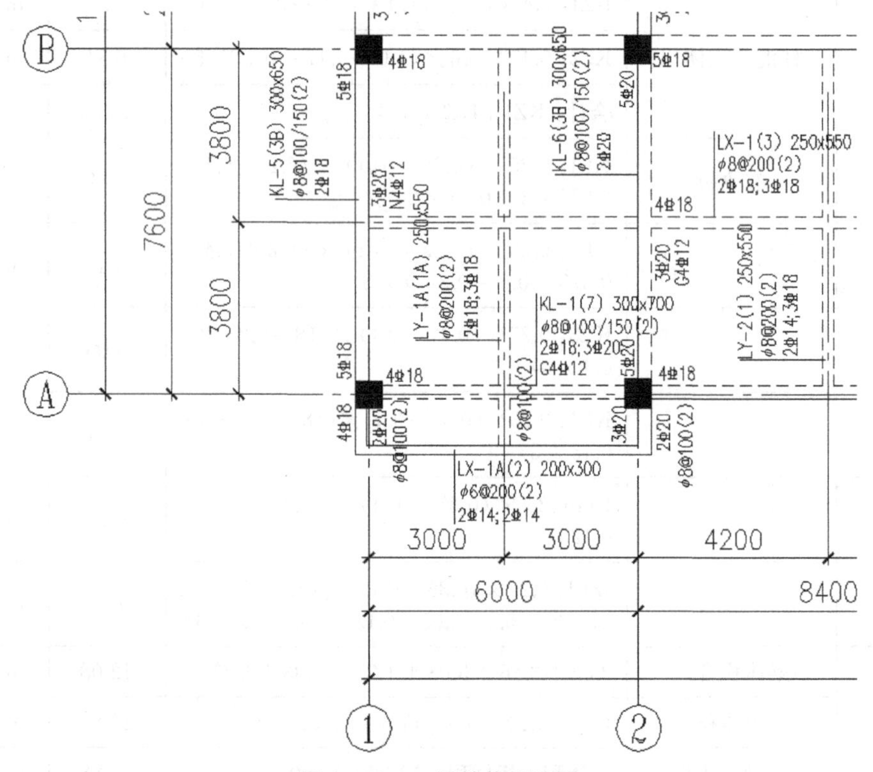

图 2－38 二层结构平面图

说明：A/2 轴柱为 650 mm×600 mm KZ2，其余为 600 mm×600 mm KZ1，板厚为 120 mm，二层板面标高为 4.17 m，柱基标高为−0.800 m，室外地坪标高为−0.450 m，A 轴至挑出梁 LX-1A 中心线距离为 1.2 m。

解：(1) 计算方法分析：本工程为框架结构，计算内容包括柱、梁、板模板面积及混凝土工程量，计算方法与案例 1 相同，柱模板计算时高度从室外地坪至板底超过 3.6 m 时，超高部分工程量另计，并套用模板超高定额。

(2) 计算过程如表 2-11 和表 2-12 所示。

表 2-11　工程量计算表(计算结果保留 2 位小数)

序号	项目名称	计　算　过　程	计算结果	单位
1	①/A 轴的 KZ1 模板	(0.8+4.17−0.12)×0.6×4+0.6×0.12(边柱板侧边模板)	11.71	m^2
2	①/A 轴的 KZ1 模板超 3.6 m 部分	(4.17−0.12−3.15)×0.6×4+0.6×0.12(边柱板侧边模板)	2.23	m^2
3	①/A～B 轴区域 KL5 模板	底模(7.6+1.2−0.3−0.6+0.1)×0.3+外侧模(7.6+1.2−0.3−0.6+0.1)×0.65+内侧模(7.6+1.2−0.3−0.6−0.1)×(0.65−0.12)+(梁外端头模板)0.3×0.65	11.93	m^2
4	①～②及 A～B 轴区域(包含悬挑)有梁板模板	6×(7.6+1.2−0.3+0.1)+次梁侧模 6×(0.55−0.12)×2+(7.6+1.2−0.1−0.3−0.25)×(0.55−0.12)×2+(*LX*−1*A*)6×0.3+6×(0.3−0.12)	66.65	m^2
5	柱混凝土体积	KZ1：0.6×0.6×(0.8+4.17−0.12)×3	5.24	m^3
		KZ2：0.65×0.6×(0.8+4.17−0.12)×1	1.89	m^3
		合计：KZ1+KZ2=5.24+1.89	7.13	m^3
6	有梁板体积	1 轴上 KL5：0.3×(0.65−0.12)×(7.6+1.2−0.3−0.6+0.1)	1.27	m^3
		2 轴上 KL6：0.3×(0.65−0.12)×(7.6+1.2−0.3−0.65+0.1)	1.26	m^3
		A 轴外 LX-1A：0.2×(0.3−0.12)×6	0.22	m^3
		A 轴 KL1：0.3×(0.7−0.12)×(6−0.3×2)	0.94	m^3

（续表）

序号	项目名称	计　算　过　程	计算结果	单位
6	有梁板体积	B轴KL2：0.3×(0.7−0.12)×(6−0.3×2)	0.94	m^3
		LX-1：0.25×(0.55−0.12)×6	0.65	m^3
		LY-1A：0.25×(0.55−0.12)×(7.6+1.2−0.25−0.3−0.1)	0.88	m^3
	梁体积合计	1.27+1.26+0.22+0.94+0.94+0.65+0.88	6.16	m^3
	板体积	(7.6+1.2+0.1)×(6+0.3×2)×0.12	7.05	m^3
	有梁板体积	梁体积＋板体积＝6.16＋7.05	13.21	m^3

表2-12　计价定额子目表

序　号	定额编号	项目名称	工程量
1	01-17-2-53	矩形柱复合模板	11.71 m^2
2	01-17-2-59	柱模板超高	2.23 m^2
3	01-17-2-61	矩形梁复合模板	11.93 m^2
4	01-17-2-62	矩形梁模板超高	11.93 m^2
5	01-17-2-74	有梁板模板	66.65 m^2
6	01-17-2-85	板模板超高	66.65 m^2
7	01-5-2-1	预拌混凝土(泵送)矩形柱	7.13 m^3
8	01-5-5-1	预拌混凝土(泵送)有梁板	13.21 m^3

案例3：根据项目引领(一)工程图纸，计算20万锭棉纺纱厂办公楼工程的甲楼梯一层模板(采用复合模板)及CT-1梯段工程量(见图2-39(a)、(b))并列出计价定额子目。

解：(1) 计算方法分析：现浇钢筋混凝土楼梯，以图示露明面的水平投影面积计算，不扣除小于500 mm楼梯井所占面积。楼梯的踏步、踏步板平台梁等侧面模板不计算。楼梯混凝土体积计算包括休息平台、平台梁、斜梁、楼梯板、踏步以及楼梯与板连接的梁。本案例楼梯段的体积仅计算CT-1的梯板和踏步体积。

(2) 计算过程如表 2-13 和表 2-14 所示。

表 2-13　工程量计算表(计算结果保留 2 位小数)

序号	项目名称	计算过程	计算结果	单位
1	甲楼梯一层模板	(3.36+1.8−0.1+0.2)×(2.875−0.125)	14.47	m^2
2	CT-1 混凝土体积			
2.1	CT-1 梯板	$(\sqrt{2.1^2+3.36^2}\times1.3)\times0.18$	0.93	m^3
2.2	CT-1 踏步	1/2×0.28×0.161 5×1.3×12	0.35	m^3
2.3	CT-1 混凝土体积	0.93+0.35	1.28	m^3

表 2-14　计价定额子目表

序　号	定额编号	项目名称	工程量
1	01-17-2-91	楼梯复合模板	14.47 m^2
2	01-5-6-1	预拌混凝土(泵送)直形楼梯	1.28 m^3

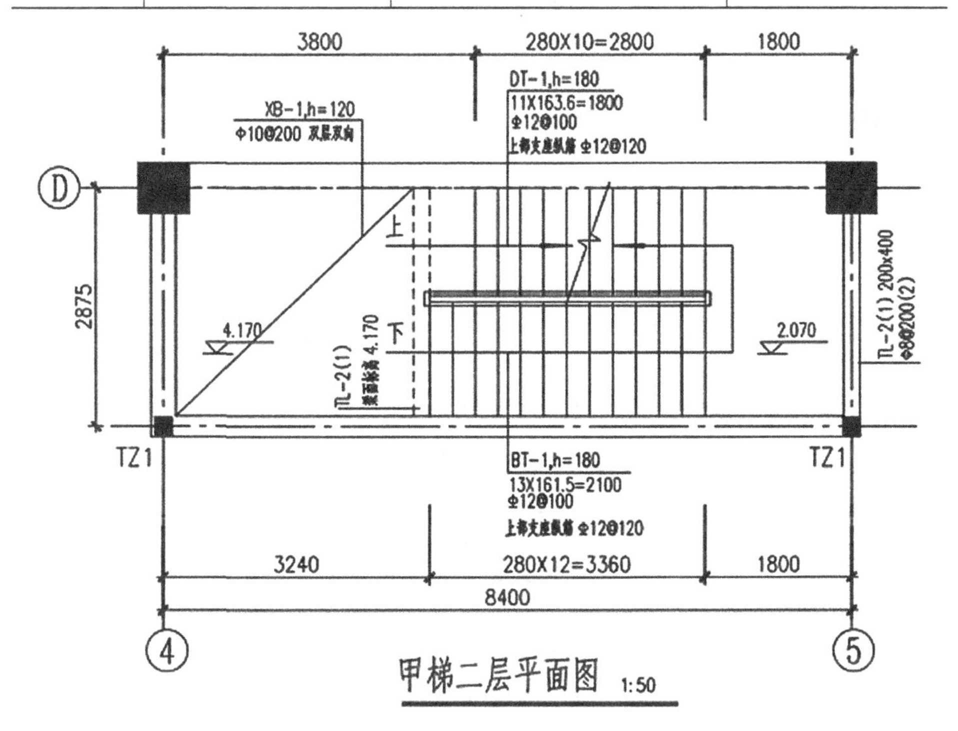

甲梯二层平面图 1:50

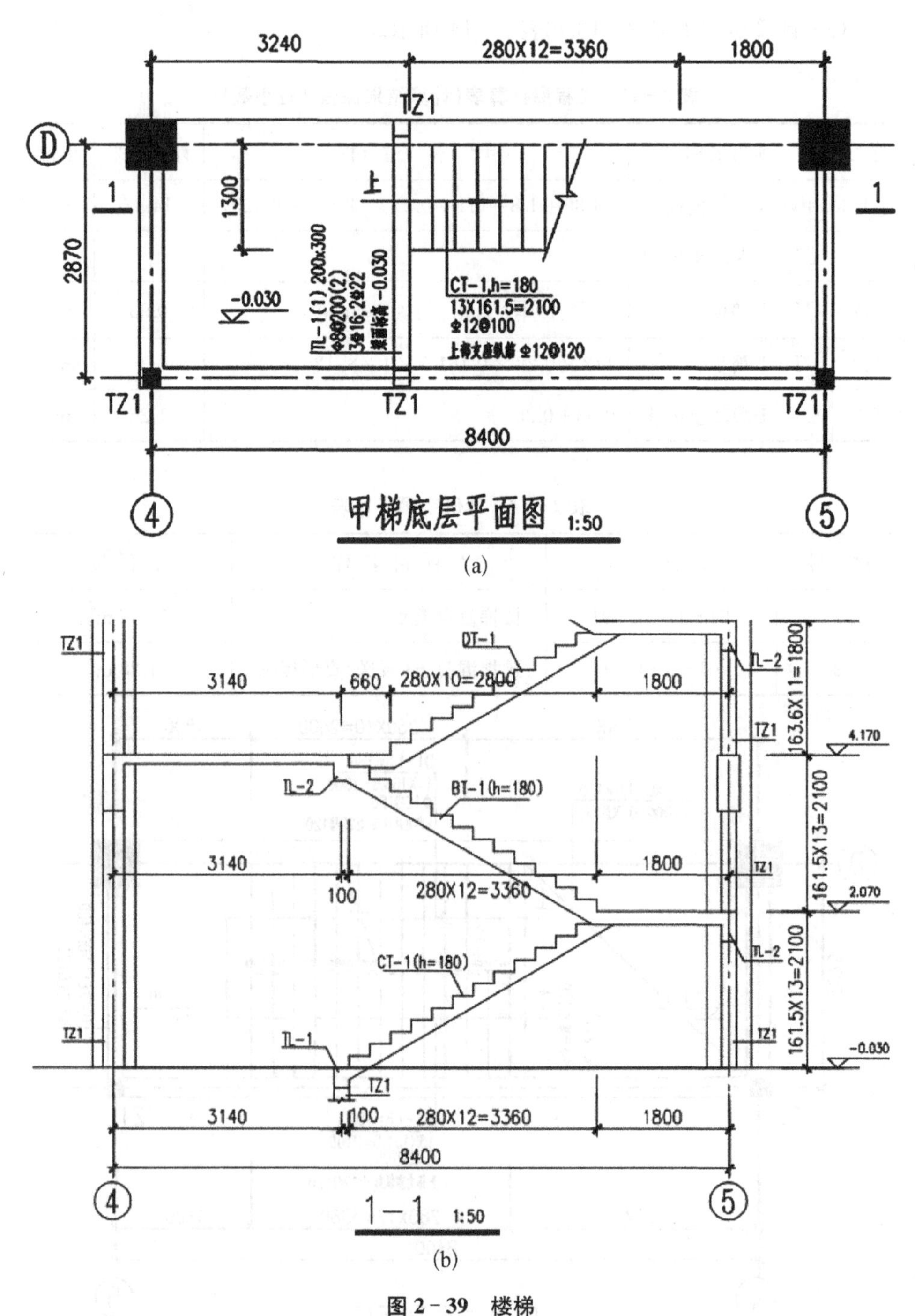

(a)

(b)

图 2-39 楼梯

(a) 平面图；(b) 剖面图

任务5　门窗工程计量与计价

一、门窗工程概述

门窗工程是建筑物维护结构中的重要组成部分，位于建筑外墙上的门窗在建筑造型上起着重要的作用。其工程量计算准确与否直接影响着砌筑工程、墙柱面等装修工程的工程量。《定额》中门窗工程由木门、金属门窗、金属卷帘门、厂库房大门、特种门、其他门、门钢架、门窗套、窗帘、窗帘盒、窗帘轨、门窗五金等内容组成。各类门窗均按工厂成品、现场安装编制。本节主要介绍20万锭棉纺纱厂办公楼工程中涉及的木门、金属窗、门窗五金等的计量与计价。

1. 木门

在《定额》中分为木门框及木门扇两类。

(1) 门框。门框是门扇、亮子与墙的联系构件，如图2-40所示。门框安装子目指将工厂制作的门框安装至相应位置，包括门框安装、门框周边塞缝等全部操作过程。

(2) 木门扇。《定额》中主要指成品木门扇安装、成品纱门扇安装、木质防火门安装。木门扇构造，如图2-40所示。

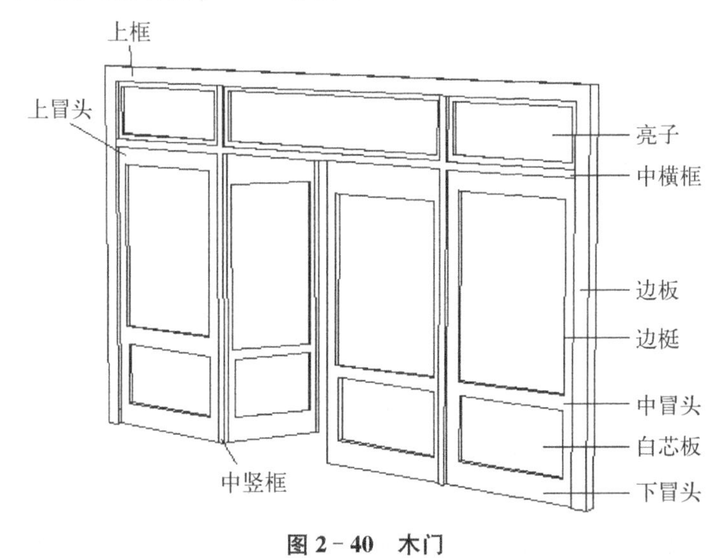

图2-40　木门

2. 金属窗

《定额》中金属窗包括铝合金窗、隔热断桥铝合金窗、塑钢窗、钢质防火窗、铝合金窗的纱窗、圆钢、不锈钢防盗格栅窗安装、彩钢板窗安装等。

3. 门窗五金

《定额》中门窗五金定额指特殊五金的安装。

成品木门(扇)、全玻璃门扇定额子目中的五金配件安装,仅包括门合页与地弹簧安装,合页材料包括在成品门内。如设计要求其他五金时,则按本章相应五金安装子目计算。

成品金属门窗、金属卷帘门、厂库房大门、特种门、其他门安装子目均包括五金配件或五金铁件安装人工。五金配件或五金铁件的材料包括在成品门内。

二、门窗工程计算规则

1. 木门

(1) 成品木门扇安装除纱门外,其余均按设计图示门洞口尺寸以面积计算。

(2) 纱门窗安装按门扇外围面积计算。

(3) 成品套装木门安装按设计图示数量以樘计算。

(4) 木门框安装按设计图示框的中心线以长度计算。

2. 金属门窗

(1) 成品金属门窗安装除金属纱窗外,其余均按设计图示门窗洞口尺寸以面积计算。

(2) 金属纱窗安装按窗扇外围面积计算。

(3) 门连窗按设计图示洞口尺寸分别计算门、窗的面积,分别套用相应门窗的定额;计算工程量时窗的宽度算至门框外边线。

3. 五金安装及配件

五金安装包括门锁、拉手、地弹簧、闭门器等分别按设计要求数量以个计算。

4. 门窗工程《定额》计价说明

(1) 各类门窗均按工厂成品、现场安装编制。定额中已包括玻璃安装人工与辅料耗量,玻璃材料在成品中考虑。

(2) 定额不分有亮木门框与无亮木门框及门框断面尺寸,均执行同一定额。

(3) 普通铝合金门窗定额按普通玻璃考虑。如设计为中空玻璃时,按相应定额子目人工乘以系数 1.1。

(4) 金属门连窗者,门与窗分别按相应定额子目执行。

(5) 门窗工程计算案例分析。

案例: 根据项目引领(一)工程图纸门窗表,计算 20 万锭棉纺纱厂办公楼工程一层平面中门 M1021 及铝合金窗 C2118(见图 2－41)的工程量并列出定额计价子目。

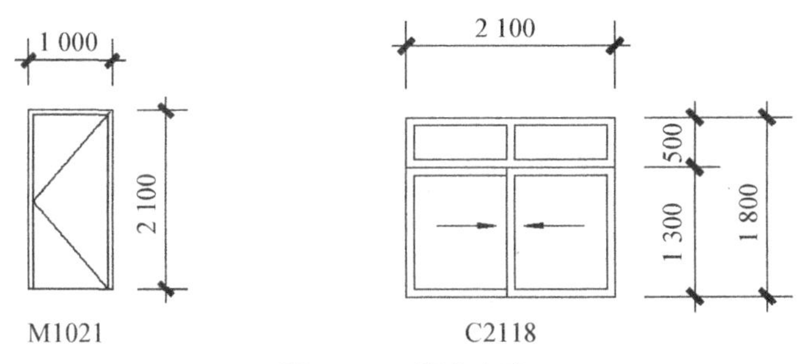

图 2－41　铝合金窗

说明:M1021 木夹板门按成品安装考虑,门框外边线尺寸比洞口尺寸缩小 10 mm,木门框净料断面为 52 mm×90 mm,门五金门锁以木门执手锁计算,并安装门吸。

解: (1) 计算方法分析:一层中 M1021 木夹板门有 15 樘,C1731 为铝合金窗 3 樘,根据定额,M1021 安装包括木门框及门扇的安装,分别按门框及门扇规则计算,C1731 按洞口面积计算。

(2) 具体计算过程。

M1021:

① 成品木门框安装工程量为

$$[(1.0-0.036\times 2)+(2.1-0.036)\times 2]\times 15(\text{樘})=75.84(\text{m})。$$

② 成品夹板门扇安装工程量为

$$S=1.0\times 2.1\times 15(\text{樘})=31.5(\text{m}^2)。$$

③ 铝合金窗安装工程量为

$$\text{C2118}:S=2.1\times 1.8\times 3(\text{樘})=11.34(\text{m}^2)。$$

定额子目如表 2－15 所示。

表 2-15 计价定额子目表

序号	定额编号	项目名称	工程量
1	01-8-1-2	成品木门框安装	75.84 m^2
2	01-8-1-1	成品夹板门扇安装	31.5 m^2
3	01-8-10-1	木门执手锁	15个
4	01-8-10-11	门吸	15个
5	01-8-6-2	铝合金推拉窗安装	11.34 m^2

任务6 框架结构砌筑工程计量与计价

一、框架结构砌筑工程概述

1. 砌筑的材料

目前的砌筑材料较多，主要可以分为砖墙、石墙、砌块墙和板材等。

(1) 砖按目前主要使用蒸压灰砂砖、粉煤灰砖、煤渣砖等，国家禁止使用烧结黏土砖。

(2) 石材按加工后的外形规则程度，可分为毛石和料石。

(3) 砌块是用于砌筑的、形体较大的人造块材。常用的砌块有蒸压加气混凝土砌块、粉煤灰砌块、普通混凝土小型空心砌块、轻骨料混凝土小型空心砌块、混凝土中型空心砌块等。

(4) 砌筑板材具有质轻、节能、施工方便快捷、使用面积大、开间布置灵活等特点，在我国有良好的发展前景。目前常用的主要板材包括：水泥类墙用板材、石膏类墙用板材、植物纤维类板材、复合墙板(混凝土夹心板、轻型夹心板)等。

(5) 砌筑砂浆分为水泥砂浆、混合砂浆、石灰砂浆三类。《定额》中按照干混砂浆编制。

2. 墙体的类型

墙体的类型主要有如下几种：

(1) 按墙体所处的位置分，可以分为内墙和外墙两种。外墙位于建筑物四周，主要作用是抵抗大气侵袭，保证内部空间舒适；内墙是指建筑物内部的墙体，主要作用是分隔室内空间。

(2) 按墙布置方向分,可以分为纵墙和横墙两种。纵墙是指与屋长轴方向一致的墙;横墙是指与房屋短轴方向一致的墙。外纵墙通常称为檐墙;外横墙通常称为山墙。

(3) 按受力情况分,可以分为承重墙和非承重墙。承重墙是指承受来自上部传来荷载的墙,非承重墙是指不承受上部传来荷载的墙。框架结构中墙体为非承重墙。

二、框架结构砌筑工程定额规则

1. *砖、砌块基础*

(1) 基础与墙(柱)身使用同一种材料时,以设计室内地坪为界(有地下室者,以地下室室内设计地面为界),设计室内地坪以下为基础,以上为墙身。

(2) 基础与墙(柱)身使用不同材料时,位于设计室内地面高度≤±300 mm时,以不同材料为界,高度>±300 mm时,以设计室内地面为界。

(3) 计算规则:

① 砖、砌块基础按设计图示尺寸以体积计算,附墙垛基础并入基础内计算。

体积计算公式:V=基础断面积×基础长度或V=基础长度×基础厚度×(基础高度+大放脚折算高度)

式中:大放脚折加高度=大放脚断面积/基础墙厚。

大放脚分等高式和间隔式两种。等高式大放脚计算示意图如图 2-42 所示,单位为"mm"。

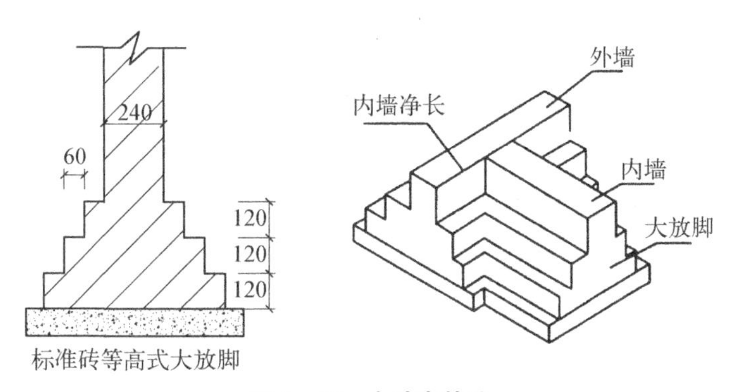

图 2-42　大放脚基础

砖基大放脚折算高度及面积如表2-16所示。

表2-16　砖墙基大放脚折算高度及面积表

大放脚层数	各种墙基厚度的折算高度/m							大放脚面积/m^2
	放脚形式	0.115	0.180	0.240	0.365	0.490	0.615	
一	等高式	0.137	0.087	0.066	0.043	0.032	0.026	0.015 75
	间隔式	0.137	0.087	0.066	0.043	0.032	0.026	0.015 75
二	等高式	0.411	0.262	0.197	0.013	0.096	0.077	0.047 25
	间隔式	0.342	0.219	0.164	0.108	0.080	0.064	0.039 38
三	等高式	0.822	0.525	0.394	0.269	0.193	0.154	0.094 50
	间隔式	0.685	0.437	0.328	0.216	0.161	0.128	0.078 75

式中：基础长度——框架柱网结构按基底净长线计算。

② 砌筑基础水平防潮：

$$S_{砖基水平防潮层}=砖基础墙厚\times防潮层长度;$$

$$V_{砖基水平防水带}=砖基础墙厚\times防水带高度\times防水带长度。$$

式中：防潮层长度同基础长度。

③ 砌筑基础立面防潮：

$$S_{砖基立面防潮}=实际展开面积。$$

(4) 注意事项：

① 不扣除砖基础的T形接头处重叠部位、嵌入砖基础的钢筋、铁件、管子、基础防潮层及每个面积在0.3 m^2 以内的孔洞所占体积，靠墙设置暖气沟的挑砖亦不增加。

② 应扣除平行嵌入砌筑基础的混凝土体积(如构造柱、地圈梁等)及面积在0.3 m^2 以上的孔洞所占体积。

③ 砖基础防水砂浆防潮层按设计要求套用01-9-3-11子目；设钢筋混凝土防水带套用圈梁(模板、钢筋、混凝土)相应子目。

2. 框架结构砌筑墙体

(1) 计算规则：

砖砌墙体应按砌体不同部位、材料及厚度按体积以立方米计算。

砌筑墙体计算公式：

$$V = \text{墙厚} \times (\text{墙长} \times \text{墙高} - \text{应扣面积}) - \text{应扣构件所占的体积}$$

墙长：框架结构按柱间净长线计算。

墙高：从室内地坪算起，有框架梁时，算至框架梁底，如图 2-43 所示。

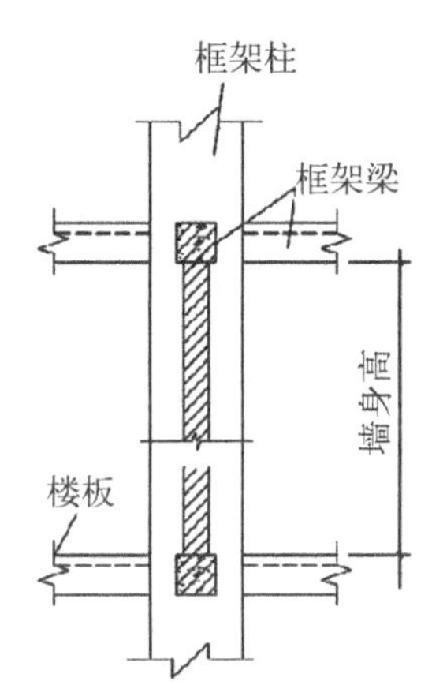

图 2-43　框架结构墙身高度

应扣面积指门窗洞口、过人洞、空圈、单个面积在 0.3 m^2 以上的孔洞。

应扣构件所占的体积指平行嵌入墙体内的柱、梁、圈梁、过梁、暖气包、壁龛所占的体积。

注意，混凝土过梁长度按图纸规定计算，如果图纸未作规定，则一般按门窗洞口宽加 500 mm（即每侧加 250 mm）计算。

墙厚按表 2-17 计算。

表 2-17　砖砌体计算厚度表　　单位：mm

砖数(厚度)	1/4 砖	1/2 砖	1 砖	1½砖	2 砖	2½砖	3 砖
蒸压灰砂砖 (240×115×53)	53	115	240	365	490	615	740
蒸压灰砂多孔砖 (240×115×90)		侧砌 90 平砌 115	240	365	490	615	740
蒸压灰砂多孔砖 (190×90×90)		90	190	290	390	490	590

(2) 注意事项：

① 砖砌墙体不扣除梁头、外墙板头、梁垫、木砖、门窗走头、砌体内的加固钢筋、木筋、铁件所占的体积。

② 墙体不增加突出墙面的砖砌窗台、压顶、虎头砖、门窗套、腰线、挑檐等体积。

③ 砖垛并入所依附的墙身体积内计算。

④ 砖砌体和砌块砌体不分内、外墙，均执行对应规格砖及砌块的相应定额子目。

⑤ 嵌砌墙按相应定额的砌筑工乘以系数 1.22。

⑥ 内墙砌筑高度超过 3.6 m 时，其超过部分按相应定额子目人工乘以系数 1.3。

⑦ 加气混凝土砌块墙定额内已包括镶砌砖，砂加气混凝土砌块墙、混凝土砌块墙定额内已包括砌第一皮砌块铺筑 20 mm 厚水泥砂浆。

⑧ 混凝土小型砌块墙、混凝土模卡砌块墙定额已包括嵌砌墙人工增加难度系数及实心混凝土砌块(万能块)。

三、砌筑工程计算案例分析

案例 1： 如图 2－44 所示，某建筑物框架结构的一层，层高 3.6 m，墙身用 DM M5.0干混砌筑砂浆砌筑蒸压灰砂多孔砖，墙厚为 240 mm，轴线居墙中心，女儿墙高 550 mm，混凝土压顶 240 mm × 50 mm，框架柱断面 240 mm × 240 mm，至女儿墙顶，框架梁断面 240 mm×500 mm，门窗洞口上面均设置钢筋混凝土过梁 240 mm× 180 mm，M1：2 200 mm×2 700 mm，M2：1 000 mm×2 700 mm，C1：1 800 mm×1 800 mm，C2：2 200 mm×1 800 mm。计算墙体工程量，并确定定额子目。

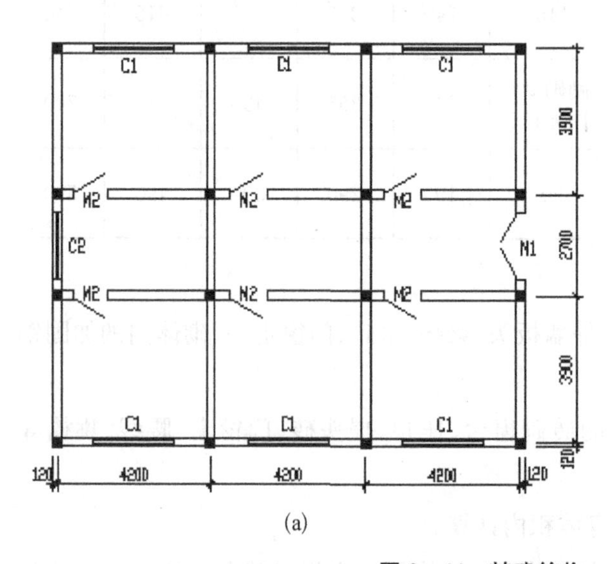

(a)

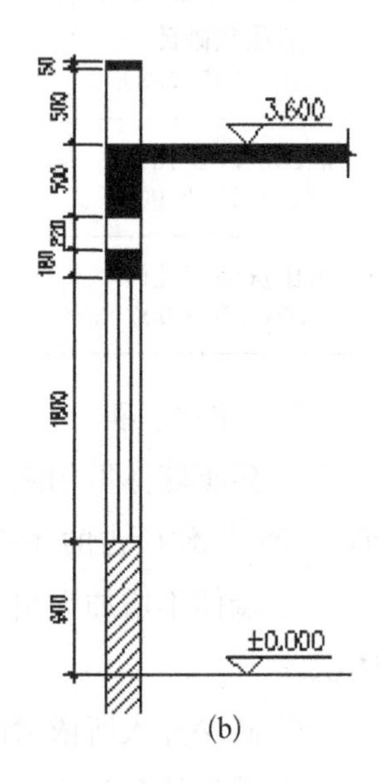

(b)

图 2－44　某建筑物

(a) 一层平面图；(b) 墙身

解：(1) 计算方法分析：本工程为框架结构，根据定额计算规则，框架墙体不分内外墙按柱间净体积计算。

砌筑墙体：V=墙厚×(墙长×墙高－应扣门窗面积)－应扣过梁所占的体积。

(2) 具体计算过程如表 2-18 所示。

表 2-18　工程量计算表(计算结果保留 2 位小数)

序号	项目名称	计　算　过　程	计算结果	单位
1	窗 C1	1.8×1.8×6	19.44	m^2
2	窗 C2	2.2×1.8×1	3.96	m^2
3	门 M1	2.2×2.7×1	5.94	m^2
4	门 M2	1.0×2.7×6	16.2	m^2
5	横墙面积	[(3.9＋2.7＋3.9－0.24×3)×2＋(3.9－0.24)×4]×(3.6－0.5)	106.02	m^2
6	纵墙面积	(4.2×3－0.24×3)×4×(3.6－0.5)	147.31	m^2
7	过梁体积	[(1.8＋0.5)×6＋(2.2＋0.5)×2＋(1.0＋0.5)×6]×0.24×0.18	1.22	m^3
8	墙体体积	[(106.02＋147.31)－(19.44＋3.96＋5.94＋16.2)]×0.24－1.22	48.65	m^3
9	女儿墙体积	(4.2×3－0.24×3＋3.9＋2.7＋3.9－0.24×3)×2×0.55×0.24	5.72	m^3
10	墙体积	48.65＋5.72	54.37	m^3

定额子目：01-4-1-8　蒸压灰砂多孔砖墙(1 砖厚)。

案例 2：根据工程图纸门窗表，计算 20 万锭棉纺纱厂办公楼工程的一层①～②/Ⓐ～Ⓓ轴区域(见图 2-45)的墙体工程量，并列出定额计价子目。

说明：一层层高为 4.2 m，墙厚为 200 mm，混凝土多孔砖墙计算厚度为 190 mm。

解：(1) 计算方法分析：本工程为框架结构，根据定额计算规则，框架墙体不分内外墙按柱间净体积计算。

砌筑墙体：V=墙厚×(墙长×墙高－应扣门窗面积)－应扣过梁、构造柱所占的体积。

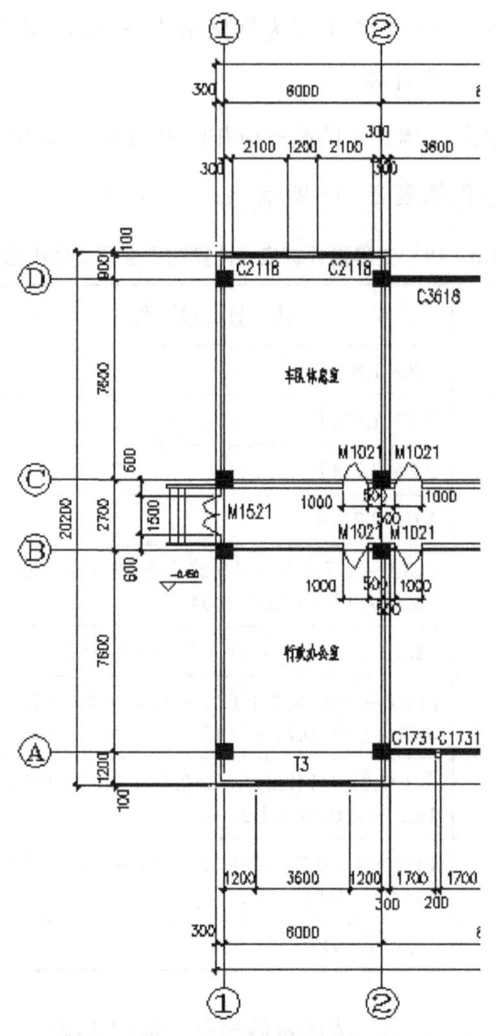

图 2 - 45　一层平面图(局部)

(2) 具体计算过程如表 2 - 19 所示。

表 2 - 19　工程量计算表 (计算结果保留 2 位小数)

序号	项目名称	计　算　过　程	计算结果	单位
1	窗 C2118	2.1×1.8×2	7.56	m^2
2	窗 T3(一层)	3.6×(4.2−0.3−0.3)×1	12.96	m^2
3	门 M1521	1.5×2.1×1	3.15	m^2

（续表）

序号	项目名称	计　算　过　程	计算结果	单位
4	门 M1021	1.0×2.1×2	4.2	m^2
5	①轴墙面积	(20.2－0.6×4 柱子－2.1)×(4.2－0.65 梁高)＋2.1×(4.2－0.45 梁高)	63.61	m^2
6	②轴墙面积	(20.2－0.65×2 柱子－0.6×2 柱子－2.1)×(4.2－0.65 梁高)	55.38	m^2
7	A、D 轴外纵墙	(6＋0.3×2－0.2×2)×(4.2－0.3 梁高)×2	48.36	m^2
8	B、C 轴墙面积	(6－0.3×2)×(4.2－0.7 梁高)×2	37.8	m^2
9	过梁体积	C2118 上 0.18×0.2×(2.1＋0.3×2)×2＋M1521 上 0.15×0.2×(1.5＋0.3×2)×1＋M1021 上 0.12×0.2×(1.0＋0.3×2)×2	0.33	m^3
10	构造柱	①、②轴上：(0.2×0.2＋0.2×0.03×2)×(4.2－0.65)×4	0.74	m^3
		B、C 轴上：(0.2×0.2＋0.2×0.03×2)×(4.2－0.7)×2	0.36	m^3
		D 轴上：(0.2×0.2＋0.2×0.03×2)×(4.2－0.3)	0.20	
11	墙体体积	[(63.61＋55.28＋48.36＋37.8)－(7.56＋12.96＋3.15＋4.2)]×0.19－0.33－0.74－0.36－0.2	32.03	m^3

定额子目：01－4－1－11，多孔砖墙体。

任务 7　屋面工程计量与计价

一、屋面工程概述

建筑物的屋面按其不同形式可分为坡屋面、平屋面和拱形屋面 3 种类型。平屋面由屋面结构层、保温隔热层和防水层构成。按防水材料种类分，平屋面又可分为卷材防水屋面、刚性防水屋面和涂料防水屋面。坡屋面主要有单坡、两坡、四坡等形式。拱形屋面多用于工业厂房。本节内容主要围绕20万锭棉纺纱厂办公楼工程的平屋面展开介绍。

二、屋面工程定额规则

(1) 平屋面结构层按《定额》第五章混凝土分部工程计算。

(2) 屋面保温、隔热,《定额》主要包括加气混凝土块、水泥蛭石块、架空隔热层、树脂珍珠岩板、聚氨酯硬泡、泡沫玻璃板、预拌轻集料混凝土等子项目。其中,预拌轻集料混凝土、树脂珍珠岩板按图示尺寸面积乘平均厚度以计算体积,保温隔热层的厚度按隔热材料净厚度(不包括胶结材料的厚度)尺寸计算。其他项目按设计图示尺寸以面积计算。

注意事项:

① 屋面保温层面积应扣除 $0.3\ m^2$ 以上孔洞所占的面积。

② 屋面保温隔热定额内仅包括保温隔热材料的铺贴,不包括隔气防潮、保护层等。

③ 保温层的材料配合比、材质、厚度与定额不同时,可以换算。

(3) 平屋面防水按水平投影面积计算。

注意事项:

① 不扣除房上烟囱、风帽底座、风道、屋面小气窗等所占面积。

② 其弯起部分(包括平屋面女儿墙和天窗、伸缩缝等弯起部分)的面积,应按图示尺寸计算,如设计无规定,屋面女儿墙和天窗、伸缩缝弯起部分按50 cm并入相应屋面工程量内计算。

③ 平屋面以坡度≤15%为准;15%＜坡度≤25%的,按相应定额子目的人工乘以系数1.18;25%＜坡度≤45%及不规则屋面,人工乘以系数1.3;坡度＞45%的,人工乘以系数1.43。

④ 防水定额中不包括涂刷防水底油,如实际发生时,按防水底油子目执行。

⑤ 防水卷材定额均已包括防水搭接、拼缝、压边、留槎、附加层等工料。

⑥ 防水层定额中不包括找平层、防水保护层,若发生时,则按“楼地面装饰工程”相应定额执行。

(4) 屋面变形缝。变形缝是伸缩缝、沉降缝和抗震缝的总称。屋面变形缝一般有不上人屋面变形缝和上人屋面变形缝(见图2-46)。

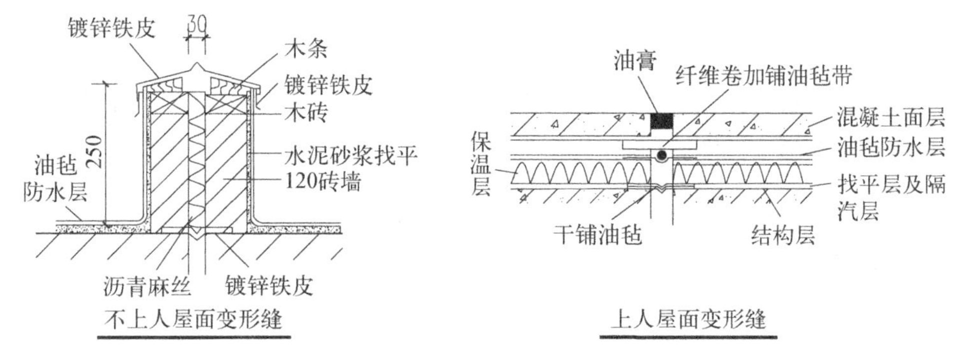

图 2-46　屋面变形缝

① 变形缝工程量按不同用料以设计图示长度计算。

② 注意事项：

变形缝定额缝口尺寸如下(宽×深)：

建筑油膏、聚氯乙烯胶泥为：30 mm×20 mm。

泡沫塑料填塞：30 mm×20 mm。

金属板止水带板厚：2 mm；展开宽：450 mm。

其他填料：30 mm×15 mm。

变形缝盖缝定额尺寸如下(宽×深)：

木板盖缝取定：200 mm×25 mm。

金属盖缝取定：250 mm×5 mm。

若设计要求与定额不同时，用料可以调整，但人工不变。

调整计算公式：

变形缝调整值＝定额消耗量×设计缝口断面面积/定额缝口断面面积。

(5) 屋面排水。

① 屋面排水有雨水口、水斗、排水管及檐沟等组成。

② 工程量计算规则：

排水管：按设计图示尺寸以长度计算。如设计未标注，按明沟或设计室外散水上表面至檐沟底的垂直长度计算。

雨水口、水斗、女儿墙出水弯管均以“个”计算。

阳台、雨篷排水短管以“套”计算。

檐沟按图示尺寸以长度计算。

③ 注意事项：

排水管按不同直径套用相应定额子目。

雨水口、水斗、排水管均按材料成品、现场安装考虑，如设计材料与定额不同时，按相应定额子目换算材料，其余不变。

三、屋面工程计算案例分析

案例 1：某工程不上人屋面如图 2－47 所示，已知设计室外地坪标高为 —0.300 m，设计室内标高为±0.000 m，试计算屋面防水及保温隔热工程量。

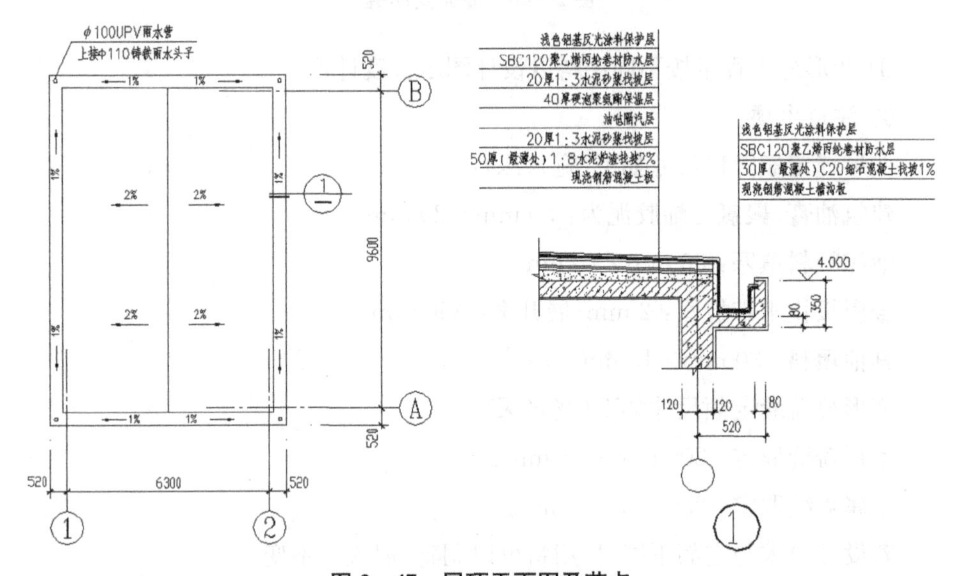

图 2－47 屋顶平面图及节点

解：(1) 计算方法分析：本工程为带檐沟平屋面，包括涂料及卷材防水层，硬泡聚氨酯保温层，水泥炉渣找坡，水泥砂浆找平层、雨水管等。具体的《定额》计算规则如下：

① 涂料及卷材防水层按水平投影面积计算。

② 保温及找坡层按水平投影面积乘以平均厚度按体积计算。

③ 水泥砂浆找平层按水平投影面积计算。

④ 雨水管按长度计算。

(2) 具体计算过程：

① 屋面浅色铝基反光涂料保护层：$S=(6.3+0.24)\times(9.6+0.24)=$

$64.35(m^2)$。

② 檐沟浅色铝基反光涂料工程量：$L_{中}=(6.54+9.84)\times 2+0.4\times 4=34.36(m)$；$S=(0.13+0.27\times 2+0.32)\times 34.36=34.02(m^2)$。

③ SBC120 卷材防水工程量：$S=(6.3+0.24)\times(9.6+0.24)=64.35(m^2)$。

④ 檐沟 SBC120 卷材防水工程量（卷材伸入沿口外翻边 80 mm）：$S=(0.13+0.27\times 2+0.08+0.32)\times 34.36=36.77(m^2)$。

⑤ 水泥砂浆找平层：$S=(6.3+0.24)\times(9.6+0.24)=64.35(m^2)$。

⑥ 硬泡聚氨酯保温层（40 mm）厚工程量：$S=(6.3+0.24)\times(9.6+0.24)=64.35(m^2)$。

⑦ 油毡隔汽层：$S=(6.3+0.24)\times(9.6+0.24)=64.35(m^2)$。

⑧ 水泥砂浆找平层：$S=(6.3+0.24)\times(9.6+0.24)=64.35(m^2)$。

⑨ 1∶8 水泥炉渣找坡工程量：找坡平均厚度 $h=0.05+1/2\times 3.27\times 2\%=0.083(m)$；$V=64.35\times 0.083=5.32(m^3)$。

⑩ 檐沟 30 mm 厚（最薄处）C20 细石砼找坡：

①、③轴：找坡平均厚度 $h=0.03+1/2\times(9.6+0.44\times 2)/2\times 1\%=0.056(m)$；$S_1=(9.6+0.44\times 2)\times(0.52-0.08-0.12)\times 2=6.71(m^2)$。

A、C 轴：找坡平均厚度 $h=0.03+1/2\times(6.3+0.44\times 2)/2\times 1\%=0.048(m)$；$S_2=(6.3+0.24)\times(0.52-0.08-0.12)\times 2=4.19(m^2)$。

⑪ 雨水管工程量：$L=(4-0.35+0.3)\times 4=15.8(m)$。

案例 2： 根据工程图纸，计算 20 万锭棉纺纱厂办公楼工程中楼梯间屋面工程（见图 2-48）的工程量，并列出定额计价子目。图中屋面防水女儿墙处上翻高按 0.35 m 计算，图纸中屋面做法如下。

解：(1) 计算方法分析：本工程为带女儿墙平屋面，包括细石混凝土层面、保温层及卷材防水层，水泥砂浆找平层等计算项目。具体的《定额》计算规则如下：

① 卷材防水层按水平投影面积计算，女儿墙上翻卷材按 0.35 m 计算，计入屋面防水层中。

② 屋面保温层按女儿墙间净面积乘以厚度按体积计算。

③ 细石混凝土面层及水泥砂浆找平层按女儿墙间水平投影面积计算。

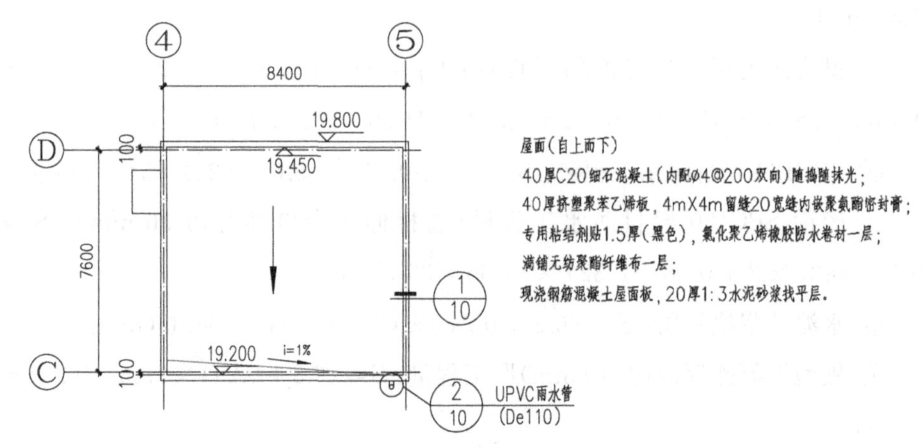

图 2-48 屋顶平面图及屋面做法

(2) 具体计算过程如表 2-20 所示，定额计价子目如表 2-21 所示。

表 2-20 工程量计算表(计算结果保留 2 位小数)

序号	项目名称	计算过程	计算结果	单位
1	找平层	(8.4−0.2)×(7.6+0.1×2)	63.96	m^2
2	无纺聚酯纤维布一层	同找平层	63.96	m^2
3	防水卷材一层	63.69+[(8.4−0.2)+(7.6+0.1×2)]×2×0.35(女儿墙上翻)	74.89	m^2
4	40 mm 厚挤塑聚苯乙烯板	(8.4−0.2)×(7.6+0.1×2)×0.04	2.56	m^3
5	细石混凝土面层	同找平层	63.96	m^2

表 2-21 计价定额子目表

序号	定额编号	项目名称	工程量
1	01-11-1-15	水泥砂浆找平层	63.96 m^2
2	补	无纺聚酯纤维布一层	63.96 m^2
3	01-9-2-1	防水卷材一层	74.89 m^2
4	01-10-1-6	40 厚挤塑聚苯乙烯板	2.56 m^3
5	01-9-2-10	细石混凝土面层	63.96 m^2

任务8　装饰工程计量与计价

一、楼地面工程计量与计价

1. 楼地面工程概述

楼地面工程是楼面和地面装修的总称，主要包括地面、楼面、踢脚线、台阶、楼梯等部位的装饰及其他零星工程。楼地面按构造层次分垫层、找平层和面层(见图2-49)。

① 基层是垫层与土壤层间的找平层或填充层,可加强地基承受荷载能力,并起找平作用。基层材料通常用灰土、碎砖、道砟、三合土等。

② 地面垫层是承受上部地面荷载将其传给地基的构造层次。垫层的材料主要有砂、炉(矿)渣、混凝土等。

③ 附加层是为满足房间特殊使用要求而设置的构造层次,如防潮层、防水层、保温层等。

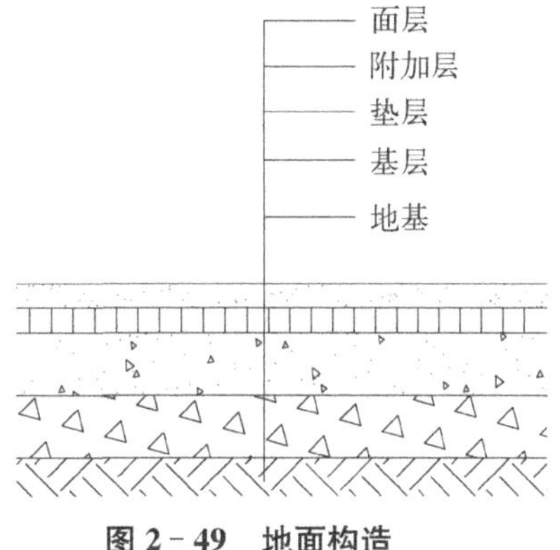

图2-49　地面构造

④ 面层是一般设在找平层上起整体装饰效果的层次,根据做法不同,主要分为整体面层、块料面层等。

(1) 整体面层。整体面层主要材料有砂浆面层、水磨石、细石混凝土、剁假石、环氧自流平涂层等。块料面层按施工工艺分为湿作业和干作业两大类。湿作业类铺贴块料面层种类有：石材、地砖、陶瓷锦砖、镭射玻璃地砖、镭射玻璃砖、广场砖、鹅卵石地坪等。

大理石或花岗岩楼地面构造如图2-50所示。

干作业类面层种类主要有：橡胶板地板、橡胶板卷材、塑料板地板、木地板、地毯、防静电活动地板、智能化活动地板等。

(2) 橡塑地板。橡塑地板是以PVC、UP等树脂为主,加入其他辅助材料加工而成的地面材料。按橡塑地板的组成和结构,可分为PVC塑料地板和塑料涂布地板。其中,PVC塑料地板又可分为单色块材地板、透底花纹地板、印花地板和单色卷材地板。

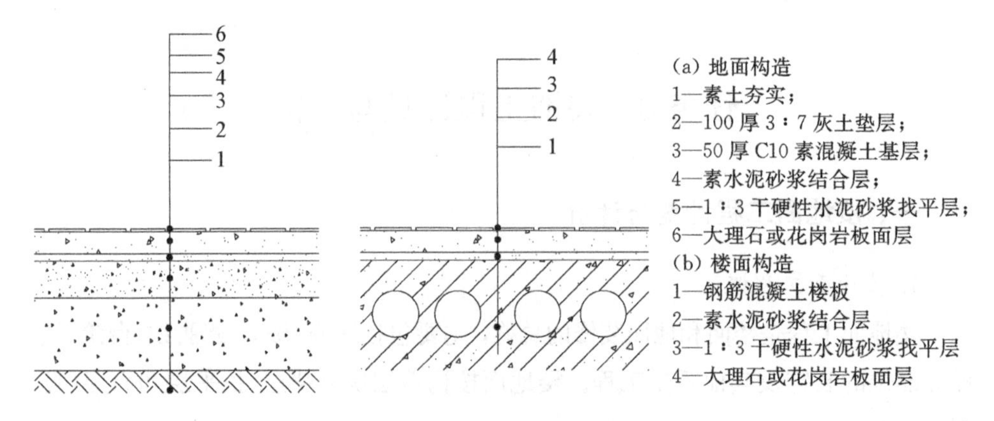

图 2－50　块料面层构造

橡塑地板黏结剂主要有乙烯类、氯丁橡胶类、聚氨酯、环氧树脂、合成橡胶溶剂类及沥青灯等。

(3) 木地板。木地板包括实木地板、复合地板等，这里主要介绍实木地板。

实木地板面层施工工艺流程如下：

基层检查→安装毛地板→铺实木地板→镶边→地面磨光→油漆、打蜡

操作工艺：实木地板按构造方法不同，分为实铺与空铺两种。实铺是在钢筋混凝土板或垫层上，先铺一层防火厚夹板(15 mm 或 18 mm 厚)作毛地板，可采用全铺，也可采用 100 mm 宽的板条，板条相互间距为 100 mm，作底层，然后再铺实木地板面层。空铺则是由木龙骨、剪刀撑构成地龙骨，将毛地板先铺在地龙骨上，然后再铺面层材料。

(4) 地毯。地毯有方块地毯和卷材地毯两种形式。

方块地毯面层施工工艺流程如下：

基层检查→方块地毯剪裁→铺方块地毯→处理收口。

卷材地毯面层施工工艺流程如下：

基层检查→卷材地毯剪裁→钉倒刺板→铺衬垫→铺卷材地毯→处理收口。

地毯主要采用两种铺设方式：

活动式铺设：是指将地毯明摆浮搁在基层上，不需将地毯与基层固定。

固定式铺设：固定式铺设有两种固定方法，一种是卡条式固定，使用倒刺板拉住地毯；一种是粘接法固定，使用胶黏剂把地毯粘贴在地板上。

(5) 防静电活动地板。防静电地板用于有防尘和防静电要求的专业用房楼

地面，主要面层材料有铝合金复合石棉塑料贴板、铸铝合金面板、塑料地板、平压刨花板面板等。横梁有镀锌钢板及铝合金横梁支架等。面板尺寸为 600 mm×600 mm 左右，支架高度为 250～350 mm，横梁间距为 550 mm。

防静电活动地板构造如图 2-51 所示。

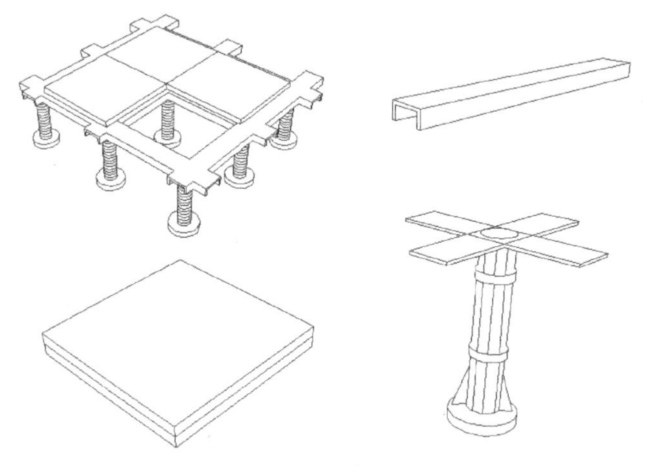

图 2-51　防静电活动地板

(6) 踢脚线。踢脚线材质一般与楼地面面层材料一致，以保持装饰风格的协调。踢脚线的构造方式：与墙面相平、凸出或凹进墙面。踢脚线高度一般为 120～150 mm，如图 2-52 所示。

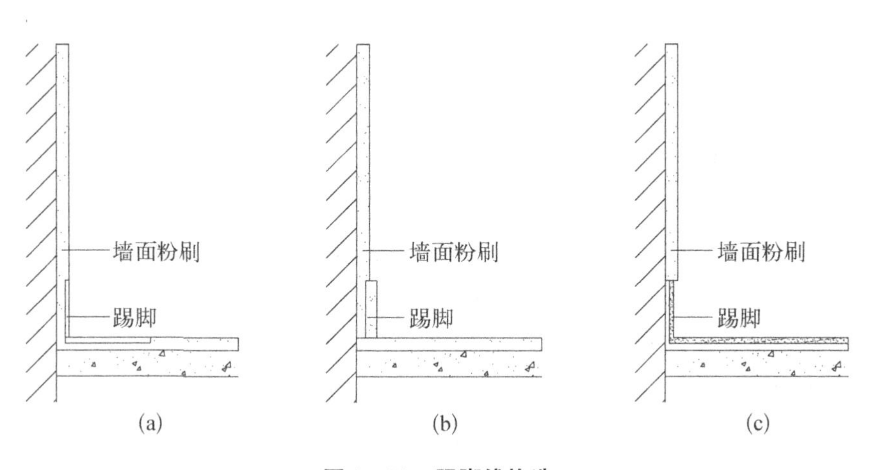

图 2-52　踢脚线构造

踢脚线构造做法

(a) 相平；(b) 凸出；(c) 凹进

(7) 散水及防滑坡道面层。散水是指房屋周围保护墙基、分散雨水的保护层，其构造主要有砖铺散水、现浇细石混凝土散水等。防滑坡道是为方便行人车辆等出入做成的向外有一定倾斜度的斜通道。

2. 楼地面工程定额规则

(1) 垫层。

① 工程量计算规则：地面垫层按室内主墙间净面积乘以设计厚度以体积计算。

计算公式：

$$V_{地面垫层体积}=(S_{建筑面积}-S_{主墙}-S_{突出地面的构筑物、设备基础、地沟})\times H_{垫层厚}$$

② 注意事项：

应扣除突出地面的构筑物、设备基础、地沟等所占体积；

不扣除柱、垛、间壁墙、附墙烟囱及面积在 0.3 m^2 以内的孔洞所占体积。

(2) 找平层。定额列有砂浆和混凝土找平层，基本厚度为 20 mm 和30 mm，厚度超过或不足时按每增减 5 mm 子项调整。

① 工程量计算规则：找平层按设计图示尺寸以面积计算，应扣除凸出地面的构筑物、设备基础、地沟等所占面积；不扣除间壁墙及≤0.3 m^2 柱垛及孔洞所占面积。门洞、空圈、暖气包槽、壁龛等开口部分亦不增加。

② 注意事项：

细石混凝土找平层厚度大于 60 mm 时，按“混凝土及钢筋混凝土工程”中的垫层子目执行；

水磨石整体面层及块料面层(除广场砖及鹅卵石地坪外)定额子目均未包括找平层，故需另行计算。

(3) 整体面层。

① 工程量计算规则：各类整体面层按设计图示尺寸以面积计算，应扣除凸出地面的构筑物、设备基础、地沟等所占面积；不扣除间壁墙及≤0.3 m^2 柱、垛及孔洞所占面积。门洞、空圈、暖气包槽、壁龛等开口部分亦不增加。金属嵌条及防滑条按设计长度计算，地面分仓缝按图示尺寸以长度计算。

② 注意事项：

混凝土强度等级的配合比与设计规定不同时应予换算；

整体面层、块料面层及橡塑、木地板面层均未包括踢脚线，应另按相应定额子目计算；

现浇水磨石面层定额中未包括分格嵌条，应按相应定额子目另行计算。

(4) 块料面层。

① 工程量计算规则：楼地面块料面层、木楼板基层、木地板、橡塑面层按图示尺寸以面积计算，门洞、空圈、暖气包槽和壁龛的开口部分的工程量并入相应的面层内计算。

② 注意事项：

块料面层定额子目已包括块料直行切割，如设计要求分格、分色者，按相应子目人工乘以系数 1.1；

镶嵌规格在 100 mm×100 mm 以内的石材执行点缀子目，点缀按个计算，不扣原楼地面块料点缀饰面面积；

块料面层拼花按最大外围尺寸以矩形面积计算；

块料面层拼色、镶边按设计图示尺寸以面积计算；

石材晶面处理按设计图示尺寸的石材表面积计算；

块料面层铺贴，定额中已包括块料直边切割费用，未包括异形边切割(异型切割中包括切 45 度斜边)及磨边，若大理石或花岗岩的成品单价中未包括异型切割及磨边的费用，则可以另行记取相应费用。

(5) 楼梯面层。

① 工程量计算规则。楼梯面层(包括踏步、休息平台以及≤500 mm 宽的楼梯井)按设计图示尺寸以楼梯水平投影面积计算。楼梯与楼地面相连时，算至梯口梁内侧边沿；无梯口梁者，算至最上一层踏步边沿加 300 mm。

② 注意事项：

楼梯面层定额中不包含靠墙踢脚线、楼梯底板的抹灰，另按相应定额执行，如图 2－53 所示；

块料楼梯面层侧面与牵边按相应零星定额子目执行；

楼梯防滑条应单独计算，区分不同材质，按设计图示尺寸以长度计算；

螺旋形楼梯面层按相应定额子目的人工乘以系数 1.20。

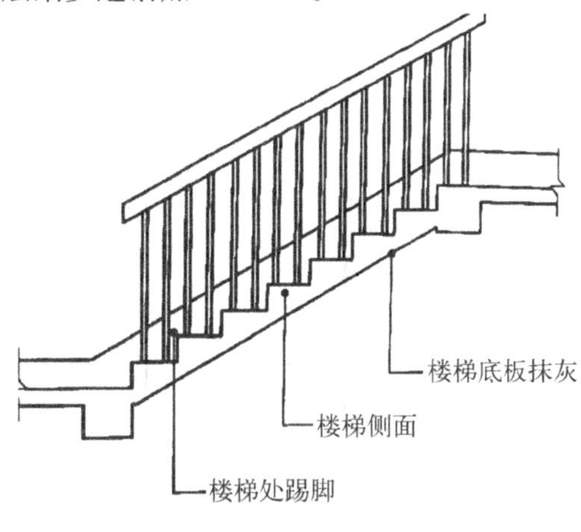

图 2－53　楼梯立面图

(6) 踢脚线。

① 计算规则：楼地面及楼梯靠墙踢脚线按实际长度计算，应扣除门洞口，空圈等所占长度，但洞口侧壁长度相应增加。

② 注意事项：

《定额》中踢脚线取定高度为 120 mm，如设计高度与定额不同时，材料可以调整，其余不变；

弧形踢脚线及楼梯段踢脚线按相应定额子目的人工乘以系数 1.15。

(7) 台阶面层。

① 计算规则：

台阶面层(包括踏步及最上面一层踏步外沿加 300 mm)按水平投影面积计算；

台阶的侧面以零星装饰项目按面积计算。

② 注意事项：台阶定额中未包括防滑条，应按相应定额另行计算。

3. 楼地面工程计算案例分析

案例 1： 某建筑物房间地面(见图 2－54)为木地板装修，具体做法：60 mm 厚 C15 现浇泵送混凝土垫层，素水泥浆结合层，20 mm 厚干混砂浆找平层，50 mm×70 mm 木楞，间距为 400 mm，硬木企口地板铺在木楞上，踢脚板采用硬木成品踢脚板安装，高为 150 mm。计算房间地面装修工程量，并列出计算项目的定额子目。

注意，墙厚均为 240 mm，沿轴线居中布置，M1、M2 与墙内侧平齐，向内平开，所有门框厚均为 90 mm，踢脚板基层厚度不考虑。

解： (1) 计算方法分析：

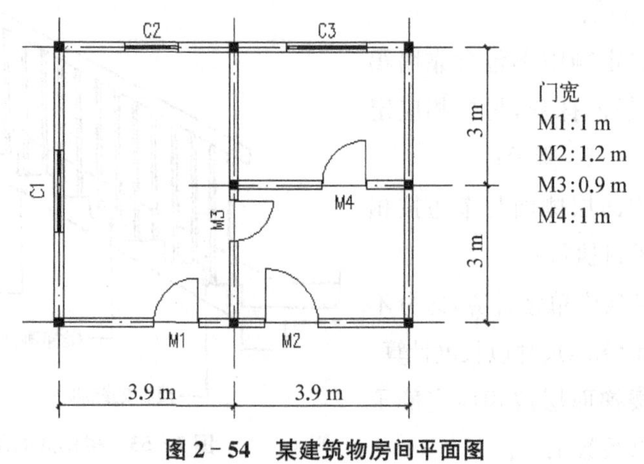

图 2－54　某建筑物房间平面图

① 由图可知，地面面层为木板块料面层，按计算规则，工程量按实铺面积进行计算，扣除突出墙面的柱所占面积，增加门洞开口部分面积，M1、M2 向内开，所以开口处面积不计入室内地面。

② 垫层和找平层面积按主墙间的净面积计算，根据具体做法，所列计算项目有 4 项：

混凝土垫层，按体积计算工程量，$V = S_{垫层} \times H_{厚度}$；

找平层，按面积计算工程量；

木地板面层，按面积计算工程量；

踢脚板按延长米计算工程量，扣除门洞长度，同时增加门洞侧面的长度。

（2）具体计算过程列于表 2-22 和表 2-23 中。

表 2-22　工程量计算表（计算结果保留 2 位小数）

序号	项目名称	计　算　式	计算结果	单位
1	混凝土垫层	$H_{厚度} = 0.06$ m		
		$S = (3.9-0.24)\times(6-0.24)+(3.9-0.24)\times(6-0.24\times 2)$	41.28	m^2
		$V_{垫层} = 41.28 \times 0.06$	2.48	m^3
2	找平层	面积同垫层	41.28	m^2
3	木地板面积	$S_{门洞开口} = (0.9+1.0)\times 0.24$	0.46	m^2
		$S_{木地板} = 41.28 + 0.46$	41.74	m^2
4	踢脚板	内墙净长 $L = (3.9-0.24)\times 6+(6-0.24)\times 2+(3-0.24)\times 4$	44.52	m
		门洞口长 $L = 1.0+1.2+0.9+1.0$	4.1	m
		M3、M4 洞口侧壁 $L = (0.24-0.09)\times 4$	0.6	m
		$L = 44.52-4.1+0.6$	41.02	m

表 2-23　计价定额子目表

序　号	定 额 编 号	项 目 名 称	工 程 量
1	01-5-1-1	混凝土垫层	2.48 m^3
2	01-11-1-15	干混砂浆找平层	41.28 m^2

（续表）

序　号	定额编号	项目名称	工程量
3	01-11-4-8	木地板面层	41.74 m^2
4	01-11-5-9	成品踢脚板安装	41.02 m

案例2：如图2-55所示是某建筑物室外台阶，干混砂浆铺贴花岗岩，计算该台阶面层的工程量。

解：(1) 计算方法分析：台阶面层为块料面层，按计算规则，台阶面层工程量（包括踏步及最上面一层外沿加30 cm），按水平投影面积计算。

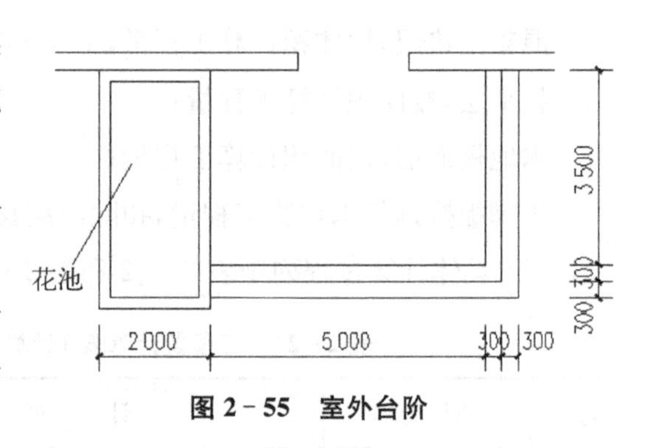

图2-55　室外台阶

(2) 具体计算过程：$S_{投影面积}=(5+0.6)\times(3.5+0.6)-(5-0.3)\times(3.5-0.3)=7.92(m^2)$。

定额子目：01-11-7-1。

案例3：根据工程图纸（见图2-56），计算20万锭棉纺纱厂办公楼工程的二层平面中卫生间楼面装修工程量，并列出定额子目。

卫生间楼面做法说明：干混砂浆贴防滑地砖（地砖规格600 mm×600 mm）；聚氨酯防水涂膜三遍（周边翻高250 mm）；干混地面砂浆找平层，坡度0.5%，坡向地漏，最薄处20 mm厚；钢筋砼楼板，素水泥浆一道。

解：(1) 计算方法分析：

① 由图可知，卫生间面层为防滑地砖块料面层，按计算规则，工程量按图示设计尺寸面积进行计算，本工程中柱突出墙面所占面积在0.3 m^2 以内的不扣除，增加M1221门洞开口部分面积。

② 防水涂膜按平面面积和立面上翻面积计算，平面面积按主墙间净面积计算，立面上翻高为250 mm，小于300 mm，工程量并入平面防水内计算。

③ 找平层面积按主墙间的净面积计算。

(2) 具体计算过程列于表2-24和表2-25中。

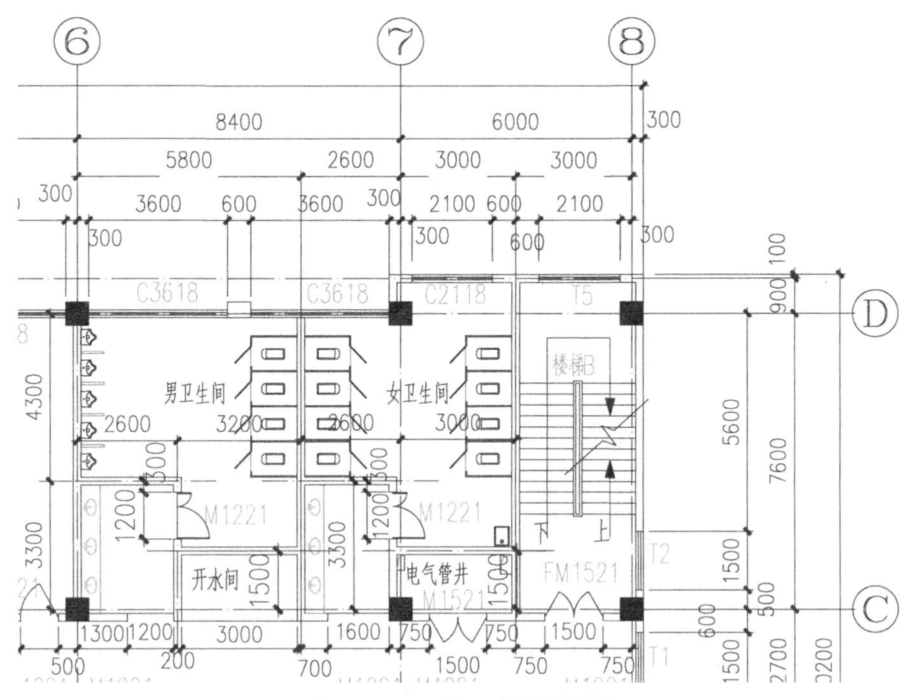

图 2 - 56　二层卫生间平面图

表 2 - 24　工程量计算表（计算结果保留 2 位小数）

序号	项目名称	计算式	计算结果	单位
1	防滑地砖	男卫生间：$S1=(5.8-0.1\times2)\times(4.3+3.3+0.1-0.1)$	42.56	m^2
	扣开水间	$S2=(1.5-0.1+0.1)\times(3.0-0.1\times2)$	4.2	m^2
	扣墙体所占面积	$S3=(2.6-0.1+3.3+0.1+3.2-0.2)\times0.2$	1.78	m^2
	男卫生间地砖面积	$S4=S1-S2-S3$	36.58	m^2
	女卫生间	$S5=(5.6-0.1\times2)\times(7.6+0.1-0.1)+(3+0.1-0.1)\times(0.9-0.1+0.1)$	43.74	m^2
	扣电气管井	$S6=(1.5-0.1+0.1)\times(3.0-0.1+0.1)$	4.5	m^2
	扣墙体所占面积	$S7=(2.3+3.0+3.0)\times0.2$	1.66	m^2
	女卫生间地砖面积	$S8=S5-S6-S7$	37.58	m^2
	门洞开口部分面积	$S9=1.2\times0.2\times2$	0.48	m^2
	卫生间地砖面积合计	$S4+S8+S9$	74.64	m^2

（续表）

序号	项目名称	计算式	计算结果	单位
2	防水涂膜	$S_{平面防水}+S_{上翻}$		
	S平面防水	S4＋S8	74.16	m^2
	S上翻	男卫生间墙面：[(5.8－0.2)×2＋(7.6－1.5－0.2)×2－1.2＋(2.6－0.2)×2＋3.3×2－1.2×2]×0.25	7.7	m^2
		女卫生间墙面：[(5.6－0.2)×2＋(7.6－1.5＋0.9－0.2)×2－1.2＋2.2×2＋3.3×2－1.2－1.6]×0.25＋ ⑦/D轴柱突出上翻：[(0.6－0.2)×2＋0.2×2]×0.25	8.15	m^2
	防水涂膜合计	74.16＋7.7＋8.15	90.01	m^2
3	找平层	S4＋S8	74.16	m^2

表 2-25 计价定额子目表

序号	定额编号	项目名称	工程量
1	01-11-2-14	干混砂浆铺贴防滑地砖	74.64 m^2
2	01-9-4-4	聚氨酯防水涂膜	90.01 m^2
3	01-11-1-15	浆找平层	74.16 m^2
4	01-11-1-19	素水泥浆一道	74.16 m^2

二、墙柱面工程计量与计价

1. 墙柱面装饰工程概述

(1) 墙柱面工程主要包括墙面、柱面、梁面、阳台、雨篷、檐沟等部位的装饰及其他零星工程。根据不同材料，可分为抹灰、镶贴块料面层、挂贴石材面层、涂料饰面、装饰隔断、幕墙等面层。本节主要围绕20万锭棉纺纱厂办公楼项目，介绍墙面抹灰、块料装饰的计算。

(2) 墙柱面抹灰工程按施工工艺分为一般抹灰和装饰抹灰。

① 一般抹灰指石灰砂浆、混合砂浆、水泥砂浆、聚合物砂浆、膨胀珍珠岩水

泥砂浆、纸筋灰等材料的抹灰工程。一般抹灰按质量要求和工序不同又分为普通抹灰、中级抹灰和高级抹灰 3 种。

普通抹灰二遍完成：一底层、一面层，主要工序为分层找平、修整、表面压光。

中级抹灰三遍完成：一底层、一中层、一面层，主要工序为阳角找方、设置标筋、分层找平、修整、表面压光。

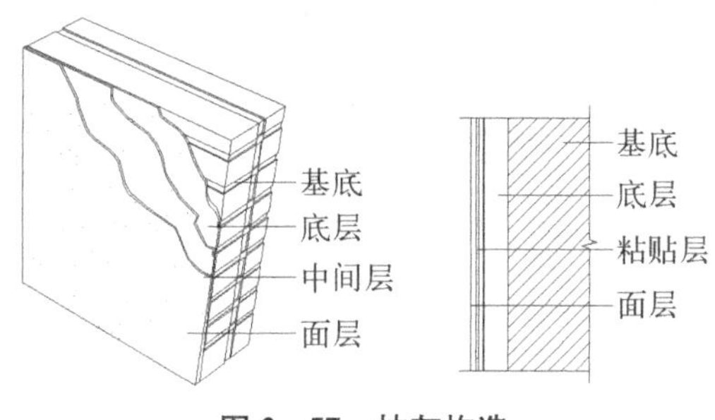

图 2-57　抹灰构造

高级抹灰四遍以上：一底层、数遍中层、面层多遍成活，主要工序为阳角找方、设置标筋、分层找平、修整、表面压光(见图 2-57)。

② 装饰抹灰底层一般为砂浆打底，面层多采用石碴类材料，以水泥为胶结材料，以石碴为骨料做成水泥石碴浆作为抹灰面层，然后用水刷、斧剁、水磨、喷涂、滚涂等方法，或在水泥砂浆面上粘小粒径石碴，使表面具有丰富的装饰效果。

(3) 石材、块料面层。

① 大理石、花岗岩等石材类：主要采用湿挂法和干挂法及黏结剂粘贴法施工。薄型石材主要采用砂浆或黏结剂粘贴法施工。

湿挂法是指先在墙上基层预埋环状锚拉钢筋，成格状布置，再在环状锚拉钢筋上布置横纵向钢筋网，在饰面边缘钻孔，用铜丝穿过饰面的钻孔，并固定在钢筋网上，最后在饰面板与墙面间灌注细石混凝土或砂浆的施工方法。

干挂法是指以干挂锚件将石板直接吊挂在墙面或钢龙骨架上，每块石板独立吊挂，并嵌缝，不用砂浆灌注。钢骨架可采用镀锌处理的槽钢及角钢等材料，干挂锚件可采用不锈钢或铝合金等，如图 2-58 所示。

② 饰面砖类：瓷砖、外墙面砖、锦砖等，主要采用砂浆或黏结剂粘贴法施工。

2. 墙柱面工程定额规则

(1) 内墙面抹灰：按设计图示，主墙间净长乘以高度以面积计算，应扣除墙裙、门窗洞口及单个大于 0.3 m^2 的孔洞所占的面积，不扣除踢脚线、挂镜线及 0.3 m^2 以内的孔洞和墙与构件交接处的面积，门窗洞口、孔洞的侧壁和顶面也不增加。附墙柱、梁、墙垛侧面并入内墙、墙裙抹灰面积计算。

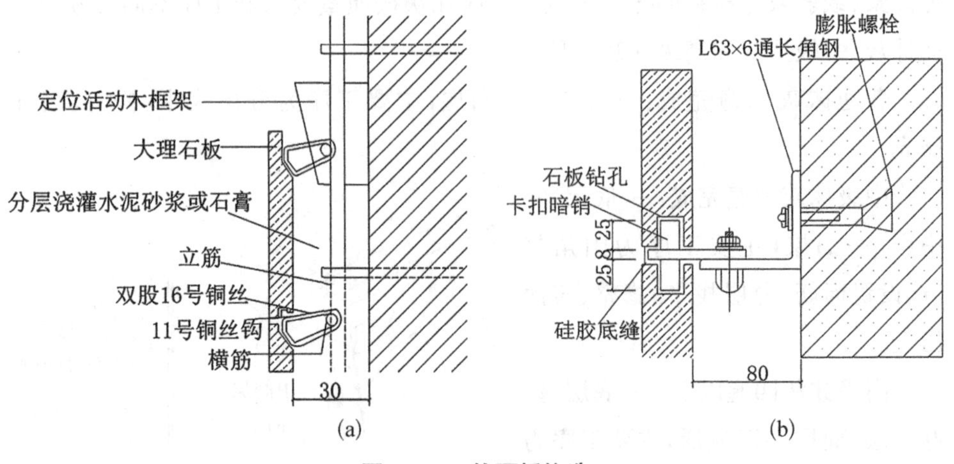

(a)　　(b)

图 2-58　饰面板构造

(a) 湿挂法(挂贴)；(b) 干挂法

$$S_{内墙面抹灰} = L_{内净} \times H - S_{门窗洞口面积、墙裙、大于0.3\,m^2孔洞}$$

式中：$L_{内净}$——内墙面净长；

H——内墙面的抹灰高度。

工程量按以下 3 种情况确定：

① 无墙裙的其高度按室内地面或楼面至上层楼板底面之间净距离计算。

② 有墙裙的其高度按墙裙顶至上层楼板底面之间净距离计算。

③ 有吊顶天棚的其高度按室内地面或楼板至天棚底面净距离计算。

(2) 内墙裙抹灰：按内墙净长度乘以高度以面积计算，应扣除门窗洞口和单个大于 0.3 m² 的孔洞所占的面积，门窗洞口、孔洞侧壁抹灰不计算。

$$S_{内墙裙} = (L_{内净} - L_{内墙门宽}) \times H_{内墙裙高度} - S_{大于0.3\,m^2的孔洞}$$

(3) 外墙抹灰：按外墙面垂直投影面积以平方米计算，应扣除门窗洞口、外墙裙和单个大于 0.3 m² 孔洞所占的面积，门窗洞口、孔洞侧壁面积不增加。附墙垛、柱、梁的侧面抹灰面积并入外墙抹灰工程量内计算。如果用料不同时，可分别按相应抹灰部位以平方米计算。

$$S_{外墙面抹灰} = L_{外} \times H - S_{门窗洞口及空圈面积} - S_{外墙裙} - S_{大于0.3\,m^2孔洞}$$

式中：$L_{外}$——外墙外边线总长(m)；

H——室外地坪至沿口底之间的总高度。

(4) 外墙裙抹灰：按设计长度乘以高度以平方米计算，应扣除门窗洞口和单个大于 0.3 m^{2}孔洞所占的面积，门窗洞口、孔洞侧壁抹灰不计算。

$$S_{外墙裙}=(L_{外}-L_{外墙门宽})\times H_{外墙裙高度}-S_{大于0.3\ m^2的孔洞}$$

(5) 墙面(清水墙)勾缝工程量按设计图示尺寸以面积计算，应扣除墙裙、门窗洞口和单个大于 0.3 m^{2}孔洞所占面积，门窗洞口、孔洞侧壁面积不增加。附墙垛、柱的侧面勾缝灰面积并入墙面勾缝工程量计算。

(6) 界面处理剂、界面砂浆按实际面积计算。

(7) 块料墙面饰面按饰面面积计算，阴阳角条按设计图示尺寸以长度计算，瓷砖倒角按设计要求的块料倒角长度计算。

(8) 注意事项：

① 抹灰子目中砂浆配合比与设计不同者，可以调整；如设计厚度与定额取定厚度不符时，按相应增减厚度子目调整。砂浆按中级标准，抹灰砂浆分层厚度如表 2-26 所示。

表 2-26　墙柱面一般抹灰

项　目		底　　层		面　　层		总厚度/mm
		砂　　浆	厚度/mm	砂　　浆	厚度/mm	
一般抹灰	内墙	干混抹灰砂浆 DP M10.00	13	干混抹灰砂浆 DP M10.00	7	20
	外墙	干混抹灰砂浆 DP M10.00	13	干混抹灰砂浆 DP M10.00	7	20
	钢板墙	干混抹灰砂浆 DP M10.00	15	干混抹灰砂浆 DP M10.00	5	20
	柱面	干混抹灰砂浆 DP M15.00	10	干混抹灰砂浆 DP M15.00	7	17
单刷素水泥砂浆一度				素水泥砂浆	1	1

② 圆弧形、锯齿形等复杂不规则的墙面抹灰，按相应《定额》子目人工乘以系数 1.15 计算。

③ 抹灰及块料的“零星项目”适用于挑檐、天沟、水平遮阳板、窗台板、压顶、

池槽(镶贴块料)、花台、展开宽度大于 300 mm 的门窗套、竖横线条及在 0.5 m^2 以内的其他各种零星项目。

④ 窗间墙的单独抹灰及镶贴块料面层按墙面相应定额子目的人工乘以系数 1.25。

⑤ 墙、柱、梁面抹灰及镶贴块料定额子目不包括刷素水泥浆,刷素水泥浆执行墙、柱面刷素水泥浆定额子目。

3. 墙柱面装饰工程计算案例分析

案例 1: 某建筑物平面如图 2－59 所示。该建筑物外墙高为 3.3 m,设计外墙面做法为干混砂浆抹灰、窗居墙中心安装、门居墙外侧平齐安装,墙厚为 240 mm,计算外墙面抹灰工程量,并列出相应定额计价子目。

已知,M1：900×2 000;M2：1 000×2 200;C1：1 100×1 500;C2：1 600×1 500;C3：1 800×1 500,门窗框厚为 90 mm。

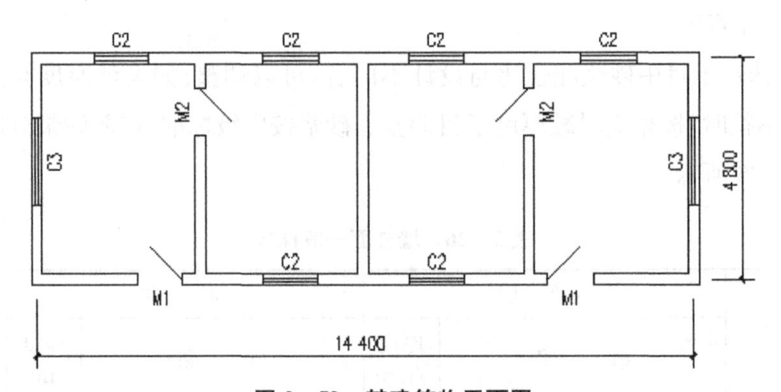

图 2－59　某建筑物平面图

解: (1) 计算方法分析：由图可知,该外墙面为混合砂浆抹灰面层,工程量按墙面抹灰规则计算,扣除门窗洞口面积,不增加门窗洞口侧壁抹灰面积。

(2) 具体计算列于表 2－27 和表 2－28。

表 2－27　工程量计算表 (计算结果保留 2 位小数)

序号	项目名称	计　算　式	计算结果	单位
1	外墙外边线长	$L=(14.4+4.8)\times 2+0.24\times 4$	39.36	m
2	门面积	$S(M1)=0.9\times 2.0\times 2$	3.6	m^2
3	窗面积	$S(C1)=1.1\times 1.5\times 2$	3.3	m^2

（续表）

序号	项目名称	计　算　式	计算结果	单位
		$S(C2)=1.6\times1.5\times6$	14.4	m^2
		$S(C3)=1.8\times1.5\times2$	5.4	m^2
	窗面积小计	3.3+14.4+5.4	23.1	m^2
4	外墙抹灰面积	$S_{面层}=39.36\times3.3-3.6-23.1$	103.19	m^2

表 2-28　计价定额子目表

序　号	定 额 编 号	项 目 名 称	工 程 量
1	01-12-1-1	干混砂浆抹灰墙面	103.19 m^2

案例 2：根据工程图纸，计算 20 万锭棉纺纱厂办公楼工程的一层外墙面（见图 2-60）工程量，并列出定额计价子目。

说明：一层层高为 4.2 m，室外地坪标高为 −0.450 m，外墙面做法按工程图纸要求，具体做法如下：

专用黏合剂贴外墙面砖，15 mm 厚 1∶2 水泥砂浆粉面压实抹光，5 mm 厚聚合物抗裂砂浆（玻纤网格布增强），专用黏合剂粘贴 40 mm 厚半硬质矿（岩）棉板（锚栓锚固与墙），8 mm 厚 1∶3 水泥砂浆（内掺 5%防水剂）打底，墙面专用界面剂一度，门窗尺寸参考工程门窗表，楼梯间的窗为 T5。

解：（1）计算方法分析：

① 由图可知，该外墙为面砖块料面层（设定面砖厚为 10 mm），工程量按块料饰面面积计算，扣除门窗洞口面积，增加门窗洞口侧壁面积，施工中设定门居墙外侧平齐安装，窗居窗中心安装（设窗框厚为 90 mm），所以只计算窗洞侧壁面积。

② 墙面抹砂浆、抗裂砂浆按外墙面垂直投影面积计算，扣除门窗洞口面积，不增加门窗洞口侧壁面积。

③ 墙面矿（岩）棉板保温层按设计图示尺寸以面积计算，长度按外墙保温层中心线长度计算，高度从室外地坪算至一层墙顶。保温层面积要扣除门窗洞口面积，门窗洞口侧壁及与墙相连的柱并入保温墙体工程量内。

（2）具体计算列于表 2-29、表 2-30。

表 2－29 工程量计算表（计算结果保留 2 位小数）

序号	项目名称	计 算 式	计算结果	单位
1	外墙面砖	外墙装饰层厚： 0.01＋0.015＋0.005＋0.04＋0.008	0.078	m
		S_1 ＝［(54.6＋0.078×2＋1.2＋0.9)×2＋(20.2＋0.078×2)×2］×(4.2＋0.45)	718.07	m²
	门面积	S(M1521)＝1.5×2.1×4	12.6	m²
		S(M1)＝7.8×3.4	26.52	m²
	门面积小计	12.6＋26.52	39.12	m²
	窗面积	S(C2118)＝2.1×1.8×3	11.34	m²
		S(C3618)＝3.6×1.8×9	58.32	m²
		S(C1731)＝1.7×3.1×8	42.16	m²
		S(C1731a)＝1.7×3.1×8	42.16	m²
		S(T3)＝3.6×(4.2－0.3－0.3)×2	25.92	m²
		S(T5)＝2.1×(4.2－0.9－0.3)×1	6.3	m²
	窗面积小计	11.34＋58.32＋42.16＋42.16＋25.92＋6.3	186.2	m²
	窗洞侧壁面积	贴面砖窗侧壁宽度：(0.2－0.09)/2＋0.078	0.133	m
		S(C2118)＝(2.1＋1.8)×2×0.133×3	3.11	m²
		S(C3618)＝(3.6＋1.8)×2×0.133×9	12.93	m²
		S(C1731)＝(1.7＋3.1)×2×0.133×8	10.21	m²
		S(C1731a)＝(1.7＋3.1)×2×0.133×8	10.21	m²
		S(T3)＝(3.6＋3.6)×2×0.133×2	3.83	m²
		S(T5)＝［2.1＋(4.2－0.9－0.3)×2］×0.133×1	1.08	m²
	窗洞侧壁面积小计	3.11＋12.93＋10.21＋10.21＋3.83＋1.08	41.37	m²
	台阶与墙交结处面积	(2.1×0.45＋0.55×0.1×2)×2＋(4.6×0.45＋0.55×0.1×2)＋(8.4＋0.6)×0.45	8.34	m²
	外墙面砖合计	718.07－39.12－186.2＋41.37－8.34	525.78	m²
2	15 mm 厚水泥砂浆粉面合计	S_2 ＝［(54.6＋1.2＋0.9)×2＋20.2×2］×(4.2＋0.45)－39.12－186.2	489.85	m²

（续表）

序号	项目名称	计　算　式	计算结果	单位
3	5 mm 厚聚合物抗裂砂浆（玻纤网格布增强）	S_3 = 15 mm 厚水泥砂浆抹灰面积	489.85	m^2
4	矿（岩）棉板保温层	外墙至保温层中心线厚度 0.008＋0.04/2	0.028	m
		$S_4 = [(54.6+0.028\times2+1.2+0.9)\times2+(20.2+0.028\times2)\times2]\times(4.2+0.45)$	719	m^2
	矿（岩）棉板窗侧壁面积	矿（岩）棉板窗侧壁宽度：(0.2－0.09)/2＋(0.008＋0.04)	0.103	m
		$S(C2118) = (2.1+1.8)\times2\times0.103\times3$	2.42	m^2
		$S(C3618) = (3.6+1.8)\times2\times0.103\times9$	10.02	m^2
		$S(C1731) = (1.7+3.1)\times2\times0.103\times8$	7.90	m^2
		$S(C1731a) = (1.7+3.1)\times2\times0.103\times8$	7.90	m^2
		$S(T3) = (3.6+3.6)\times2\times0.103\times2$	2.96	m^2
		$S(T5) = [2.1+(4.2-1.0)\times2]\times0.103\times1$	0.88	m^2
	矿（岩）棉板窗侧壁面积小计	2.42＋10.02＋7.90＋7.90＋2.96＋0.88	32.08	m^2
	矿（岩）棉板面积合计	719－39.12－186.2＋32.08	525.76	m^2
5	水泥砂浆打底	S_5 = 15 mm 厚水泥砂浆抹灰面积	489.85	m^2
6	界面剂	S_6 = 15 mm 厚水泥砂浆抹灰面积	489.85	

表 2－30　计价定额子目表

序　号	定 额 编 号	项　目　名　称	工 程 量
1	01－12－4－13	黏结剂贴外墙面砖	525.78 m^2
2	01－12－1－1 与 01－12－1－3	15 mm 厚水泥砂浆粉面	489.85 m^2
3	01－10－1－29	聚合物抗裂砂浆（玻纤网格布增强）	489.85 m^2
4	01－10－1－26	40 mm 厚矿（岩）棉板墙面保温层	525.76 m^2
5	01－9－3－11	8 mm 厚水泥砂浆打底（掺防水剂）	489.85 m^2
6	01－12－1－11	界面剂	489.85 m^2

三、天棚工程计量与计价

1. 天棚工程概述

天棚亦称顶棚、吊顶、平顶，其装饰处理对于整个室内装饰效果有相当大的影响，同时对于改善室内物理环境也有显著作用。天棚装饰按做法不同，主要分天棚抹灰及面层涂料、天棚吊顶及采光天棚施工等。

(1) 天棚抹灰按抹灰和技术要求不同分为普通、中级、高级 3 个等级。按抹灰材料不同分为石灰砂浆(纸筋灰面)、水泥砂浆、混合砂浆抹灰 3 类。

(2) 天棚吊顶一般由吊杆或吊筋、龙骨或搁栅、天棚面层组成。

吊顶基层按材质分为木基层和金属基层两类。

① 木基层：木基层按木筋的断面形式分为圆木龙骨和方木龙骨基层，《定额》中均采用方木龙骨基层。木基层天棚工程分一级天棚工程和二级天棚工程：

一级天棚指基层及面层在同一标高的平面上；

二级天棚指基层及面层不在同一标高的平面上。

② 金属基层主要分轻钢龙骨基层和铝合金龙骨基层。

轻钢龙骨采用冷轧薄钢板或镀锌钢板，经剪裁冷弯辊轧成型。按其型材断面，《定额》中分为 U 形和卡式两种。轻钢龙骨由大龙骨、中龙骨、小龙骨、横撑龙骨和各种连接件组成。

铝合金吊顶龙骨常用的断面有 T 形、U 形等几种形式，由大龙骨、中龙骨、小龙骨、边龙骨及各种连接件组成(见图 2 - 61)。铝合金龙骨基层，《定额》分装配式铝合金龙骨、浮搁式铝合金方板龙骨、嵌入式铝合金方板龙骨、中龙骨直接吊挂骨架、条板龙骨及格片式天棚龙骨几大类。

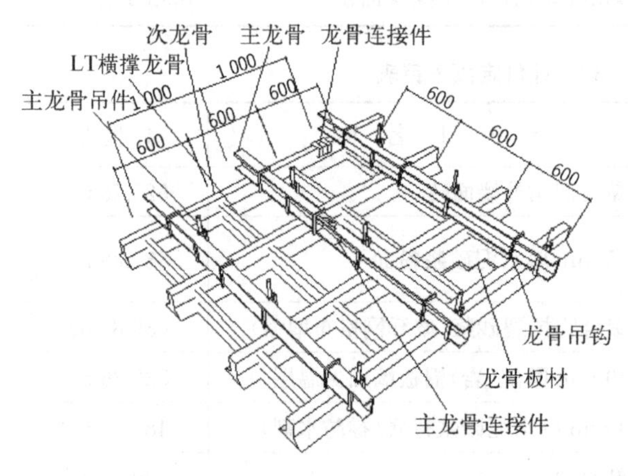

图 2 - 61　铝合金龙骨天棚

③ 天棚吊顶面层。一般吊顶面层材料有：胶合板、柚木夹板、石膏复合装饰板、塑料板等。

有特殊要求的天棚面层材

料有：矿棉板、吸音板、防火板等。

装饰要求较高的吊顶面层材料有：塑铝板、铝合金方板、条板(见图 2-62)、不锈钢板、玻璃面层等。

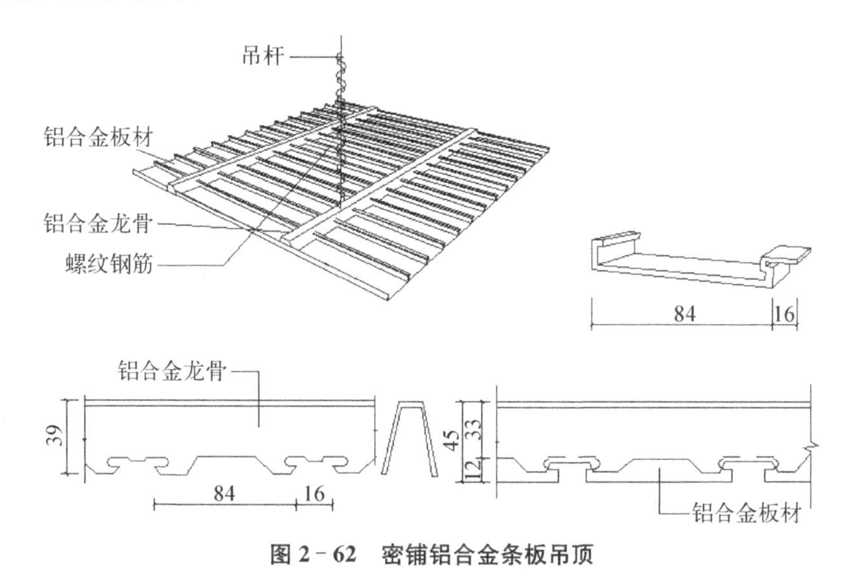

图 2-62　密铺铝合金条板吊顶

④ 天棚吊顶装饰按装饰形式不同可分为格栅天棚、钢结构玻璃采光天棚等。《定额》中格栅吊顶按材质不同有木格栅和铝合金格栅两种。图 2-63 为格栅吊顶图。

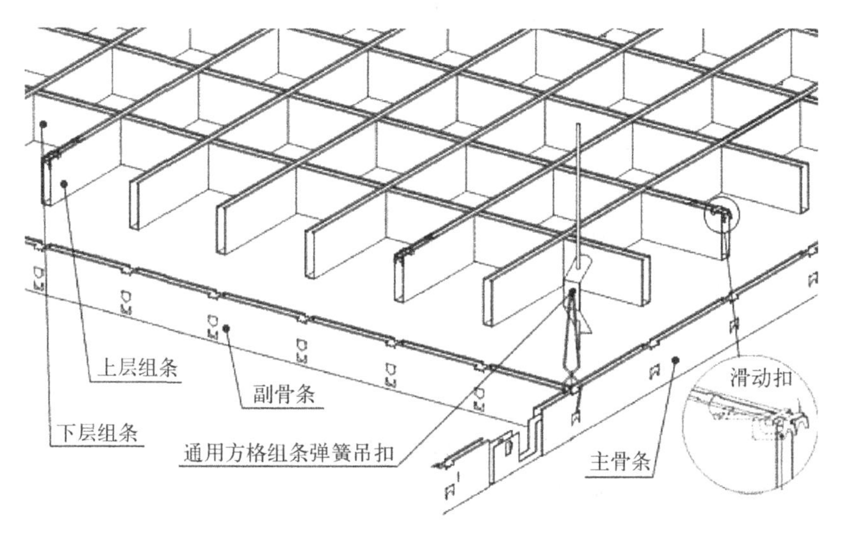

图 2-63　铝合金格栅天棚

⑤ 天棚其他装饰还包括灯带、送风口、回风口等施工项目。

风口在《定额》中为木质风口，铝合金风口在设备安装定额中。

天棚中悬挑灯槽主要形式有靠墙单面灯槽和双面挑灯槽(见图2-64)。

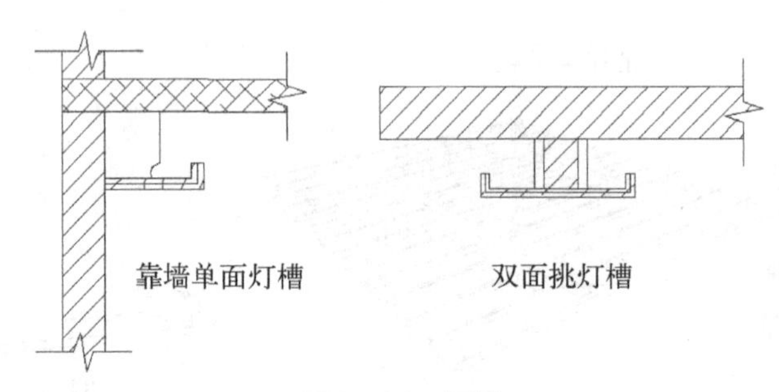

图2-64　灯槽

2. 天棚工程定额规则

(1) 天棚抹灰工程量计算规则。

① 天棚抹灰面积按设计图示尺寸以水平投影面积计算，不扣除间壁墙、垛、柱、检查口和管道所占的面积。带梁天棚的梁两侧抹灰面积及檐口天棚的抹灰面积并入天棚抹灰工程量内计算。

② 板式楼梯底面抹灰按斜面积计算；锯齿形楼梯底板抹灰按展开面积计算。

③ 界面砂浆涂刷按实际面积计算。

(2) 天棚抹灰定额说明。

① 天棚抹灰子目中的砂浆配合比与设计不同时，可以调整。砂浆按中级标准，抹灰砂浆分层厚度及砂浆种类如表2-31所示。

表2-31　天棚抹灰分层厚度及砂浆种类表

项　目	底　层		面　层		总厚度/mm
	砂　浆	厚度/mm	砂　浆	厚度/mm	
水泥砂浆一次抹面			干混砂浆 DP M10.0	7	7
钢板网	干混砂浆 DP M10.0	9	干混砂浆 DP M10.0	7	16
板条面	干混砂浆 DP M10.0	9	干混砂浆 DP M10.0	7	16

② 楼梯底面抹灰按天棚抹灰相应定额执行。

(3) 天棚吊顶工程量计算规则。

① 天棚木龙骨基层、轻钢龙骨基层、铝合金龙骨基层工程量按主墙间的水平

投影面积计算，不扣除间壁墙、检查口、垛、柱和管道所占的面积，但应扣除0.3 m^2以上的孔洞、独立柱及与天棚相连的窗帘箱所占的面积。斜面龙骨按斜面计算。

② 天棚吊顶的基层与装饰面层按设计图示尺寸以展开面积计算，不扣除间壁墙、检查口、垛、柱和管道所占的面积，但应扣除 0.3 m^2以上的孔洞、独立柱及与天棚相连的窗帘箱所占的面积。

(4) 天棚吊顶定额说明。

① 天棚龙骨的种类、间距、规格和基层、面层材料的型号、规格是按常用材料和常用做法考虑的，如设计要求不同时，材料可以调整，人工、机械不变。

② 木龙骨天棚定额的大龙骨规格为 50 mm×70 mm，中、小龙骨为 50 mm×50 mm，木吊筋为 50 mm×50 mm，定额以方木龙骨双层木楞为准。

③ 天棚面层在同一标高的平面上为平面天棚，天棚面层不在同一标高的平面上，且高差在 400 mm 以下或三级以内为跌级天棚。

④ 轻钢龙骨、铝合金龙骨的定额均以双层结构为准，即中、小龙骨紧贴大龙骨底面吊挂，如设计要求做单层结构天棚，即中龙骨与小龙骨安装在同一水平面上，人工乘以系数 0.85。

⑤ 定额中的吊筋均以后期施工在混凝土板上钻孔、挂筋为准。

⑥ 天棚检查孔的工料已包括在相应的定额子目内，不另行计算。

(5) 天棚其他装饰。

① 灯带(槽)，按设计图示尺寸以框外围面积计算。

② 送风口、回风口及灯光孔按设计图示数量以个计算。

③ 格栅灯带开孔按设计图示尺寸以长度计算。

(6) 天棚其他装饰定额说明。

① 开灯光孔、风口定额以方形为准，若为圆形者，则人工乘以系数 1.3。

② 送风口、回风口定额按方形风口 380 mm×380 mm 编制。

若方形风口在 380 mm×380 mm 以上时，人工按定额乘以系数 1.25 计算；方形风口周长在 1 600～2 000 mm 时，人工按定额乘以系数 1.25 计算；方形风口周长在 2 000 mm 以上时，人工按定额乘以系数 1.5 计算。

3. 天棚工程案例分析

案例 1： 某工程天棚，如图 2－65 所示，设计为 U 型上人轻钢龙骨基层，间距为 450 mm×450 mm，石膏板面层，计算该天棚装修的工程量，并列出定额子目。

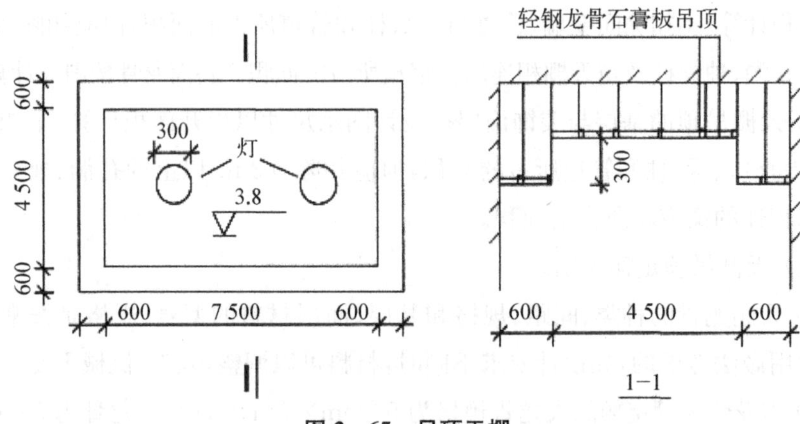

图 2-65　吊顶天棚

解：(1) 计算规则分析：该天棚为跌级吊顶天棚，轻钢龙骨基层工程量按主墙间实际面积计算，石膏板面层以主墙间实际面积计算，跌级侧面按展开面积计算，石膏板面层计算中不扣除天棚灯孔。根据具体做法，所列计算项目有 3 项：

① 轻钢龙骨基层。

② 石膏板平面。

③ 石膏板侧面。

(2) 具体计算列于表 2-32 和表 2-33 中。

表 2-32　工程量计算表（计算结果保留 2 位小数）

序号	项目名称	计　算　式	计算结果	单位
1	轻钢龙骨基层	$S=(7.5+0.6\times2)\times(4.5+0.6\times2)$	49.59	m^2
2	石膏板平面	面积同轻钢龙骨平面	49.59	m^2
3	石膏板侧面	侧面高 $H=0.3$		m
		侧面长 $L=(4.5+7.5)\times2$	24	m
		S 侧面 $=0.3\times24$	7.2	m^2
4	石膏板面积合计	49.59+7.2	56.79	m^2

表 2-33　计价定额子目表

序　号	定 额 编 号	项 目 名 称	工 程 量
1	01-13-2-6	跌级 U 型轻钢龙骨基层	49.59 m^2
2	01-13-2-30	石膏板面层	56.79 m^2

案例 2：根据项目引领(一)工程图纸，计算 20 万锭棉纺纱厂办公楼工程的一层平面中车队休息室天棚工程量(见图 2－66)，并列出定额子目。车队休息室天棚做法：轻钢龙骨吊顶(龙骨间距为 300 mm×300 mm)，120 mm 宽嵌入式乳白色铝合金条板面板，图中墙体厚度为 200 mm。

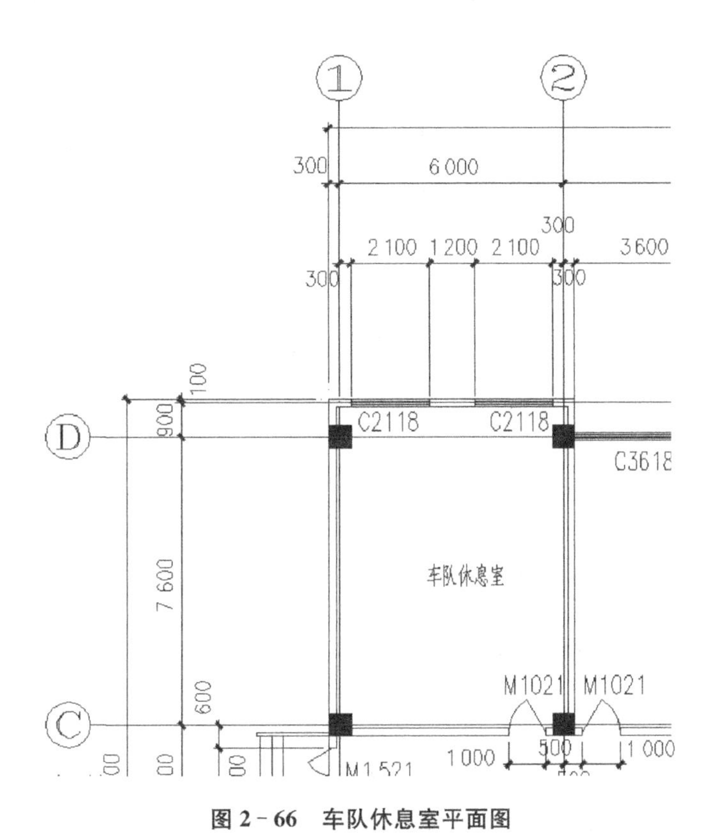

图 2－66　车队休息室平面图

解：(1) 计算方法分析：根据工程要求，该天棚为平面吊顶天棚，轻钢龙骨基层工程量按主墙间实际面积计算，不扣除附墙柱所占面积；铝合金条板面层按主墙间实际面积计算，不扣除 0.3 m^2 以内的附墙柱所占面积，根据具体做法，所列计算项目有 2 项。

① 轻钢龙骨基层。

② 铝合金条板面层。

(2) 具体计算列于表 2－34、表 2－35 中。

表 2-34 工程量计算表（计算结果保留 2 位小数）

序号	项目名称	计　算　式	计算结果	单位
1	轻钢龙骨基层	$S=(6+0.1\times2)\times(7.6+0.9-0.1+0.1)$	52.7	m^2
2	铝合金条板面层	面积同轻钢龙骨平面	52.7	m^2

表 2-35 计价定额子目表

序　号	定 额 编 号	项 目 名 称	工 程 量
1	01-13-2-3	平面轻钢龙骨基层	52.7 m^2
2	01-13-2-39	铝合金条板面层	52.7 m^2

任务 9　多层框架结构施工措施项目计量与计价

在《定额》中，措施项目包括脚手架工程、混凝土模板及支架工程、垂直运输工程、超高施工增加工程、大型机械设备进出场及安拆、施工排水、降水等工程内容。任务 9 根据 20 万锭棉纺纱厂办公楼工程情况，主要介绍脚手架和垂直运输工程的计算，混凝土模板的计算已在任务 3～4 中介绍，此处不再赘述。

一、脚手架工程计量与计价

1. 脚手架工程概述

脚手架指施工现场为工人操作并解决垂直和水平运输而搭设的各种支架。主要为了方便施工人员上下干活或外围安全网维护及高空安装构件等。脚手架制作材料通常有：竹、木、钢管或合成材料等。此外，在广告业、市政、交通路桥、矿山等部门也广泛被使用。《定额》中根据搭设的位置和方法不同，分列了外脚手架、里脚手架、满堂脚手架、整体提升脚手架、外装饰吊篮、电梯井脚手架、各种防护脚手架、构筑物脚手架等。

2. 脚手架工程定额规则

(1) 外脚手架按外墙外边线长度乘以外墙高度以面积计算，不扣除门、窗、洞口、空圈等所占面积。同一建筑物高度不同时，应按不同高度分别计算。

计算式：$S=L_{外}\times H$。

式中：$L_{外}$——外墙外边线长度。

H——外脚手架计算高度，指设计室外地坪至檐口屋面结构板面高度；有女儿墙时，高度算至女儿墙顶面。

(2) 外脚手架定额说明。

① 建筑物外墙高度小于 3.6 m 的不计算外脚手架。

② 在外脚手架定额套用中，所有的外脚手架在《定额》子目中的高度指自设计室内地坪至檐口屋面结构板面，即建筑物高度。多跨度建筑物高度不同时，应分别按不同高度计算。

③ 外脚手架定额子目中已综合考虑了脚手架基础加固、全封闭密目安全网、斜道、上料平台、简易爬梯等用料，又包括了屋面顶部滚出物防患措施。对高度超过 20 m 的建筑物，相应的脚手架定额中包含分段搭设的悬挑型钢、外挑式防坠安全网。

④ 建筑物屋面以上的楼梯间、电梯间、水箱间等(包括与外墙连成一片的墙体)处的脚手架，其工程量并入建筑脚手架工程量内，主体建筑物高度的外脚手架按定额子目计算。

⑤ 对于外墙装饰不使用常规的外脚手架，而实际使用吊篮时，按外墙垂直投影面积计算，不扣除门窗洞口面积。

(3) 里脚手架计算规则。里脚手架分为砌筑和粉刷脚手架两种，工程量均按设计图示墙面垂直投影面积计算，不扣除门、窗、洞口、空圈等所占面积。

计算式：$S=$墙面净长$\times$室内净高。

室内净高为室内地坪(楼板)面至上一层楼板底面的高度。

(4) 满堂脚手架计算规则。满堂脚手架主要用于天棚粉刷、吊顶的施工。当室内净高 3.6 m 以上，需要做吊平顶或板底粉刷时，可搭设满堂脚手架。

计算规则：按室内地面净面积计算，不扣除柱、垛等所占面积。

计算式：$S=$室内净长$\times$室内净宽。

(5) 里脚手架及满堂脚手架定额说明。

① 建筑物内墙高度(净高)在 3.6 m 以上时，应分别计算砌墙用里脚手架和粉刷用脚手架。建筑物室内净高大于 3.6 m 是计算里脚手架的基本条件。

② 对于净高大于 3.6 m 的内墙，已计算了砌筑里脚手架工程量，当计算粉刷里脚手架时，还需计算这堵内墙的两个面粉刷里脚手架工程量；如室内净高大于

3.6 m但不砌筑内墙时，也不要遗漏计算外墙内粉刷用里脚手架；如采用满堂脚手架，可以满足墙面、顶面的粉刷施工需要，就不再同时计算粉刷脚手架。

③ 满堂脚手架在《定额》中分为基本层和增加层两个子目。室内净高在3.6～5.2 m之间为基本层；室内净高超过5.2 m时，另按每增加1.2 m增加层子目计算，以此累计。增高0.6 m以内不计算增加层。

计算式：满堂脚手架增加层数=(室内净高−5.2)/1.2。

例：某建筑物，已知室内净高为5.8 m、7.2 m，需做天棚装饰，试计算满堂脚手架增加层数。

解：净高5.8 m，5.8−5.2=0.6(m)，不计算增加层。

净高7.2 m，则(7.2−5.2)/1.2=1(层)多0.8 m，取2层。

3. 脚手架工程案例分析

案例1：如图2－67所示，有女儿墙单层建筑，屋面板厚150 mm，墙厚370 mm，计算该房屋工程外脚手架和满堂脚手架工程量，并列出定额子目。

说明：该建筑物天棚及墙体内侧抹灰采用满堂脚手架，脚手架材料采用钢管。

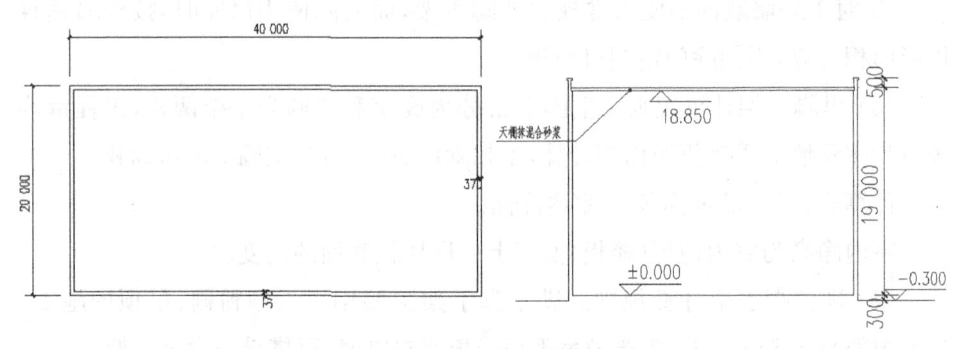

图2－67　单层建筑

解：(1) 计算方法分析：根据上图可知，外脚手架计算高度从设计室外地坪至女儿墙顶面。本工程天棚及内侧墙体装饰采用满堂脚手架，不再计算粉刷用里脚手架。

(2) 具体计算。

① 外脚手架：

工程量：$S=(40+20)\times 2\times (19+0.3+0.5)=2\ 376(\mathrm{m}^2)$。

定额子目：01－17－1－1，钢管双排外脚手架。

② 满堂脚手架：

工程量：$S=(40-0.37\times 2)\times(20-0.37\times 2)=756.15(\text{m}^2)$。

室内净高 $19-0.15=18.85(\text{m})>5.2(\text{m})$，增加层 $=(18.85-5.2)/1.2=11$(层) 余 0.45 m，取 11 层。

定额子目：01－17－1－12+13×11。

案例 2： 根据项目引领(一)工程，计算 20 万锭棉纺纱厂办公楼工程一层平面中车队休息室天棚吊顶脚手架的工程量，并列出定额子目，见任务 8 中图 2－66。

解：(1) 计算方法分析：根据工程施工要求，天棚做吊顶，室内净高大于 3.6 m时，可搭设满堂脚手架，室内净高在 3.6～5.2 m 时为满堂脚手架基本高度，不计增加层。

(2) 具体计算(满堂脚手架)：

工程量：S(净面积)$=(6+0.1\times 2)\times(7.6+0.9-0.1+0.1)=52.7(\text{m}^2)$。

室内净高 $4.2-0.12=4.08(\text{m})<5.2(\text{m})$，没有增加层。

定额子目：01－17－1－12。

二、垂直运输工程计量与计价

1. 垂直运输工程概述

定额对人员、材料、设备的垂直运输，以设计室内地坪为界，按向上、向下不同运输方向，分别设立±0.000 以上的垂直运输子目和单独地下室的垂直运输子目。垂直运输机械及相应设备包含以下内容：

(1) 垂直运输机械(塔吊、卷扬机等)的台班。

(2) 人货电梯的台班。

(3) 上下通信器材的台班。

2. 垂直运输工程定额规则

(1) 计算规则。

① 建筑物的垂直运输应区分不同建筑物高度按建筑面积计算。

② 建筑物有高低时，应按不同高度的垂直分界面分别计算建筑面积。

③ 超出屋面的楼梯间、电梯机房、水箱间、塔楼等以建筑面积计算，但不计

算高度。

③ 有地下室的建筑物(除大型连通地下室外)，其地下室面积与地上面积合并计算。

④ 独立地下室及大型连通地下室单独计算建筑面积。大型连通地下室按地下室与地上建筑物接触面的水平界面分别计算建筑面积。

(2) 定额说明。

① 垂直运输定额中建筑物高度为设计室内地坪至檐口屋面结构板面。突出主体屋顶的电梯间、楼梯间、水箱间等不计入檐口高度之内。

② 高度 3.6 m 以内的单层建筑，不计算垂直运输机械台班。

③ 定额内不同建筑物高度的垂直运输机械子目按层高 3.6 m 考虑，超过 3.6 m者，应另计层高超高垂直运输增加费，每超过 1 m，其超过部分按相应定额子目增加 10%，超过不足 1 m，按 1 m 计算。

3. 垂直运输工程案例分析

案例 1: 某框架结构建筑物如图 2-68 所示，分别由 A、B、C 单元楼组合为一幢整体建筑。A 楼 15 层，每层建筑面积 500 m^2；B 楼、C 楼均为 10 层，每层建筑面积 300 m^2。计算该房屋的垂直运输工程量并列出定额子目。

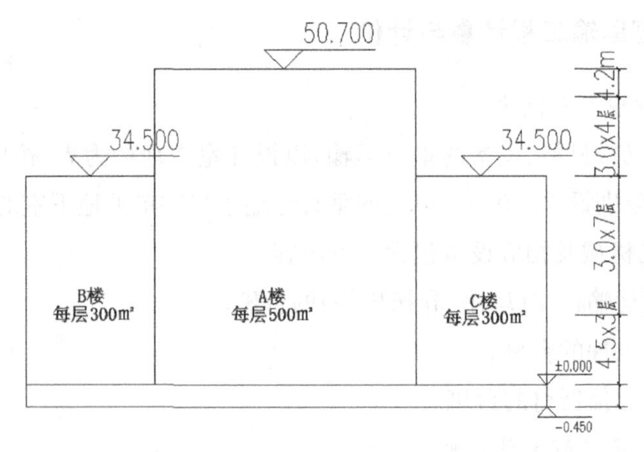

图 2-68　建筑物

解: (1) 计算规则分析：由图可知，本建筑物应根据不同高度分别计算垂直运输工程量，1～3 层层高 4.5 m，顶层层高 4.2 m，层高均大于 3.6 m，应计算层高每增 1 m 的垂直运输工程量。

(2) 具体计算。

① A楼垂直运输工程量。

工程量：$S=500\times15=7\,500(m^2)$。

定额子目：01－17－3－5,建筑物高度60 m以内的垂直运输。

② A楼1～3层层高4.5 m，$4.5-3.6=0.9(m)$，取1 m。

顶层层高为4.2 m，$4.2-3.6=0.6(m)$，取1 m。

增加工程量$=500\times3\times1+500\times1\times1=2\,000(m^2)$。

定额子目：按定额子目01－17－3－5的10%计算每增1 m的垂直运输费用。

③ B楼、C楼垂直运输工程量。

工程量：$S=300\times10\times2=6\,000(m^2)$。

定额子目：01－17－3－4,建筑物高度45 m以内的垂直运输。

④ B、C楼1～3层层高4.5 m，$4.5-3.6=0.9(m)$，取1 m。

增加工程量$=300\times3\times2\times1=1\,800(m^2)$。

定额子目：按定额子目01－17－3－4的10%计算每增1 m的垂直运输费用。

案例2：根据项目引领工程，计算20万锭棉纺纱厂办公楼工程的垂直运输工程量，并列出定额子目。

解：(1) 计算规则分析：本工程无地下室，只需计算地上四层的建筑面积，包括屋顶楼梯间的建筑面积。一层层高为4.2 m，大于3.6 m，应计算层高每增1 m的垂直运输工程量。

(2) 具体计算。

一层建筑面积：$S_1=54.6\times20.2-(0.9+1.2)\times(8.4\times5-0.3\times2)$
$=1\,015.98(m^2)$；

二层建筑面积：$S_2=1\,015.98-(7.6+0.3+0.1)\times(8.4+4.2\times2-0.1\times2)$
$=883.18(m^2)$；

三层建筑面积：$S_3=S1=1\,015.98(m^2)$；

四层建筑面积：$S_4=1\,015.98-[20.2\times(6+8.4\times2+0.3-0.1)-(0.9+1.2)\times(8.4\times2-0.3-0.1)]=585.82(m^2)$；

楼梯间面积：$S_5=(8.4+0.1\times2)\times(7.6+0.3\times2)=70.52(m^2)$；

面积合计：$S_6 = 1\,015.98 + 883.18 + 1\,015.98 + 585.82 + 70.52$

$= 3\,571.48(m^2)$；

定额子目：01-17-3-2，建筑物 20 m 以内垂直运输。

层高超 3.6 m 时每增 1 m 的工程量：

一层层高为 4.2 m，4.2－3.6＝0.6(m)，取增加 1 m。

每增 1 m 工程量：$S_1 = 1\,015.98(m^2)$。

定额子目：按定额子目 01-17-3-2 的 10%计算每增 1 m 的垂直运输费用。

任务 10　多层框架结构钢筋工程计量与计价

一、钢筋工程概述

1. 钢筋分类

钢筋按生产工艺主要分为热轧钢筋、冷拉钢筋、冷拔钢丝、热处理钢筋、冷轧扭钢筋、冷轧带肋钢筋等。

(1) 热轧钢筋是经热轧成型并自然冷却的成品钢筋，由低碳钢和普通合金钢在高温状态下压制而成，主要用于钢筋混凝土和预应力混凝土结构的配筋。

(2) 冷轧钢筋是把热轧钢筋在常温下对钢筋进行冷拉、拉拔而成。钢筋经过冷拉和时效硬化后，屈服强度提高，但塑性降低。

(3) 热处理钢筋是热轧带肋钢筋(中碳低含金钢)经淬火和高温回火调质处理而成的，即以热处理状态交货，成盘供应。热处理钢筋具有强度高、用材省、锚固性好、预应力稳定等特点，主要用于预应力钢筋混凝土轨枕、预应力钢筋混凝土板、吊车梁等构件。

(4) 冷轧扭钢筋由低碳钢钢筋经冷轧扭工艺制成，其表面呈连续螺旋形。这种钢筋强度高，有足够的塑性，与混凝土的握裹力强，与 HPB300 级钢筋相比，可节约钢材 30%～40%。冷轧扭钢筋特别适用于现浇板类工程。

(5) 冷轧带肋钢筋是用热轧盘条经多道冷轧减径，一道压肋并经消除内应力后形成的一种带有二面或三面月牙形的钢筋。牌号由 CRB 和钢筋的抗拉强度最小值构成。C、R、B 分别为冷轧(Cold-rolled)、带肋(Ribbed)、钢筋(Bars)3

个词的英文首位字母。冷轧带肋钢筋分为 CRB550、CRB650、CRB800、CRB970 和 CRB1170 5 个牌号。CRB550 为普通钢筋混凝土用钢筋，其他牌号为预应力混凝土钢筋。

（6）冷拔螺旋钢筋是热轧圆盘条经冷拔后在表面形成连续螺旋槽的钢筋。冷拔螺旋钢筋的生产可利用原有的冷拔设备，只需增加一个专用螺旋装置与陶瓷模具。该钢筋具有强度适中、握裹力强、塑性好、成本低等优点，可作为钢筋混凝土构件中的受力钢筋，以节约钢材；用于预应力空心板可提高延性，改善构件使用性能。

钢筋按轧制外形分为：光圆钢筋、螺纹钢筋（螺旋纹、人字纹）。

钢筋按强度等级分为：

HPB300：热轧光圆钢筋；

HRB335、HRB400 、HRB500：热轧带肋钢筋；

HRBF335、HRBF400、HRBF500：细晶粒热轧带肋钢筋；

RRB400：余热处理带肋钢筋；

HRB400E：强度等级是 400 的具有较高抗震性能的热轧带肋钢筋。

2. 钢筋在建筑结构中的作用

按在结构中的作用可将钢筋分为下列几种：

（1）受力筋——承受拉、压应力的钢筋。

（2）箍筋——承受一部分斜拉应力，并固定受力筋的位置，多用于梁和柱内。

（3）架立筋——用以固定梁内钢筋的位置，构成梁内的钢筋骨架。

（4）分布筋——用于屋面板、楼板内，与板的受力筋垂直布置，将承受的重量均匀地传给受力筋，并固定受力筋的位置，以及抵抗热胀冷缩所引起的变形。

（5）其他——因构件构造要求或施工安装需要而配置的构造筋，如腰筋、预埋锚固筋等。

3. 钢筋算量业务分类

（1）钢筋算量业务分类。建筑工程从设计到竣工可分为设计、招投标、施工和竣工结算四个阶段，在建设的各阶段都要确定工程造价，计算钢筋用量，钢筋算量业务可归为两类，如表 2 - 36 所示。

表 2-36 钢筋算量业务划分

钢筋算量业务划分	计算依据和方法	说明	目的
钢筋翻样	按照相关规范、设计图，以“实际长度”进行计算	既符合相关规范和设计要求，还要满足施工、降低成本等施工需求	指导实际施工
钢筋算量	按照相关规范、设计图，以及工程量清单和《定额》要求，以“设计长度”进行计算	从造价角度快速计算工程的钢筋总用量。	确定工程造价

注意，“实际长度”是指需要考虑钢筋加工变形，钢筋的位置关系等实际情况；“设计长度”是按设计图计算，并未考虑太多钢筋加工及施工过程中的实际情况。

(2) 设计长度与实际长度。

① 设计长度：钢筋算量确定工程造价，按设计长度计算，如图 2-69 所示。

结构施工图中所标注的钢筋尺寸，是钢筋的外皮尺寸，不同于钢筋翻样中的下料尺寸。

钢筋材料明细表中简图栏的钢筋长度 L_1 是由于构造需要而标注的，通常情况下，钢筋的边界线是从钢筋外皮至混凝土外表面距离(保护层厚度)来考虑标注尺寸的(见图 2-70)，所以 L_1 不是钢筋下料的施工尺寸，而是设计尺寸，不能直接拿来下料。

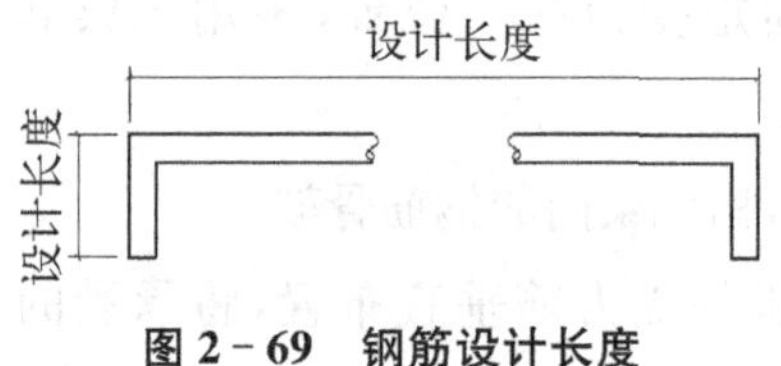

图 2-69 钢筋设计长度

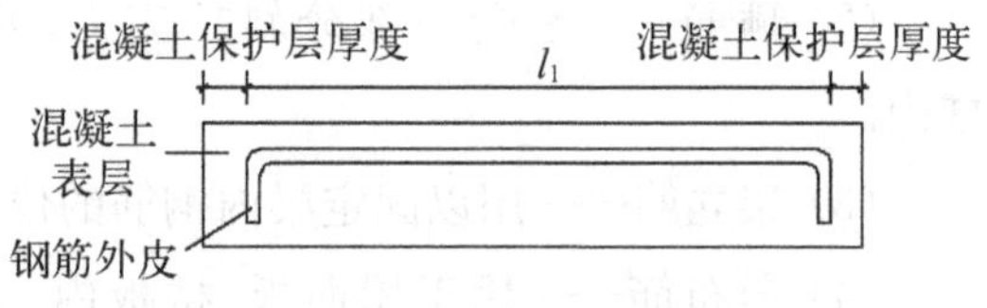

图 2-70 钢筋在构件中的标注尺寸

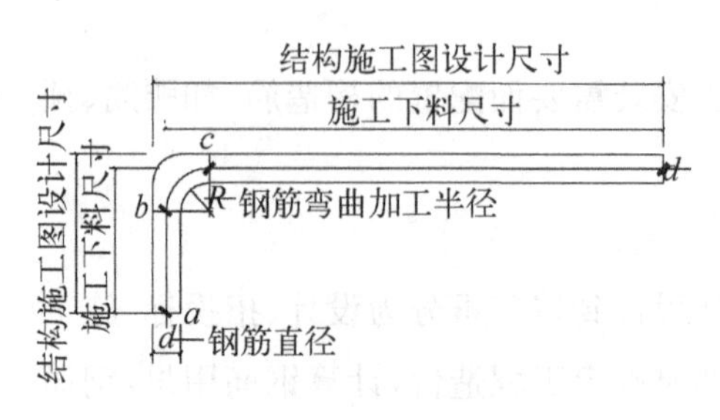

图 2-71 钢筋下料尺寸

② 实际长度：钢筋翻样指导实际施工，要考虑钢筋的加工变形，按实际长度计算，如图 2-71 所。钢筋下料长度计算假设在钢筋加工变形以后，钢筋中心线的长度是不改变的，如图 2-71 所示，结构施工图上所示受力钢筋的尺寸界限是钢筋的外皮尺寸，而实际上，钢

筋的下料尺寸为 $ab+bc+cd$，即钢筋加工后的中心线长度。

另，弯起的钢筋标注尺寸指外皮尺寸，如图 2－72 所示。梁和柱中的箍筋为了方便设计，通常用内皮尺寸标注，如图 2－73 所示。

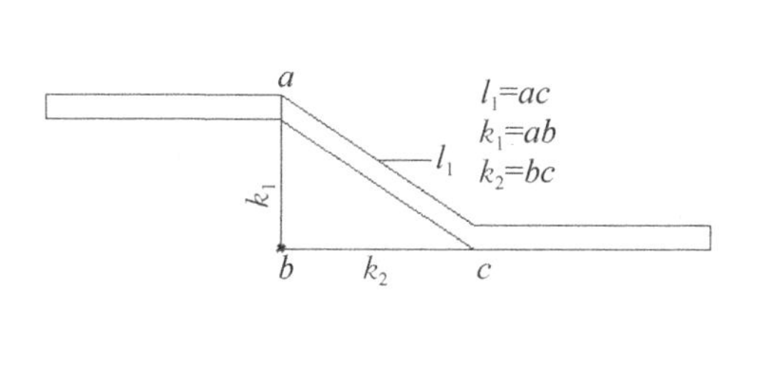

图 2－72 弯起钢筋标注尺寸

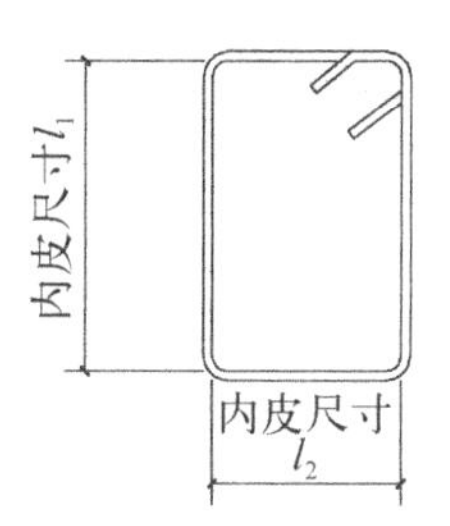

图 2－73 箍筋标注尺寸

二、钢筋工程量计算规则

1. 钢筋计算基本数据

(1) 保护层厚度(C)：混凝土保护层是指混凝土构件中，起到保护作用避免钢筋直接裸露的那一部分混凝土，从混凝土表面到最外层钢筋（包括纵向钢筋、箍筋和分布钢筋）公称直径外边缘之间的最小距离称为保护层厚度。计算钢筋时保护层厚度根据设计图纸要求取值，如设计图纸不明确时，可按照《混凝土结构设计规范》(2015 年版)(GB50010—2010)要求取值。

(2) 锚固长度。钢筋的锚固长度一般指的是钢筋从一个构件伸入到与之相邻的另一个构件(支座)内的长度。

锚固一般分为 l_{aE}(抗震锚固)与 l_a(非抗震锚固)两种，钢筋计算时应根据《混凝土结构施工图平面整体表示方法制图规则和构造详图 16G101》(以下简称《16G101》)系列图集规定取值。

(3) 钢筋搭接长度。钢筋搭接是指两根钢筋用扎丝绑扎的连接方法，相互有一定的重叠长度，适用于较小直径的钢筋连接。计算钢筋时应根据设计图纸要求取值，如设计图纸不明确时，可按《16G101》系列图集规定取值。

2. 钢筋工程量计算有关规定

(1) 实际工程钢筋用量是根据设计图纸和《16G101》系列图集计算每根钢筋的实际重量后相加得到的总量。

(2)《定额》中钢筋均以成型钢筋考虑，现场就位钢筋绑扎损耗量按 1%列入定额子目。

(3) 弯钩是承受拉力的光面钢筋。为了防止在混凝土内滑动，其两端需要做成弯钩，螺纹钢筋、焊接网及焊接骨架因本身已有足够的粘着力，故一般不做弯钩。

三、钢筋工程计算方法分析

1. 柱子钢筋工程量计算

(1) 柱子基础插筋长度计算如图 2-74 所示。

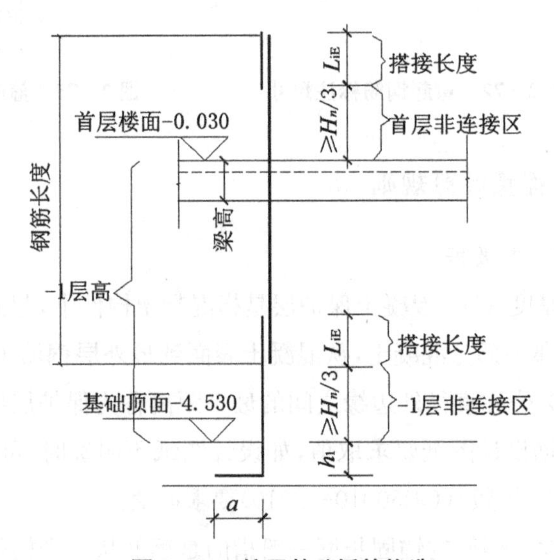

图 2-74　柱子基础插筋构造

计算式：基础插筋长度＝弯折长度 a ＋竖直长度 h_1 ＋非连接区 $H_n/3$ ＋搭接长度 L_{lE}。

竖直长度 $h_1 = h_j - C_{保护层}$。

H_n 为柱子基础插筋所在上部首层或地下室层净高。

公式中弯折长度 a 按下表取值。

表 2-37　柱基础插筋弯折取值表

计　算	条　　件	弯折 a 取值
插　筋	$h_j > L_{aE}(L_a)$	max(6d, 150)
	$h_j \leqslant L_{aE}(L_a)$	15d

注意，表中 h_j 为基础底面至基础顶面的高度。对于带基础梁的基础为基础梁顶面至基础梁底面的高度。当柱两侧基础梁标高不同时取较低标高。

(2) 首层柱子钢筋长度计算如图 2 - 75 所示。

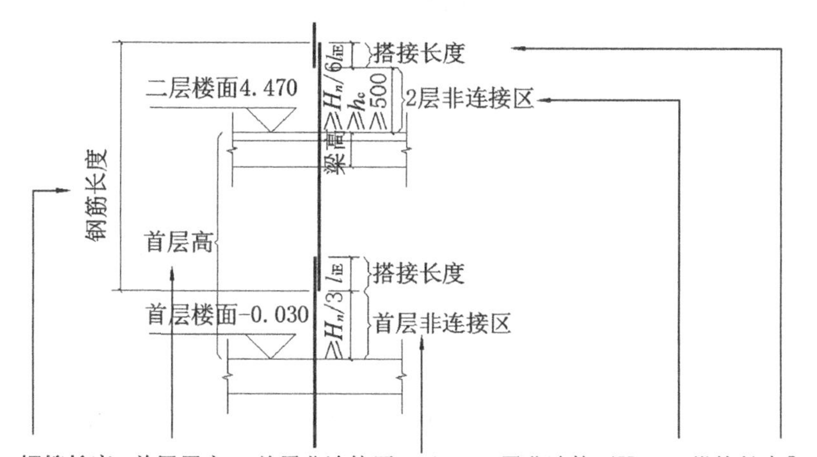

钢筋长度= 首层层高 - 首层非连接区$H_n/3$ + 二层非连接区$H_n/3$ + 搭接长度L_{iE}

图 2 - 75　首层柱子钢筋

(3) 中间层柱子钢筋长度计算如图 2 - 76 所示。

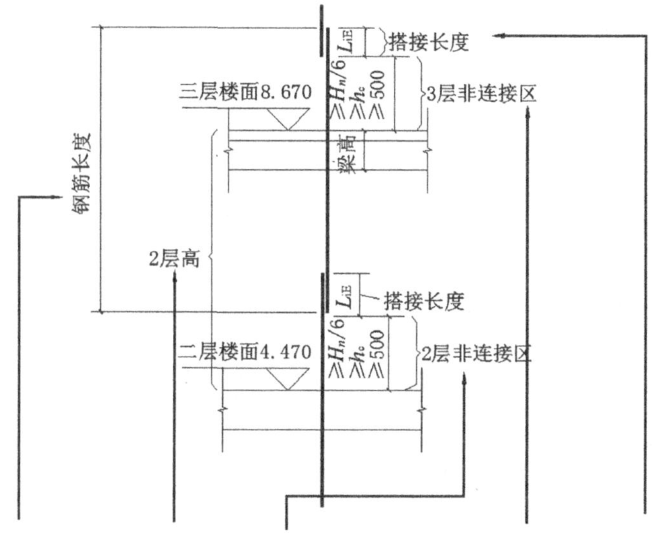

纵筋长度=中间层层高-当前层非连接区+（当前层+1）非连接区+搭接长度 l_{iE} 连接区=max（$1/6H_n$, 500, H_c）

图 2 - 76　中间层柱子钢筋

(4) 顶层中柱钢筋长度计算如图 12－77 所示。

中柱钢筋长度＝顶层层高－顶层非连接区－梁高＋锚固长度(梁高－保护层)(当直锚长度≥l_{abE}时)；

中柱钢筋长度＝顶层层高－顶层非连接区－梁高＋锚固长度(梁高－保护层＋12d)(当直锚长度≥0.5l_{abE}时)。

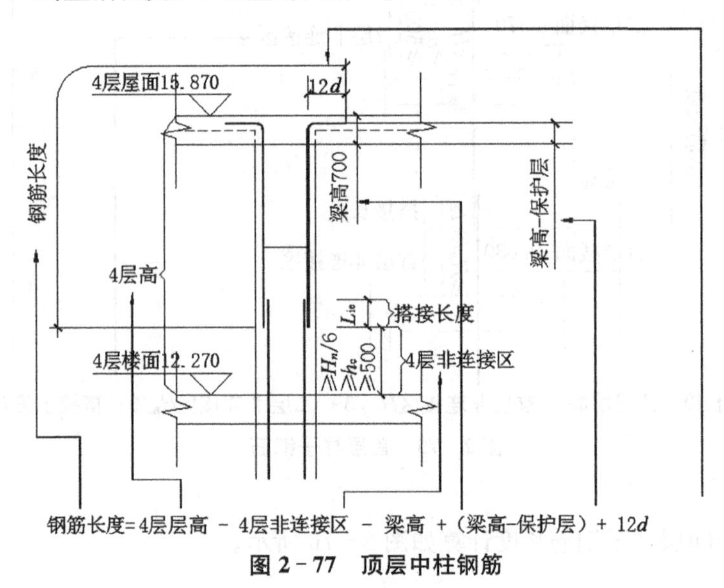

图 2－77　顶层中柱钢筋

(5) 顶层边柱钢筋长度计算如图 2－78 所示。依据 16G101－1 图集中 67 页选取节点②＋④做法介绍顶层边柱纵筋的计算方法。

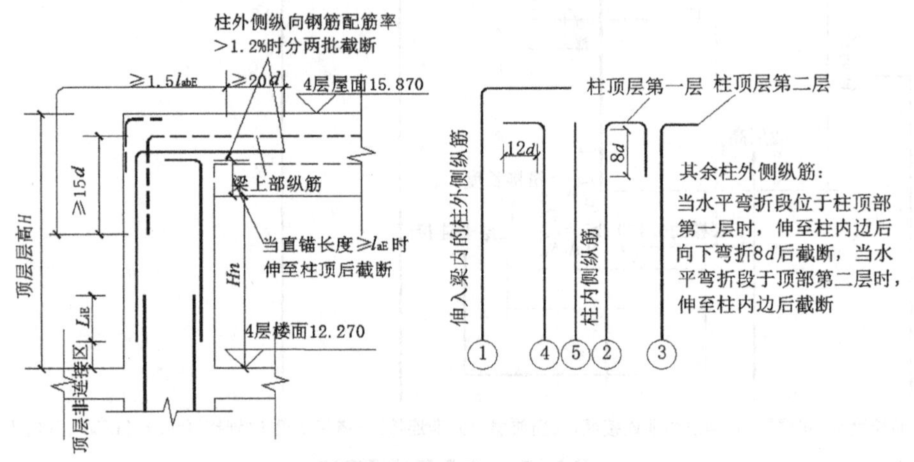

图 2－78　顶层边柱钢筋

①号钢筋长度＝顶层层高－顶层非连接区－梁高＋1.5×钢筋基本锚固长度(要求边柱外侧至少有65％的钢筋伸入梁内锚固)；

②号钢筋长度＝顶层层高－顶层非连接区－梁高＋锚固长度(梁高－保护层＋柱宽－2×保护层＋8d)；

③号钢筋长度＝顶层层高－顶层非连接区－梁高＋锚固长度(梁高－保护层＋柱宽－2×保护层)；

④⑤号钢筋的长度计算方法与顶层中柱纵筋计算方法相同。

(6) 顶层角柱钢筋长度计算。

顶层角柱比顶层边柱多了一边外侧钢筋，在纵筋计算时应比边柱多增加一侧边钢筋计算，如①②③号钢筋计算，其余侧面纵筋按④⑤号钢筋计算方法处理。

(7) 柱子箍筋的计算。

① 基础插筋部分构造做法之一如图2－79所示，其他构造可参考《16G101－3》图集。根数＝(基础高度－基础保护层厚度)/间距－1。

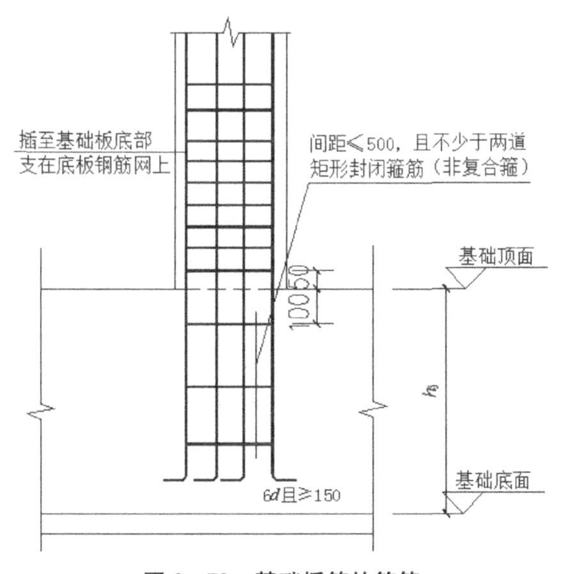

图2－79　基础插筋的箍筋

② 上部柱子箍筋加密的计算，箍筋加密情况如图2－80所示。

首层箍筋根数计算：

底层柱根加密区根数＝(加密区长度－50)/加密间距＋1；

梁下部柱箍筋加密区根数＝加密区长度/加密间距＋1；

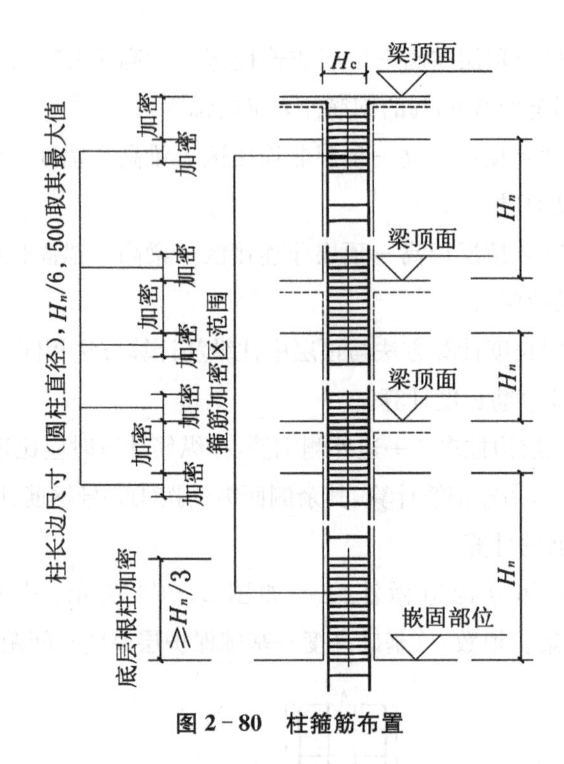

图 2-80　柱箍筋布置

非加密区根数=非加密区长度/非加密间距−1。

其他层箍筋根数计算：

梁上部加密区根数=加密区长度/加密间距+1；

梁下部加密区根数=加密区长度/加密间距+1；

非加密区根数=非加密区长度/非加密间距−1。

③ 箍筋长度计算如图 2-81 所示。

①号箍筋长度=$(b+h)\times2$−保护层$\times8+1.9d\times2+\max(10d, 75\text{ mm})\times2$；

②号箍筋长度=[(b−保护层×2−2d−D)/6×2+D+2d]×2+(h−保护层×2)×2+1.9d×2+max(10d，75 mm)×2；

③号箍筋长度=[(h−保护层×2−2d−D)/6×2+D+2d]×2+(b−保护层×2)×2+1.9d×2+max(10d，75 mm)×2；

④号箍筋长度=(h−保护层×2+2d)+1.9d×2+max(10d，75 mm)×2(箍住纵筋和箍筋)；

④号箍筋长度=(h−保护层×2)+1.9d×2+max(10d，75 mm)×2(箍住纵筋)(④号箍筋的另一种构造长度)。

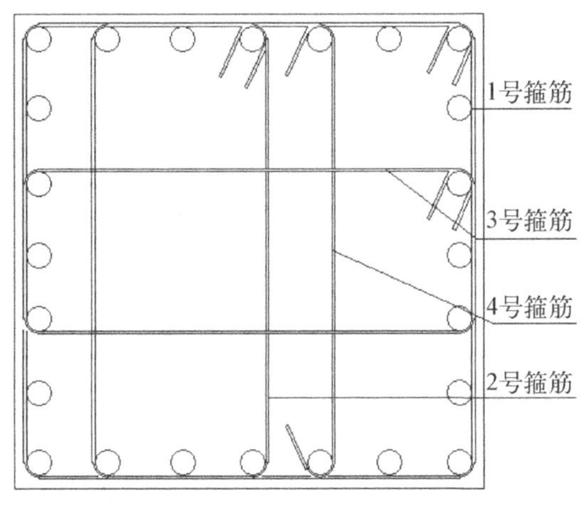

图 2-81　柱箍筋

式中：D——纵筋直径。

d——箍筋直径。

(8) 柱钢筋计算案例。20 万锭棉纺纱厂办公楼工程共 4 层，本工程抗震等级为四级，柱混凝土为 C40，柱保护层厚度为 30 mm，基础梁保护层为 40 mm，基础梁尺寸为 400 mm×1 200 mm，基础梁顶面标高为−0.800 m，柱子纵筋伸入基础梁内锚固，顶层与 KZ1＊相连的梁尺寸为 300 mm×700 mm，柱箍筋采用 HPB300 钢筋，纵筋采用 HRB400 钢筋，柱子纵筋采用焊接连接，依据规范说明，柱子纵筋的锚固长度为 $L_{aE}=29d$，查 16G101-1 中 58 页表知 $L_{aE}=L_a$。计算本工程结构图中 1 与 A 轴相交处 KZ1＊(带＊号表示该柱箍筋通长加密)从基础至屋顶层的钢筋工程量，并套用相关定额子目，如图 2-82 和图 2-85 所示。

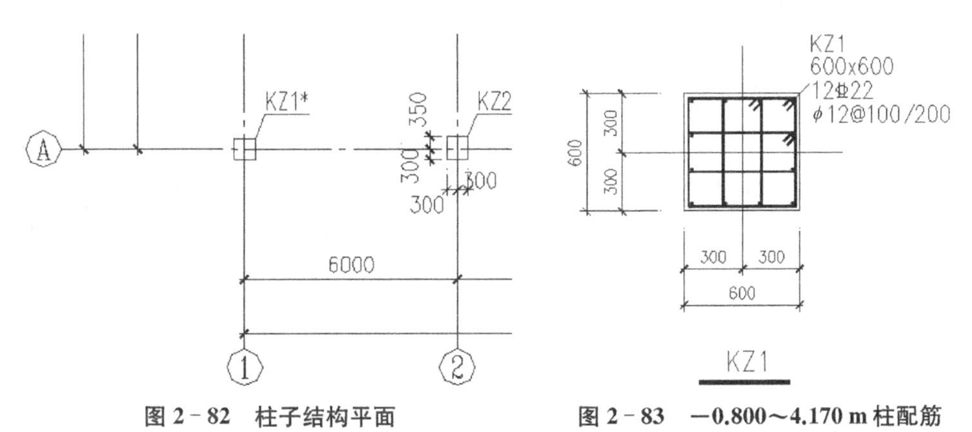

图 2-82　柱子结构平面　　**图 2-83　−0.800～4.170 m 柱配筋**

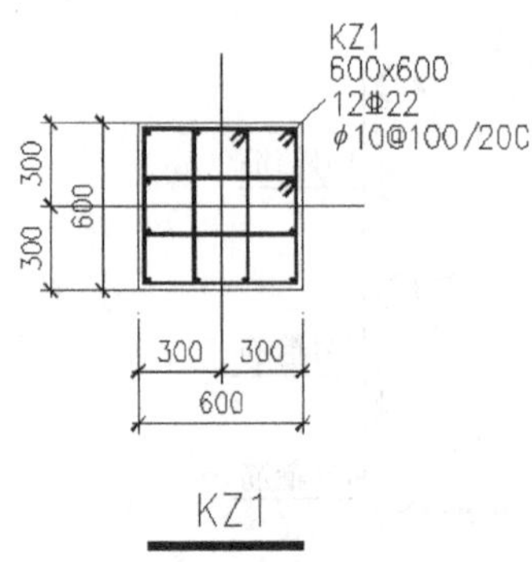

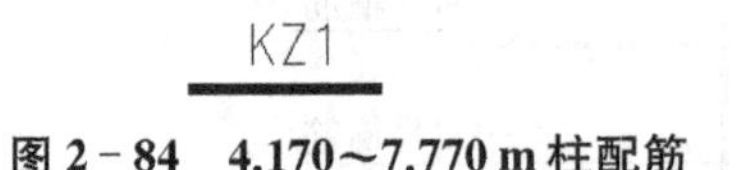

图 2-84　4.170～7.770 m 柱配筋

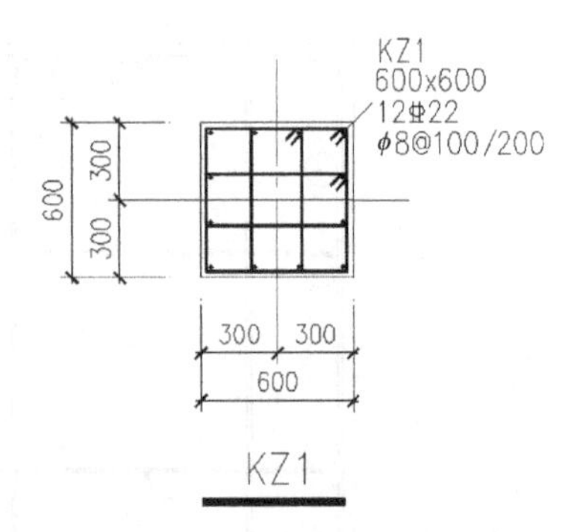

图 2-85　7.770～15.000 m 柱配筋

解：(1) 计算方法分析：

① 该柱为边柱，计算时注意柱顶外侧钢筋的锚固，依据《16G101-1》图集中67 页选取节点②+④，内侧钢筋按《16G101-1》图集 68 页的要求计算。

② 基础插筋中注意计算非复合箍的工程量，依据《16G101-3》图集中 66 页(b)图要求。

③ 柱子箍筋加密计算依据《16G101-1》图集 65 页的要求。

④ 柱子钢筋的计算可分层单独计算，也可从基础到屋顶拉通计算。

在手算中拉通计算更简捷，所以本工程钢筋工程量按从基础至屋顶拉通进行计算。

⑤ 注意计算钢筋的焊接接头个数。

⑥ 钢筋比重：$\phi22$ 为 2.98 kg/m；$\phi12$ 为 0.888 kg/m；$\phi10$ 为 0.617 kg/m；$\phi8$ 为 0.395 kg/m。

(2) 具体计算如表 2-38 所示。

柱子纵筋电焊接头按每层进行焊接计算，电焊数量$=12\times4=48$ 只。

2. 梁钢筋工程量计算

(1) 梁的平法标注。梁的平法标注包括集中标注与原位标注两种。集中标注表达梁的通用数值，原位标注表达梁的特殊数值。当集中标注中的某项数值不适用于梁的某部位时，则将该项数值原位标注，计算和施工时，原位标注取值优先。梁的平法标注如图 2-86 所示。

平法标注示例说明：

① 梁编号标注。梁编号由类型代号、序号、跨数及有无悬挑代号几项组成，并应符合表 2-40 的规定。

表 2-38　钢筋工程量计算表(计算结果保留 2 位小数)

构件代号	钢筋编号	钢筋规格	计算式	单根长度/mm	根数	总长/m	总重量/kg
KZ1*	柱外侧边	ϕ22	(1 200－40＋800＋150)＋(15 000－700)＋1.5×29×22	17 217	3	51.65	153.92
	柱外侧边	ϕ22	(1 200－40＋800＋150)＋(15 000－700)＋(700－30＋600－30×2＋8×22)	17 646	1	17.65	52.60
	柱其他内侧边	ϕ22	(1 200－40＋800＋150)＋(15 000－700)＋(700－30)	17 080	8	136.64	407.20
	基础插筋非复合箍	ϕ12	(1 200－100－40)/100＋1		12		
			600×4－8×30＋(1.9×12＋10×12)×2	2 445.6	12	29.35	26.06
	基础－0.800～4.170 m柱箍筋	ϕ12	(4 170＋800)/100＋1		51		
		大箍筋	600×4－8×30＋(1.9×12＋10×12)×2	2 445.6	51	124.73	110.76
		内部小箍筋	[(600－30×2－2×12－22)/3＋22＋2×12]×2＋(600－30×2)×2＋(1.9×12＋10×12)×2	1 786.9	51×2	182.26	161.85
	4.170～7.77 m柱箍筋	ϕ10	3 600/100		36		
		大箍筋	600×4－8×30＋(1.9×10＋10×10)×2	2 398	36	86.33	53.27
		内部小箍筋	[(600－30×2－2×10－22)/3＋22＋2×10]×2＋(600－30×2)×2＋(1.9×10＋10×10)×2	1 734	36×2	124.85	77.03
	7.77～15.000 m柱箍筋	ϕ8	7 230/100		取 73		
		大箍筋	600×4－8×30＋(1.9×8＋10×8)×2	2 350.4	73	171.58	67.77
		内部小箍筋	[(600－30×2－2×8－22)/3＋22＋2×8]×2＋(600－30×2)×2＋(1.9×8＋10×8)×2	1 681.1	73×2	245.44	151.44
	合计						1 261.90

表 2－39　计价定额子目表

序　号	定 额 编 号	项 目 名 称	工 程 量
1	01－5－11－7	柱钢筋	1.261 t
2	01－5－12－3	电焊接头	48 只

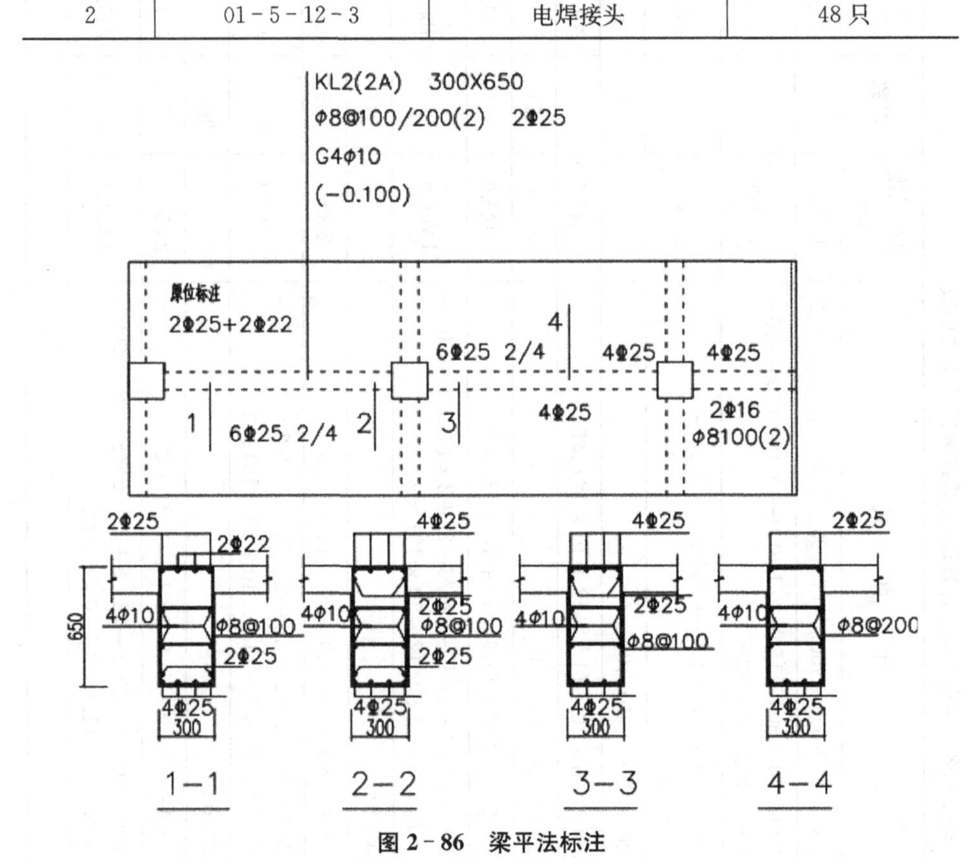

图 2－86　梁平法标注

表 2－40　梁编号表

梁 类 型	代　号	序　　号	跨数及是否带有悬挑
楼层框架梁	KL	××	(××)、(××A)或(××B)
屋面框架梁	WKL	××	(××)、(××A)或(××B)
框支梁	KZL	××	(××)、(××A)或(××B)
非框架梁	L	××	(××)、(××A)或(××B)
悬挑梁	XL	××	(××)、(××A)或(××B)
井字梁	JZL	××	(××)、(××A)或(××B)

注意,(××A)为一端有悬挑,(××B)为两端有悬挑,悬挑不计入跨数。

图 2－86 中 KL2(2A)表示第二号框架梁,2 跨,一端有悬挑。

② 梁截面尺寸标注：

当为等截面梁时,用 $b\times h$ 表示,如 KL2(2A)300×650 表示梁宽为 300 mm,梁高为 650 mm。

当梁为竖向加腋时,用 $b\times h$　GY$c_1\times c_2$表示。其中,c_1为腋长,c_2为腋高;

当梁为水平加腋时,一侧加腋时用 $b\times h$　PY$c_1\times c_2$表示。其中,c_1为腋长,c_2为腋宽,加腋应在平面图中绘制;

当有悬挑梁且根部和端部高度不同时,用斜线分隔根部与端部的高度值,即为 $b\times h_1/h_2$。

如图 2－87 所示。

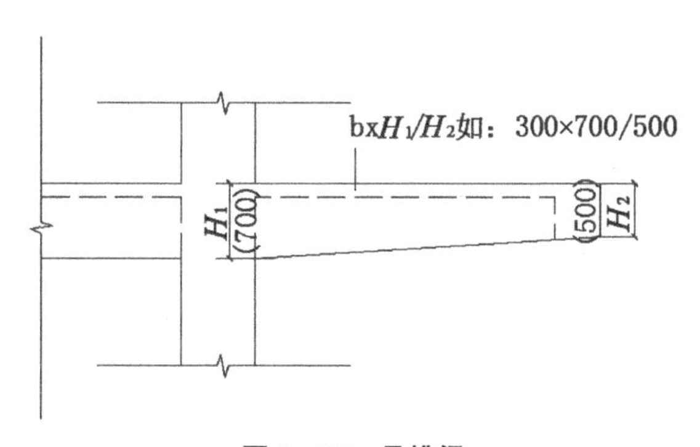

图 2－87　悬挑梁

③ 梁箍筋标识。梁箍筋标识包括钢筋级别、直径、加密区与非加密区间距及肢数。加密区与非加密区的不同间距及肢数用斜线“/”分隔。箍筋肢数应写在括号内,当加密区与非加密区的肢数相同时,将肢数注写一次,不同时,要分别注写,如 ϕ8@100/200(2),表示箍筋为 HPB300 钢筋,直径为 ϕ8,加密区间距为 100,非加密区间距为 200,均为双肢箍;ϕ8@100(4)/200(2),表示箍筋为 HPB300 钢筋,直径为 ϕ8,加密区间距为 100,四肢箍,非加密区间距为 200,双肢箍。

当抗震设计中的非框架梁、悬挑梁、井字梁以及非抗震设计中的各类梁采用不同的箍筋间距及肢数时,也用斜线“/”分隔,如 12ϕ8@150/200(2),表示箍筋为 HPB300 钢筋,直径为 ϕ8,梁的两端各有 12 个双肢箍,间距为 150,梁的跨中部分间距为 200，双肢箍。

④ 梁的上部纵筋标识。梁的上部纵筋包括通长筋和架立筋。通长筋可采用不同直径搭接连接、机械连接或焊接连接。同排中既有通长筋又有架立筋时，用“＋”将通长筋和架立筋相联。注写时需将角部纵筋写在加号的前面，架立筋写在加号后面的括号内，当全部采用架立筋时，则将其写入括号内，如 2Φ20＋(2ϕ12)表示 2Φ20 为通长筋，2ϕ12 为架立筋。

在集中标注中，当梁的上部纵筋和下部纵筋为全跨相同，且多跨配筋相同时，用号“；”将上部与下部纵筋分隔开来，如 4Φ20；4Φ22，表示梁的上部为 4Φ20 的通长筋，梁的下部为 4Φ22 的通长筋。

梁上部原位标注支座纵筋，该部位含通长筋在内的所有纵筋：

当上部纵筋多于一排时，用斜线“/”将各排纵筋自上而下分开；

当同排纵筋有两种直径时，用“＋”将两种不同直径相联，注写时需将角部纵筋写在加号的前面，如 2Φ22＋2Φ20 表示 2Φ22 为角部纵筋，2Φ20 为中部纵筋；

当梁中间支座两边的上部纵筋不同时，应在支座两边分别标注，当梁中间支座两边的上部纵筋相同时，可仅在支座一边标注，另一边省略不标。

⑤ 梁的下部纵筋标识。如图 2－86 所示，梁下部原位标注中 6Φ25 2/4 表示梁左跨下部通长筋为 6Φ25，分两排布筋，其中上排为 2 根，下排为 4 根，全部伸入支座。

当同排纵筋有两种直径时，用加号“＋”将两种不同直径相联，注写时需将角部纵筋写在加号的前面。

当下部纵筋不全部伸入支座时，将支座下部纵筋减少的数量写在括号内，如 6Φ25 2(－2)/4，表示梁支座下部纵筋分两排，上排为 2Φ25，不伸入支座；下排为 4Φ25，伸入支座。

⑥ 梁侧面纵筋标注。梁侧面纵筋包括构造钢筋和受扭钢筋两种类型。如图 2－86 所示，G4ϕ10 表示梁的两个侧面共配置 4ϕ10 纵向构造钢筋，每侧各配置 2 根，而 N4Φ20，表示梁的两个侧面共配置 4Φ20 纵向构造钢筋，每侧各配置 2 根。

⑦ 梁顶面标高高差。梁顶面标高高差，是指相对于结构层楼面标高的高差值；位于结构夹层的梁，则指相对于结构夹层楼面标高的高差。有高差时，需将

其写入括号内，无高差时不写，如图 2－86 所示。梁顶面标高注写(－0.100)时，表示该梁顶面相对于结构楼面低 0.100 m。

(2) 梁的平法计算方法。

① 梁纵筋计算。梁纵筋构造，如图 2－88 所示。

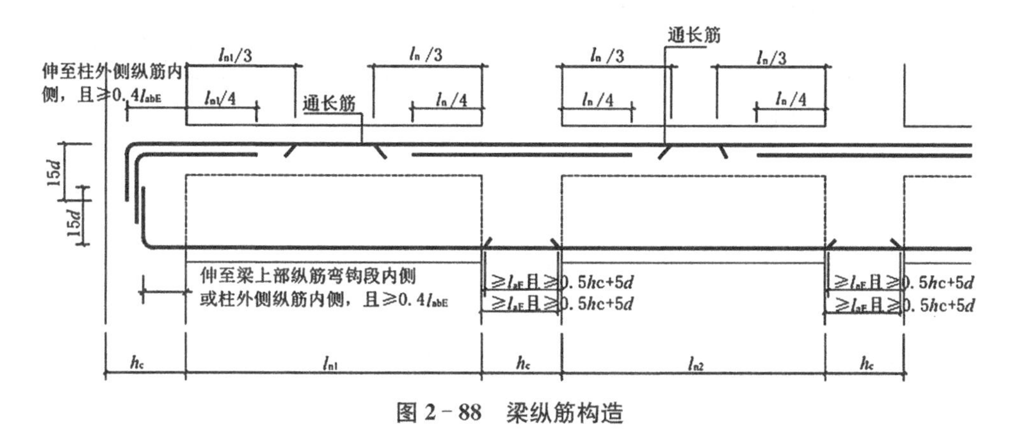

图 2－88　梁纵筋构造

上部通长筋长度＝总净跨长＋左支座锚固＋右支座锚固＋搭接长度×搭接接头数；

上部边支座负筋(第一排)长度＝1/3 净跨长＋边支座锚固；

上部边支座负筋(第二排)长度＝1/4 净跨长＋边支座锚固；

上部中间支座负筋(第一排)长度＝1/3 净跨长(左右净跨长取大值)×2＋中间支座宽度；

上部中间支座负筋(第二排)长度＝1/4 净跨长(左右净跨长取大值)×2＋中间支座宽度；

架立筋长度＝净跨长－两边支座负筋伸入净跨长度＋150×2；

构造腰筋＝净跨长＋15d×2；

抗扭腰筋＝净跨长＋锚固×2＋15d×2；

下部通长筋长度＝总净跨长＋左支座锚固＋右支座锚固＋搭接长度×搭接接头数；

边跨下部纵筋长度＝净跨长＋左支座锚固＋右支座锚固＋15d；

中跨下部纵筋长度＝净跨长＋左支座锚固＋右支座锚固；

屋面梁纵筋：边支座上部钢筋伸至柱边后锚入梁底。

② 梁箍筋的计算。梁箍筋构造，如图 2-89 所示。

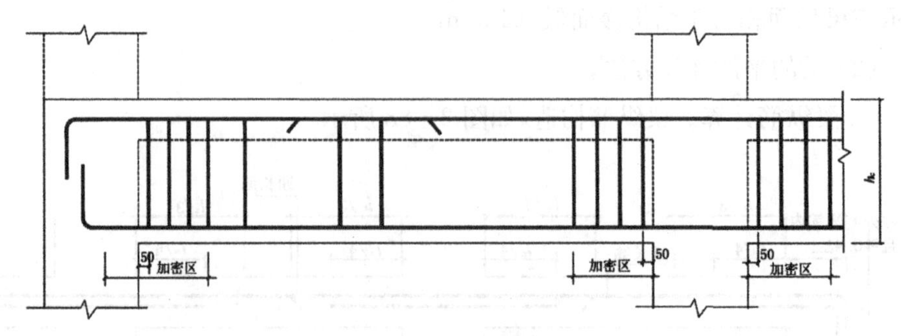

图 2-89 梁箍筋构造

梁单根箍筋的长度计算方法同柱箍筋。

箍筋根数：

加密区根数＝(加密区 -50×2)/ 加密间距 $+1$；

加密区长度：一级抗震为 2 倍梁高且大于等于 500 mm，二到四级抗震为 1.5 倍梁高且大于等于 500 mm；

非加密区＝(净跨长－左加密区－右加密区)/ 非加密间距－1；

梁侧面拉筋单根长度＝(梁宽－保护层厚度×2)＋$2\times11.9d+2d$(d 为箍筋直径)；

拉筋根数＝[(净跨长 -50×2)/2 倍非加密间距]＋1。

(3) 梁钢筋计算案例。

20 万锭棉纺纱厂办公楼工程共 4 层，本工程抗震等级为四级，梁混凝土为 C30，柱保护层厚度为 25 mm，梁尺寸及配筋如图 2-90 所示，图中所有柱尺寸为 600 mm×600 mm，轴线居柱中心线。梁箍筋采用 HPB300 钢筋，纵筋采用 HRB400 钢筋，梁纵筋采用搭接连接，查 16G101-1 中 58 页表可得 $L_{aE}=35d$，梁纵筋的锚固长度为 $L_{aE}=L_a$，搭接长度 16G101-1 中 60 页表可得 $L_l=49d$，$L_{lE}=L_l$。计算本工程二层结构图节选的图 2-95 中 KL-5 的钢筋工程量。

解：(1) 计算方法分析：

① 该梁为框架梁，两端有悬挑，计算时梁纵向钢筋依据《16G101-1》图集 92 页的要求，悬挑梁钢筋上部通长筋向下弯折 $12d$。

② 梁箍筋加密区依据《16G101-1》图集中 88 页要求。

③ 注意计算纵向钢筋的搭接长度，$l_{lE}=49d$。

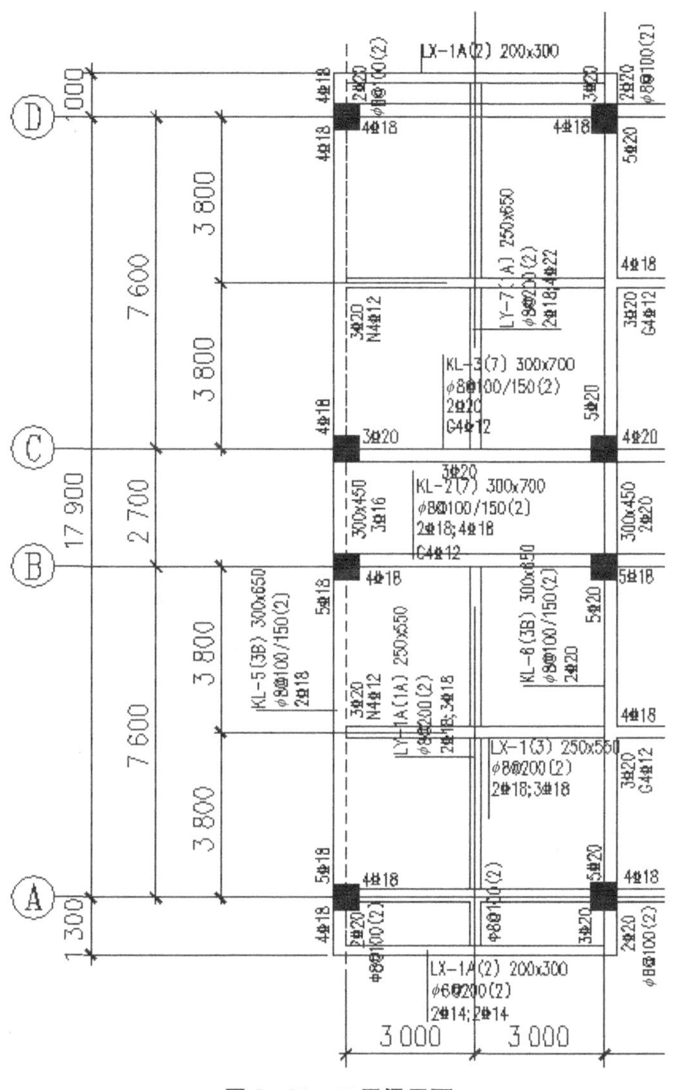

图 2-90　二层梁平面

④ 钢筋比重：Φ 16 为 1.58 kg/m ；Φ 18 为 2.00 kg/m；Φ 20 为 2.47 kg/m；Φ 12 为 0.888 kg/m；φ8 为 0.395 kg/m。

（2）具体计算如表 2-41 和表 2-42 所示。

3. 框架结构板钢筋工程量计算

板的配筋方式有两种，即弯起式配筋和分离式配筋。目前，一般的民用建筑都采用分离式配筋（即分别设置板的下部为主筋和上部为扣筋），有些工业建筑，

表 2-41　钢筋工程量计算表(计算结果保留 2 位小数)

构件代号	钢筋编号	钢筋规格	计算式	单根长度/mm	根数	总长/m	总重量/kg
KL-5	上部通长筋	Φ18	17 900+(1 300−25)+(1 000−25)+12×18×2+2×49×18(搭接)	22 346	2	44.69	89.38
	A 支座负筋	Φ18	(1 300−300−25)+12×18+600+(7 600−600)/3	4 124	2	8.25	16.5
		Φ18	(600−25)+15×18+(7 600−600)/3	3 178	1	3.18	6.36
	B 支座负筋与 C 支座负筋连通	Φ18	600+2×(7 600−600)/3+2 700	7 967	2	15.93	31.86
	B 支座负筋	Φ18	600+2×(7 600−600)/3	5 266	1	5.27	10.53
	D 支座负筋	Φ18	(1 000−300−25)+12×18+600+(7 600−600)/3	3 824	2	7.65	15.30
	A 端悬挑梁下部纵筋	Φ20	1 300−25−300+15×20(锚固)	1 275	2	2.55	6.30
	A~B 及 C~D 跨梁下部纵筋	Φ20	7 600−300×2+35×20×2+15×20	8 700	6	52.2	128.93
	A~B 及 C~D 跨梁侧面抗扭纵筋	Φ12	7 600−300×2+35×12×2+15×12	8 020	8	64.16	56.97
	B~C 跨梁下部纵筋	Φ16	2 700−300×2+35×16×2	3 220	3	9.66	15.26
	D 端悬挑梁下部纵筋	Φ20	1 000−25−300+15×20(锚固)	975	2	1.95	4.82
	A 端悬挑梁箍筋	ϕ8	(300−25×2+650−25×2)×2+11.9×8×2	1 890.4			
			(1 300−300−200−50×2)/100+1		8		
			1 890.4×8	1 890.4	8	15.12	5.97

（续表）

构件代号	钢筋编号	钢筋规格	计算式	单根长度/mm	根数	总长/m	总重量/kg
KL-5	A~B及C~D跨梁加密区箍筋数量	ϕ8	4×[(1.5×50－50)/100＋1]		取44		
	A~B及C~D跨梁非加密区箍筋数量	ϕ8	2×[(7 600－300×2－1.5×650×2)/150－1]		取66		
	A~B及C~D跨梁箍筋总量	ϕ8	1 890.4×(44＋66)	1 890.4	110	207.94	82.14
	A~B及C~D跨梁拉筋	ϕ8	(300－25×2)＋11.9×8×2	440.4			
		ϕ8	2×2×[(7 600－300×2－50×2)/300＋1]		96		
		ϕ8	440.4×96	440.4	96	42.28	16.70
	B~C跨梁加密区箍筋数量	ϕ8	2×[(1.5×450－50)/100＋1]		16		
	B~C跨梁非加密区箍筋数量	ϕ8	(2 700－300×2－1.5×450×2)/150－1		4		
	B~C跨梁箍筋总量	ϕ8	(300＋450)×2－8×8＋11.9×8×(16＋4)	1 531.2	20	30.62	12.10
	D端悬挑梁箍筋	ϕ8	(1 000－300－200－50×2)/100＋1		5		
		ϕ8	1 890.4×5	1 890.4	5	9.45	3.73
	合　计						502.85

表 2-42　计价定额子目表

序　号	定 额 编 号	项 目 名 称	工 程 量
1	01-5-11-11	梁钢筋	0.502 t

尤其是有振动荷载的楼板采用弯起式配筋(即把板的下部主筋和上部的扣筋设计成一根钢筋)。下面主要介绍分离式配筋板的钢筋计算方法。板的配筋如图 2-91 所示。

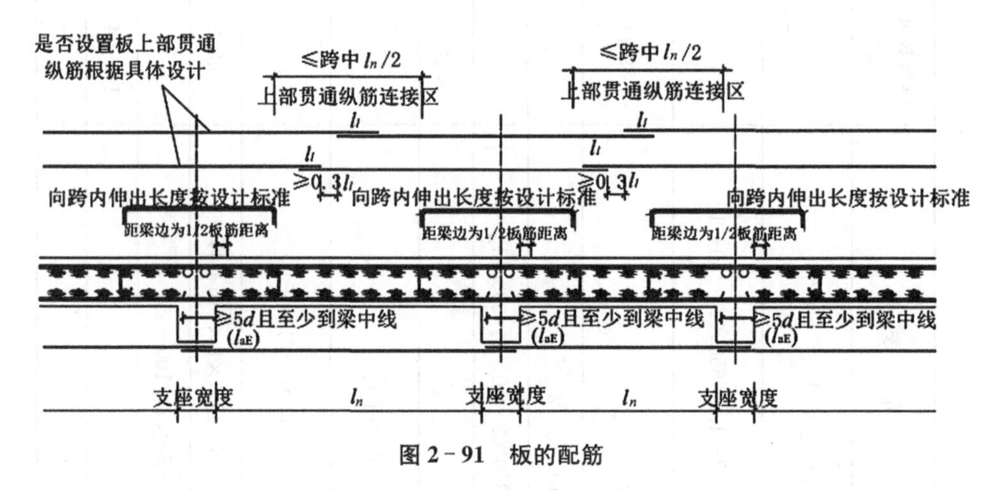

图 2-91　板的配筋

(1) 端支座为梁时板上部贯通纵筋的计算。板上部贯通纵筋在端支座构造如图 2-92 所示。

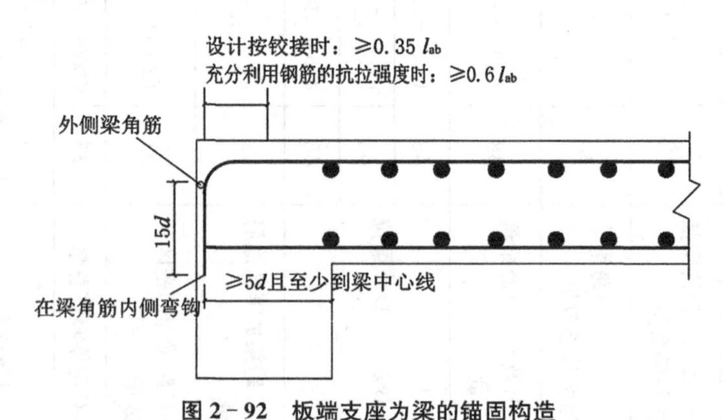

图 2-92　板端支座为梁的锚固构造

① 板上部贯通纵筋的根数计算：

按照 16G101-1 图集的规定,第一根纵筋在距梁边为 1/2 板筋间距处开始设置，这样，板上部贯通纵筋的布筋范围就是净跨长度，在净跨范围内除以钢筋的间距，所得到的间隔个数就是钢筋的根数（因为在施工中可把钢筋放在每个间隔的中央位置）。即根数＝板净跨长度/纵筋间距。

② 板上部贯通纵筋的长度计算：

板上部贯通纵筋两端伸至梁外侧角筋的内侧，再弯折 $15d$；当直锚长度$\geqslant l_a$或$\geqslant l_{aE}$时可不弯折。伸入支座锚固长度＝梁宽度－保护层厚度－梁箍筋直径－梁角筋直径＋$15d$。

注意，若伸入支座直锚长度$\geqslant l_a$或$\geqslant l_{aE}$时，锚固长度可不加 $15d$。单块板上部贯通纵筋长度＝净跨长度＋两端的锚固长度。

(2) 端支座为梁时板下部贯通纵筋的计算。板下部贯通纵筋在端支座的构造如图 2－92 所示，其中间支座的构造如图 2－91 所示。

① 板下部贯通纵筋的根数计算：

板下部贯通纵筋的根数计算方法与板上部贯通纵筋的计算方法一致。

② 板下部贯通纵筋的长度计算：

先取伸入支座的直锚长度＝梁宽/2，再验算此直锚长度是否$\geqslant 5d$。如“直锚长度$\geqslant 5d$”，则按梁宽/2 计算直锚；如不满足“直锚长度$\geqslant 5d$”，则取 $5d$ 为直锚长度。

单块板下部贯通纵筋的长度＝净跨长度＋两端的直锚长度＋$2\times 6.25d$（光圆钢筋加 180°弯勾）

(3) 板上部负筋的计算（即板上部非贯通纵筋）。板上部负筋数量计算同板上部贯通纵筋。

板负筋的形状为⌈‾‾‾⌉，由一个水平段和两个弯折段组成。弯折长度 a ＝板厚－$C_{板保护层}\times 2$。

板边支座负筋长度＝左标注（右标注）长度＋左弯折（右弯折）＋伸入支座的锚固长度（计算同板上部贯通纵筋）；板中间支座负筋长度＝左标注＋右标注＋左弯折＋右弯折＋支座宽度。

(4) 板负筋分布筋计算。板负筋分布筋构造如图 2－93 所示。

有关分布筋的布置说明：

① 负筋弯折角处必须布置一根分布筋。

② 在负筋的直段范围内按分布筋间距进行布筋。

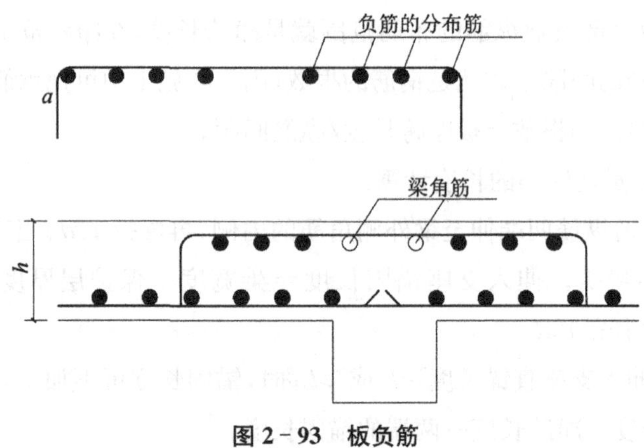

图 2－93　板负筋

③ 中间支座负筋，在梁（墙）等支座的宽度范围内不布置分布筋，也就是说要分别根据负筋的两个板内延伸净长度计算分布筋的根数。

分布筋长度＝净跨长－两侧负筋标注长度之和＋2×150；

边支座分布筋根数＝[左（右）标注－分布筋间距/2]/分布筋间距＋1；

中间支座分布筋根数＝（左标注－分布筋间距/2）/分布筋间距＋1＋（右标注－分布筋间距/2）/分布筋间距＋1。

（5）板钢筋计算案例。

20 万锭棉纺纱厂办公楼工程共 4 层，本工程抗震等级为四级，板混凝土为 C30，保护层厚度为 15 mm，板厚除注明外均为 120 mm，结构如图 2－94 所示。图中所有柱尺寸为 600 mm×600 mm，轴线居柱中心线，板配筋采用 HRB400 钢筋，⏀8@150 双层双向，板纵筋采用搭接连接，查 16G101－1 中 60 页表格，搭接长度取 49d。计算图 2－94 二层结构板

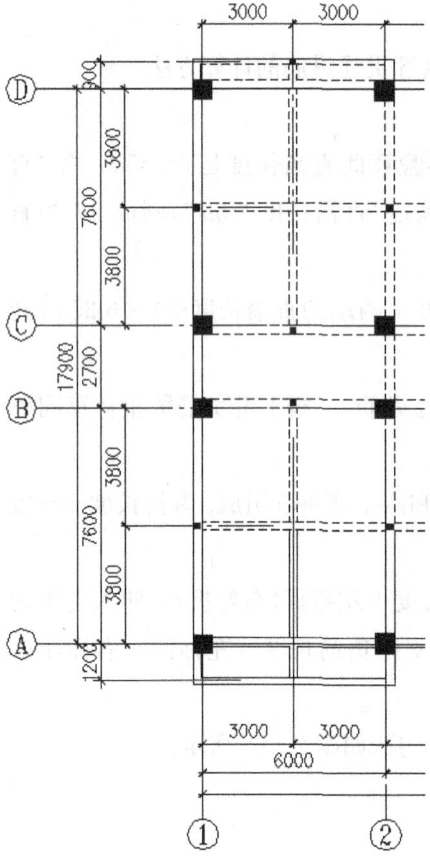

图 2－94　二层板结构

1～2/A～B轴范围及下部悬挑板纵筋的工程量。

解：(1) 计算方法分析：

① 该板配筋采用⌀8@150 双层双向，两端有悬挑板，计算时板纵向钢筋依据 16G101－1 图集的要求，上部贯通筋按通长计算，$L_a=35\times8=280$，并结合图 2－90 二层梁配筋图尺寸。

Y 方向上部纵筋直锚长度$=200-25-6.5-14=154.5<L_a$，所以两端伸至梁角筋内侧后向下弯折 $15d$；X 方向上部纵筋直锚长度$=300-25-8-20=247<L_a$，或直锚长度$=300-25-8-18=249<L_a$，所以两端伸至支座后向下弯折 $15d$。

② 板下部纵筋依据 16G101－1 图集中 99 页上的构造要求，每跨板筋两端伸至梁中心线锚固。

③ 注意计算纵向钢筋的搭接长度，$l_{lE}=49d$。

④ 钢筋比重：⌀8 为 0.395 kg/m。

(2) 具体计算如表 2－43 和表 2－44 所示。

4. 梁板式筏形基础钢筋工程量计算

(1) 基础梁钢筋计算。基础梁纵筋与箍筋构造如图 2－95 所示。

依据 16G101－3 平法图集的构造要求，等截面端部外伸基础梁上部通长筋长度＝基础梁全长－2×保护层厚度＋2×12d＋搭接长度(采用绑扎搭接时)；

端部无外伸基础梁上部通长筋长度＝基础梁全长－2×保护层厚度＋2×15d＋搭接长度(采用绑扎搭接时)；

等截面端部外伸基础梁下部通长筋长度＝基础梁全长－2×保护层厚度＋2×12d＋搭接长度(采用绑扎搭接时)；

端部无外伸基础梁下部通长筋长度＝基础梁全长－2×保护层厚度＋2×15d＋搭接长度(采用绑扎搭接时)；

基础梁箍筋的计算方法与上部结构梁箍筋相同。

(2) 梁板式筏形基础板钢筋计算。梁板式筏形基础板钢筋构造如图 2－96 所示。

$X(Y)$ 方向上部通长筋长度＝筏板 $X(Y)$ 方向长度－2×保护层厚度＋2×12d＋搭接长度(采用绑扎搭接时)；

$X(Y)$ 方向上部通长筋根数＝板跨净长 / 上部通长筋间距；

表 2-43　钢筋工程量计算表(计算结果保留 2 位小数)

构件代号	钢筋编号	钢筋规格	计算式	单根长度/mm	根数	总长/m	总重量/kg
板	1~2 轴板 Y 向上部通长筋	Φ8	7 600+(1 200−100)+154.5+15×8	8 975			
			2×(3 000−125)/150		取 40		
			8 975×40	8 975	40	359	141.81
	A 轴悬挑板 X 向上部通长筋	Φ8	6 000+247+249+15×8×2	6 736			
			(1 200−100−100)/150		取 7		
			6 736×7	6 736	7	47.15	18.62
	A~B 轴板 X 向上部通长筋	Φ8	(3 800−200−125)/150+(3 800−125)/150		取 49		
			6 736×49	6 736	49	330.06	130.37
	A 轴悬挑板 X 向下部通长筋	Φ8	3 000−125+150+125	3 150			
			2×(1 200−100−100)/150		取 14		
			3 150×14	3 150	14	44.1	17.42
	A~B 轴板 X 向下部通长筋	Φ8	2×(3 800−200−125)/150+2×(3 800−125)/150		取 98		
			3 150×98	3 150	98	308.7	121.94
	A 轴悬挑板 Y 向下部通长筋	Φ8	1 200−100−100+100+150	1 250			
			2×(3 000−125)/150		取 40		
			1 250×40	1 250	40	50	19.75
	A~B 轴板 Y 向下部通长筋	Φ8	3 800−125−200+150+125	3 750			
			2×(3 000−125)/150		取 40		
			3 750×40	3 750	40	150	59.25
			3 800−125+125+150	3 950			
			2×(3 000−125)/150		取 40		
			3 950×40	3 950	40	158	62.41
	合计						571.57

表 2-44　计价定额子目表

序　号	定额编号	项目名称	工程量
1	01-5-11-18	有梁板钢筋	0.571 t

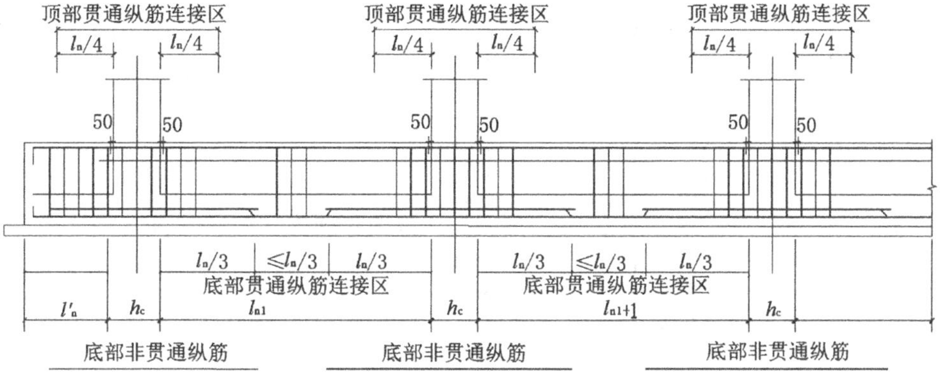

图 2-95　基础梁钢筋

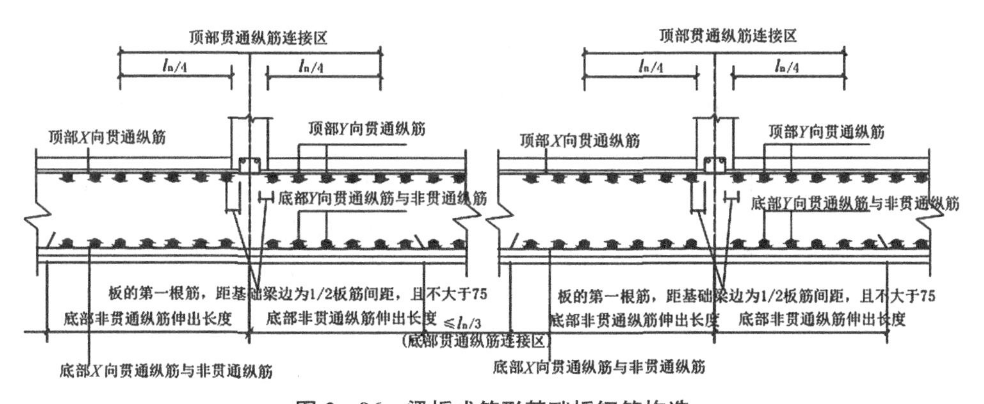

图 2-96　梁板式筏形基础板钢筋构造

$X(Y)$ 方向下部通长筋长度＝筏板 $X(Y)$ 方向长度－2×保护层厚度＋2×12d＋搭接长度(采用绑扎搭接时)；

$X(Y)$ 方向下部通长筋根数＝板跨净长／下部通长筋间距。

(3) 梁板式筏形基础钢筋计算案例。20 万锭棉纺纱厂办公楼工程共 4 层，抗震等级为四级，基础混凝土为 C30，保护层厚度为 40 mm，筏板厚均为 400 mm，结构如图 2-97 所示。图中所有柱尺寸均为 600 mm×600 mm，轴线居柱中心线，基础配筋采用 HRB400 钢筋，基础梁纵筋采用焊接连接，基础筏板钢筋采用绑扎连接，查 16G101-1 中 59 页上的表，锚固长度 L_a＝35d，四级抗震

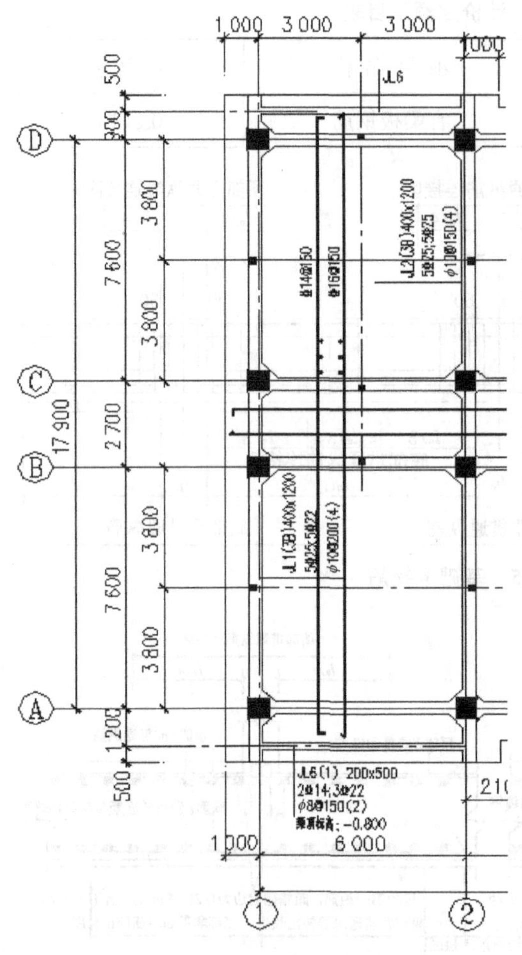

图 2-97　有梁式筏板基础

锚固长度 $L_{aE}=L_a$，查 16G101-1 中 61 页上的表，四级抗震搭接长度 $L_{lE}=L_l=49d$。计算图 2-97 梁板式筏形基础 JL1 及 1～2/A～B 轴范围基础筏板 Y 方向纵筋的工程量。

解: (1) 计算方法分析:

① 本工程基础梁两端有外伸，基础梁配筋为上部通长筋 5Φ25，下部通长筋为 5Φ22，采用焊接连接。

等截面端部外伸基础梁上部通长筋长度＝基础梁全长－2×保护层厚度＋2×12d；

等截面端部外伸基础梁下部通长筋长度＝基础梁全长－2×保护层厚度＋2×12d。

② 该筏板配筋 Y 方向两端有外伸，计算时纵向钢筋依据11G101-3 图集中的构造要求。

Y 方向上部通长筋长度＝筏板 Y 方向长度－2×保护层厚度＋2×12d＋搭接长度；

Y 方向上部通长筋根数＝X 方向板跨净长 / 上部通长筋间距；

Y 方向下部通长筋长度＝筏板 Y 方向长度－2×保护层厚度＋2×12d＋搭接长度；

Y 方向下部通长筋根数＝X 方向板跨净长 / 下部通长筋间距。

Φ14 搭接长度 $l_{lE}=49\times14=686$ mm，

Φ16 搭接长度 $l_{lE}=49\times16=784$ mm。

③ 钢筋比重：Φ16 为 1.58 kg/m；Φ14 为 1.21 kg/m；Φ22 为 2.98 kg/m；Φ25 为 3.85 kg/m；ϕ10 为 0.617 kg/m。

(2) 具体计算如表 2-45 和表 2-46 所示。

表 2-45　钢筋工程量计算表(计算结果保留 2 位小数)

构件代号	钢筋编号	钢筋规格	计算式	单根长度/mm	根数	总长/m	总重量/kg
JL1	上部通长筋	Φ25	17 900+1 200+500+900+500−40×2+12×25×2	21 520	5	107.6	414.26
	下部通长筋	Φ22	17 900+1 200+500+900+500−40×2+12×22×2	21 448	5	107.24	319.58
	大箍筋	ϕ10	(400+1 200)×2−40×8+11.9×10×2	3 118			
			(17 900+1 200+500+900+500−40×2)/200+1		106		
			3 118×106	3 118	106	330.51	203.92
	内侧小箍筋	ϕ10	[2×(400−40×2−2×10−25)/4+25+2×10]×2+(1 200−40×2)×2+11.9×10×2	2 843			
			2 843×106	2 843	106	301.36	185.94
	合计						1 123.70
基础筏板	Y 向上部通长筋	Φ14	17 900+1 200+500+900+500−40×2+12×14×2+686×2	22 628			
			(1 000−300−40−75)/150+1+(6 000−100−100)/150		取 44		
			22 628×44	22 628	44	995.63	1 204.71
	Y 向下部通长筋	Φ16	17 900+1 200+500+900+500−40×2+12×16×2+784×2	22 872			
			(1 000−300−40−75)/150+1+(6 000−100−100)/150		取 44		
			22 872×44	22 872	44	1 006.37	1 590.06
	合计						2 794.77

表 2－46　计价定额子目表

序　号	定 额 编 号	项 目 名 称	工 程 量
1	01－5－11－3	基础筏板钢筋	2.795 t
2	01－5－11－10	基础梁钢筋	1.124 t
3	01－5－12－3	钢筋焊接接头	20个

模块三　剪力墙结构工程施工图预算编制

本工程为某居住小区B型住宅楼，12层，结构类别为剪力墙结构，总高度为40.35 m，墙体材料：±0.000以下为混凝土实心砖，±0.000以上为混凝土小型空心砌块，地下室一层。

要求依据《建筑工程建筑面积计算规范》(GB/T50353—2013)、《定额》、《混凝土结构施工图平面整体表示方法制图规则和构造详图》16G101系列图集计算本工程的工程量，并套用计价定额。

工程图纸包括图纸目录、设计说明、建筑图、结构图，具体见工程案例图纸。

任务1　地下室建筑面积计算

一、地下室基础知识

(1) 地下室。房间地平面低于室外地平面，高度超过该房间净高的1/2者为地下室。

(2) 半地下室。房间地平面低于室外地平面，高度超过该房间净高的1/3，且不超过1/2者为半地下室。

(3) 基础、坡地架空层。这是指建筑物深基础或坡地建筑吊脚架空部位不回填土石方形成的建筑空间。

二、地下室建筑面积计算规则解析

地下室建筑面积的计算依据建设部发布的《建筑工程建筑面积计算规范》(GB/T50353—2013)。建筑面积的计算规定如下：

(1) 地下室、半地下室应按其结构外围水平面积计算。结构层高在2.20 m

及以上的，应计算全面积；结构层高在 2.20 m 以下的，应计算 1/2 面积。出入口外墙外侧坡道有顶盖的部位，应按其外墙结构外围水平面积的 1/2 计算面积，顶盖以设计图纸为准，对后增加及建设单位自行增加的顶盖等，不计算建筑面积（见图 3－1）。

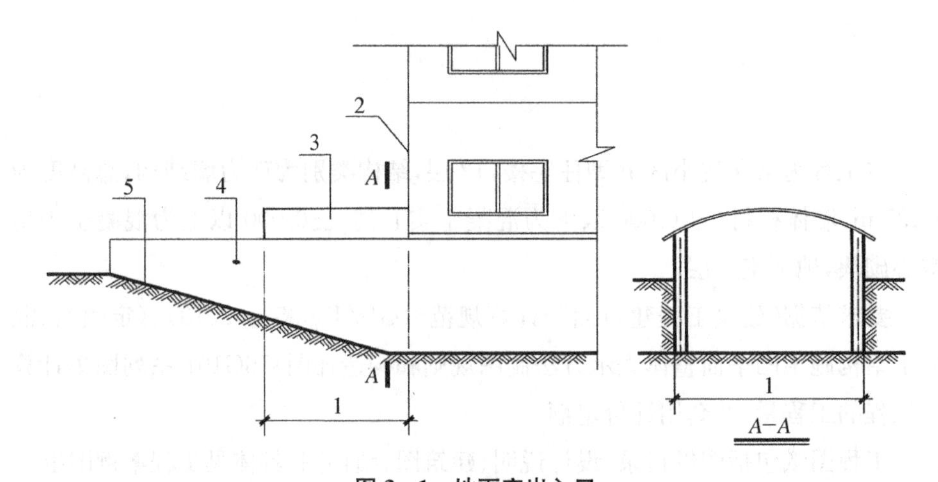

图 3－1　地下室出入口

1—计算 1/2 投影面积部位；2—主体建筑；3—出入口顶盖；
4—封闭出入口侧墙；5—出入口坡道

(2) 有顶盖的采光井应按一层计算面积，且结构净高在 2.10 m 及以上的，应计算全面积；结构净高在 2.10 m 以下的，应计算 1/2 面积(见图 3－2)。

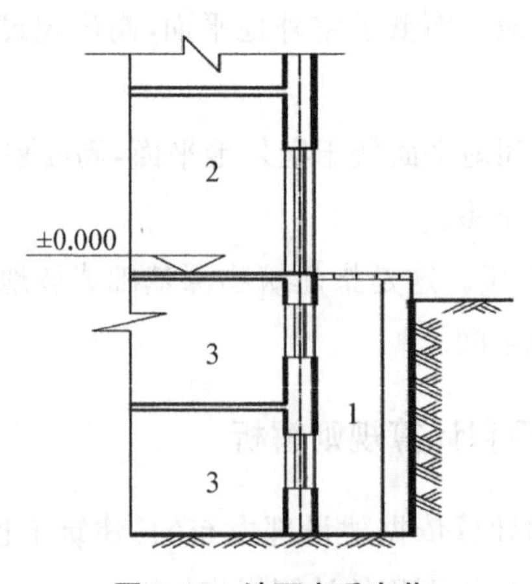

图 3－2　地下室采光井

1—采光井；2—室内；3—地下室

(3) 建筑物架空层及坡地建筑物吊脚架空层，应按其顶板水平投影计算建筑面积。结构层高在 2.20 m 及以上的，应计算全面积；结构层高在 2.20 m 以下的，应计算 1/2 面积(见图 3－3)。

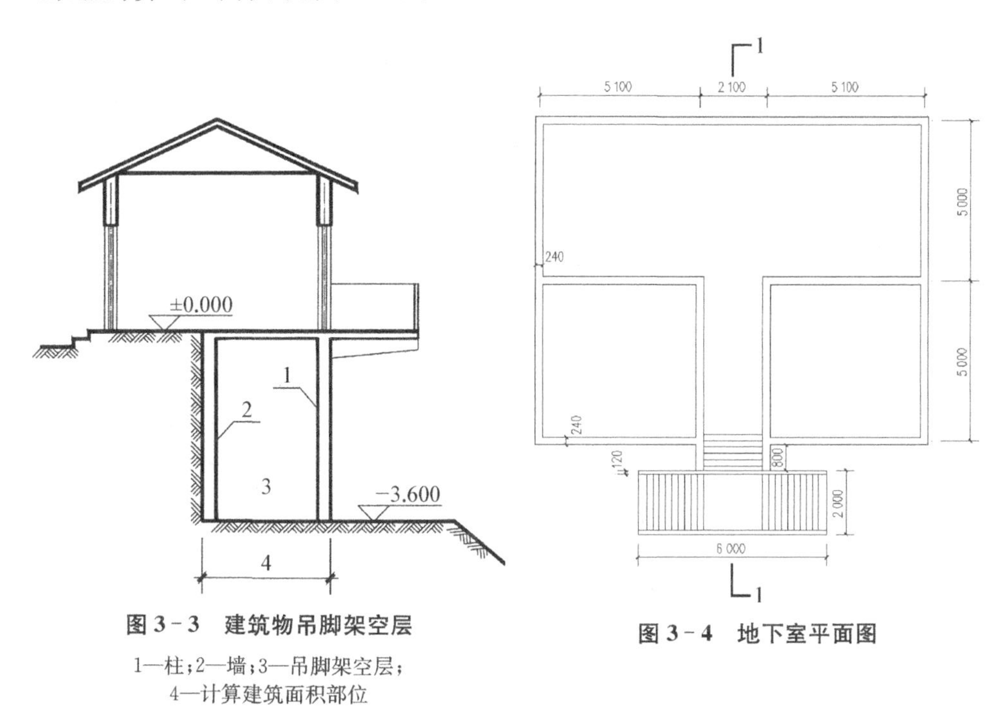

图 3－3　建筑物吊脚架空层

1—柱；2—墙；3—吊脚架空层；
4—计算建筑面积部位

图 3－4　地下室平面图

三、地下室建筑面积计算案例

案例 1： 某工程地下室平面和剖面图如图 3－4 和图 3－5 所示，按图中所给的尺寸，计算地下室的建筑面积。

解： (1) 计算规则分析：本工程地下室层高为 3 m，应按其外墙上口外边线所围水平面积计算全面积，但无顶盖地下室楼梯通道部分不计算建筑面积。

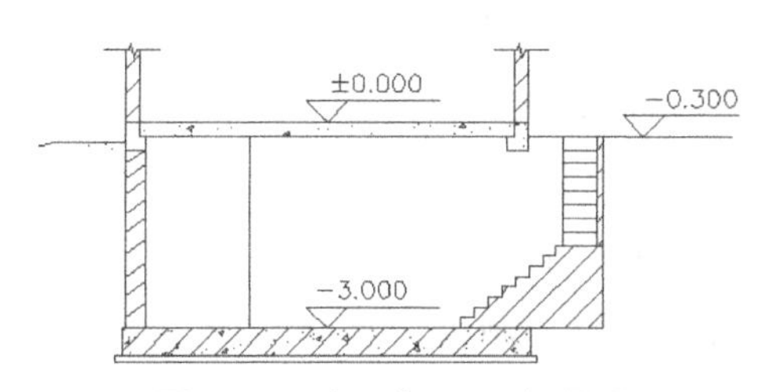

图 3－5　地下室 1－1 剖面图

(2) 具体计算：S(地下室) = (5.1 + 2.1 + 5.1 + 0.24) × (5.0 + 5.0 + 0.24)

= 128.41 m^2

案例 2：某剪力墙居住小区 B 型住宅楼工程，地下室平面如图 3-6 所示。地下室层高为 3.05 m，通道处层高大于 2.2 m，试计算第(1/01)至第⑱轴线墙外侧的地下室建筑面积。

说明：地下室外墙厚为 350 mm，通道内侧墙厚为 300 mm。

解：(1) 计算规则分析：本工程地下室层高为 3.05 m，应按其外墙上口外边线所围水平面积计算全面积，地下室通道部分有顶盖，应计算$\frac{1}{2}$建筑面积。

(2) 具体计算。

① S(全面积) = [27.55 − (2.4 + 0.25 + 0.25)] × [14.9 − (0.1 + 1.2 + 0.9) + 0.1] + (1/B 轴) 下突出部分(0.7 + 0.1) × (3.4 + 3.8 + 0.2) − (1/L 轴) 上扣除部分(6.0 + 3.9 + 0.1 − 0.25 + 7.2 + 0.95 + 0.1 − 0.25) × 0.3 − (L 轴) 上扣除部分 0.95 × (1.2 + 0.3 − 0.1 + 0.1) = 314.69(m^2)。

② S(通道面积) = (2.4 + 0.25 + 0.25) × (14.9 − 0.3 − 1.2 − 0.1 + 0.1) × $\frac{1}{2}$

= 19.43(m^2)。

(3) S(地下室) = S(全面积) + S(通道面积) = 314.69 + 19.43

= 334.12(m^2)。

任务 2　桩基工程计量与计价

一、桩基工程概述

桩基工程在《定额》中包括预制钢筋混凝土桩、钢管桩、灌注桩等内容。钢筋混凝土预制桩是在工厂或施工现场预制，用锤击打入、振动沉入等方法，使桩沉入地基下(见图 3-7 和图 3-8)。

灌注桩是直接在设计桩位的地基上成孔，在孔内放置钢筋笼或不放钢筋，后在孔内灌注混凝土而成桩。与预制桩相比，可节省钢材，在持力层起伏不平时，桩长可根据实际情况设计。

灌注桩按成孔方法不同分钻孔灌注桩、人工挖孔灌注桩、沉管成孔灌注桩及爆扩成孔灌注桩等。灌注桩的施工流程如下：

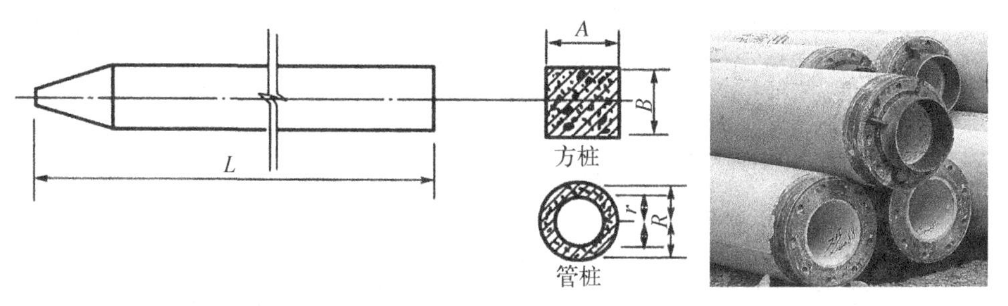

图 3-7　预制混凝土方桩　　　　图 3-8　PHC 管桩

钻(冲)孔混凝土灌注桩：钻(冲)孔(注意入岩增加费)→泥浆池建拆及泥浆运输→放置钢筋笼或不放钢筋→灌注砼。

人工挖孔混凝土灌注桩：人工挖孔(注意挖孔增加费)→安设护壁→放置钢筋笼或不放钢筋→灌注桩芯混凝土。

沉管混凝土灌注桩：沉管(有锤击式、振动式、静压式等施工方法)→放置钢筋笼或不放钢筋→灌注砼。

二、桩基工程定额规则

1. 混凝土预制桩

应列项计算的项目主要有：打(压)桩、接桩、送桩、桩孔填料等。

(1) 打、压预制钢筋混凝土方桩。预制钢筋混凝土方桩、定型短桩工程量按设计图示桩长(包括桩尖虚体积)乘以桩截面面积以体积计算；打、压钢筋混凝土管桩，按设计图示尺寸以桩长度(包括桩尖)计算，如管桩的空心部分灌注混凝土或其他材料时，按灌注或填充的实体积计算。

(2) 接桩。接桩工程量按设计图纸要求，以接头个数计算。

(3) 送桩。由于打桩机的安装和操作的要求，打桩只能将桩打到高出自然地坪 0.5 m 以内，桩锤不能直接锤击到桩头，而必须送桩(也称冲桩、送桩筒)，以便把桩送至设计标高，此过程即为送桩。送桩工程量计算如下：

送桩工程量＝桩的截面面积×送桩长度(设计桩顶面至自然地坪面加 0.5 m)

(4) 注意事项：

① 打定型短桩已包括接桩和送桩。

② 打、压各类预制钢筋混凝土桩，工程量不满表 3-1 中数量者属小型打桩工程，其相应定额人工数、机械工程量乘以系数 1.25。

表 3-1　桩基工程量

桩　类	工程量	桩　类	工程量
预制钢筋混凝土方桩	200 m^3	灌注混凝土桩	150 m^3
预应力钢筋混凝土管桩	1 000 m^3	钢管桩	50 t

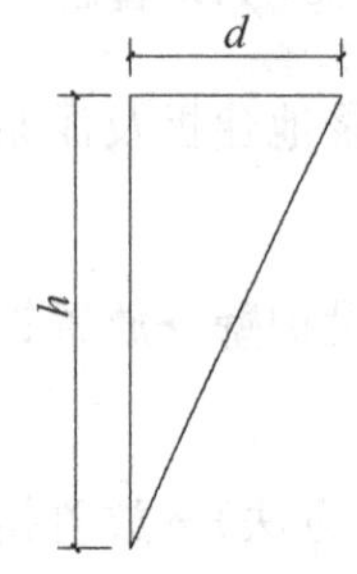

图 3-9　打桩斜度示意图

③ 打各类预制混凝土桩均包括从现场堆放位置至打桩桩位的水平运输，未包括运输过程中需要过桥、下坑及室内运桩等特殊情况。

④ 定额中均按打垂直桩考虑，若打斜桩，斜度小于 1∶6 时，按相应定额子目人工数、机械工程量乘系数 1.2，斜度大于 1∶6 时，按相应定额子目人工数、机械工程量乘系数 1.3。

注意，如图 3-9 所示，斜度 d/h 表示在竖直方向上，每个前进单位高度所偏离的水平距离。

⑤ 各类预制钢筋混凝土桩，定额按购入成品构件考虑，消耗量均包括打、压损耗。

⑥ 打、压试桩时，按相应定额人工数、机械工程量乘以系数 1.5。

2. 钢管桩

(1) 钢管桩工程量按设计长度(设计桩顶至桩底标高)、管径、壁厚以质量计算。计算公式：

$$W = (D - t) \times t \times 0.024\,6 \times L/10^3$$

式中：W 为钢管桩质量(t/根)；D 为钢管桩直径 (mm)；

L 为钢管桩长度(m)；t 为钢管桩壁厚(mm)。

(2) 钢管桩内切割按设计图示数量以根计算。

(3) 精割盖帽按设计图示数量以个计算。

(4) 接桩按设计图示数量以个计算。

3. 灌注桩

(1) 钻孔灌注桩需计算的项目有：成孔、泥浆外运、灌注混凝土、钢筋笼制作及大型机械进出场费用(计入措施费)等。

① 成孔、泥浆外运按打桩前自然地坪标高至桩底标高乘以设计截面面积以立方米计算。

② 钢筋笼按图示尺寸及施工规范以吨计算。

③ 混凝土按设计桩长(以设计桩顶标高至桩底标高)乘以设计截面面积以立方米计算,计算公式:$V=L\times3.14\times\frac{D^2}{4}$($D$ 为灌注桩直径)。

④ 注意事项:

灌注桩定额子目内,均已包括了充盈系数和材料损耗,一般不予调整;

灌注桩钢筋笼按“混凝土及钢筋混凝土工程”中相应的定额子目执行;

机械进出场费另计。

(2) 就地灌注混凝土桩按设计桩长(不扣除桩尖虚体积,见图 3-10),乘以设计截面面积以立方米计算。

① 注意多次复打桩,按单桩体积乘以复打次数计算工程量。

② 钢筋笼按设计图示尺寸及施工规范以吨计算,套用钻孔灌注桩钢筋定额子目。

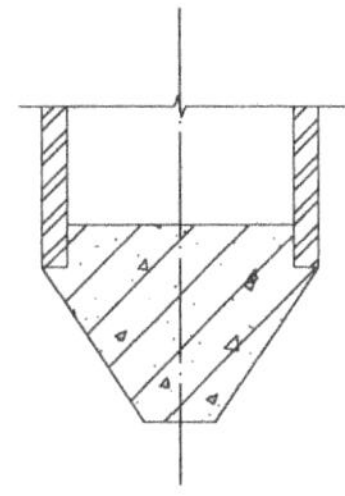

图 3-10　桩尖

三、桩基工程案例分析

案例 1: 某建筑工程桩基为钻孔灌注桩,直径 1 000 mm,C25 水下商品混凝土,60 根。已知:打桩前自然地坪标高为−0.300 m,桩顶标高为−3.600 m,桩底标高为−26.000 m,桩孔回填土,泥浆外运 8 km,钢筋及桩机械进出场计算本例不要求考虑。计算钻孔灌注桩工程量套用相应定额。

解: (1) 计算方法分析:该工程为钻孔灌注桩,采用 C25 水下商品混凝土,根据钻孔灌注桩施工工艺,应计算项目包括成孔工程量、成桩混凝土工程量、泥浆外运工程量。

(2) 具体计算:

① 成孔:$V=1/4\times(1.0)^2\times3.1415\times(26-0.3)\times60=1\,211.05(m^3)$;定额:01-3-2-5。

② 成桩混凝土:$V=1/4\times(1.0)^2\times3.1415\times(26-3.6)\times60=1\,055.54(m^3)$;定额:01-3-2-6。

③ 泥浆外运(运距 8 km)：泥浆外运工程量与成孔工程量相同，$V=1\,211.05\ m^3$；定额：01-1-2-9。

案例 2：某剪力墙居住小区 B 型住宅楼桩基工程如图 3-11 所示，桩基为现场预制钢筋混凝土二节方桩，混凝土为 C40。图中＋表示抗压桩，桩长为 30 m，断面为 350 mm×350 mm，桩顶设计标高为－3.800 m。S 表示试桩，桩长为 32.5 m，断面为 350 mm×350 mm，桩顶设计标高为－1.250 m，试计算本工程压桩、接桩、送桩的工程量并套用相应定额(室外地坪标高为－0.450 m)。

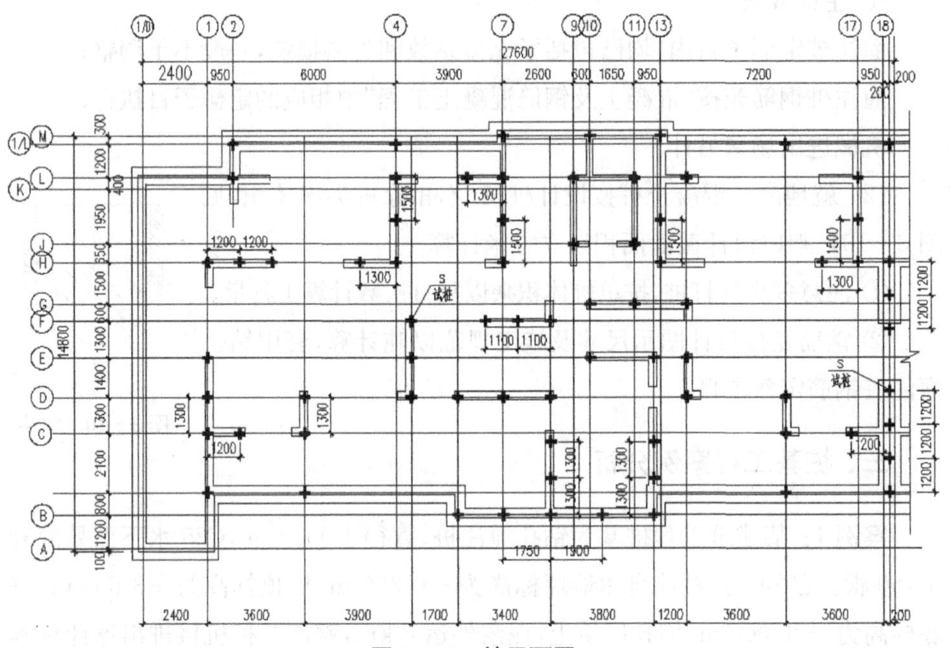

图 3-11　桩平面图

解：(1) 计算方法分析：

压桩工程量＝设计桩长×桩截面面积；

接桩工程量按接头个数计算；

送桩工程量＝桩的截面面积×送桩长度(设计桩顶面至自然地坪面加 0.5 m)。

(2) 具体计算：

① 压桩工程量 V(抗压桩)$=30\times0.35\times0.35\times72=264.6(m^3)$；定额：01-3-1-10。

压试桩 $V=32.5\times0.35\times0.35\times2=7.963(m^3)$；定额：01-3-1-10 的人工

和机械消耗量乘以系数 1.5。

② 接桩工程量 $N=74$ 个；定额：01－3－1－16。

③ 送桩工程量 V(送桩) $=0.35\times0.35\times(3.8-0.45+0.5)\times72=33.957(\mathrm{m}^3)$；定额：01－3－1－13。

送试桩：$V=0.35\times0.35\times(1.25-0.45+0.5)\times2=0.319(\mathrm{m}^3)$；定额：01－3－1－13 的人工和机械消耗量乘以系数 1.5。

任务 3　地下室混凝土工程计量与计价

一、地下室混凝土工程概述

地下室混凝土工程结构一般由顶板及梁、底板及垫层、侧墙、楼梯、采光井等组成。

地下室的顶板采用现浇或预制混凝土楼板，板的厚度及梁尺寸按首层使用荷载计算，防空地下室则应按相应防护等级的荷载计算。

地下室底板分有梁式地下室底板和无梁式地下室底板。在地下水位高于地下室地面时，地下室的底板不仅承受作用在它上面的垂直荷载，还要承受地下水的浮力，因此必须具有足够的强度、刚度、抗渗透能力和抗浮力的能力。

地下室的外墙不仅承受上部的垂直荷载，还要承受土、地下水及土壤冻结产生的侧压力，因此地下室的墙也应有足够厚度、抗渗透能力。

当地下室的窗台低于室外地面时，为了保证采光和通风，应设采光井。采光井由侧墙、底板、遮雨设施或铁箅子组成，一般每个窗户设一个，当窗户的距离很近时，也可将采光井连在一起。

二、地下室混凝土工程计算规则

1. 地下室底板及垫层

(1) 垫层模板按混凝土与模板接触面积计算，底板垫层按设计图纸的垫层周长乘以垫层厚度以平方米计算。

(2) 垫层混凝土工程量按设计图纸的实体积计算，即垫层面积乘以垫层厚度以立方米计算。

(3) 地下室底板模板及混凝土工程量计算规则同满堂基础工程计算规则。

(4) 现浇地下室底板支模深度按 3 m 编制。支模深度为 3 m 以上时，超过部分再按基础超深 3 m 子目执行。

2. 地下室侧墙

侧墙模板按混凝土与模板接触面积计算。

(1) 地下室侧墙模板面积＝墙长×墙高。

墙长确定：

① 计算外墙外侧模板按外边线计算，外墙内侧模板按内侧净长计算。

② 计算内墙模板时，按与模板接触面长度计算。

(2) 地下室侧墙混凝土体积＝墙长×墙高×墙厚。

墙长确定：外墙按外墙中心线长度计算，内墙按净长线长度计算；

墙高确定：以底板上表面至顶板底的高度计算。

(3) 注意事项：

① 地下室侧墙上单孔面积在 0.3 m^2 以内的孔洞不予扣除，洞口侧壁模板也不增加；单孔面积在 0.3 m^2 以上的孔洞予以扣除，洞口侧壁模板并入墙模板工程量计算。

② 附墙柱突出部分的体积并入墙体，突出部分的模板接触面积并入墙模板内计算。

③ 现浇混凝土柱、梁、墙、板支模高度（板面至上层板底之间的高度）按 3.6 m 编制，高度大于 3.6 m 时，超过部分按相应超高子目执行。

3. 地下室顶板及梁

(1) 剪力墙结构地下室顶板模板按与混凝土接触面积计算，应包括有梁板下梁模板；板模板计算时，板与剪力墙、连梁联接时，板算至剪力墙、连梁的侧面。

(2) 顶板混凝土工程量按设计图纸实体积计算，包括剪力墙间的梁及有梁板下的梁体积。

(3) 剪力墙结构顶板中墙间连梁模板可并入剪力墙模板内计算；墙间连梁混凝土体积并入剪力墙体积内计算。

梁模板工程量＝(梁宽＋梁高＋梁高)×梁长，梁长按剪力墙间净长计算。

(4) 注意事项：

顶板单孔面积在 0.3 m^2 以内的孔洞不予扣除，洞侧壁模板亦不增加，单孔面积在 0.3 m^2 以外的孔洞予以扣除，洞侧壁模板并入板模板内计算。

三、地下室混凝土工程案例分析

案例 1： 某剪力墙结构的居住小区 B 型住宅楼地下室底板工程部分结构如图 3－12 所示。底板厚 600 mm，C30/P6 抗渗混凝土，底板边距轴线的距离均为 500 mm，底板垫层构造如图 3－13所示，垫层为 C15 素混凝土，计算图中 1/01～1轴及 A～L 轴部分底板及垫层的混凝土、模板工程量，并套用相应定额。

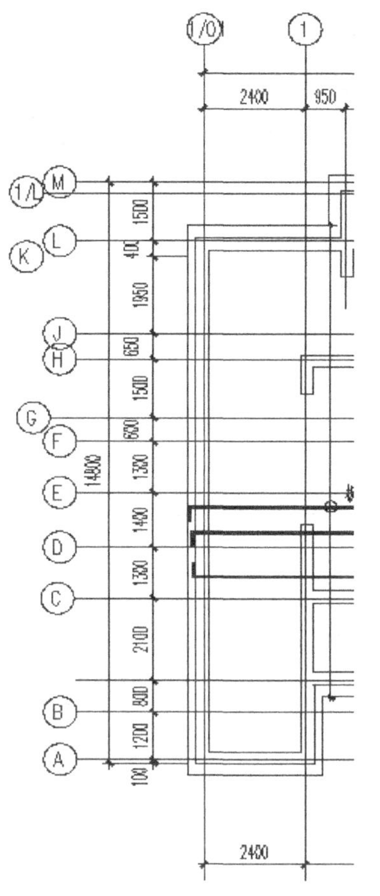

图 3－12　底板结构平面图

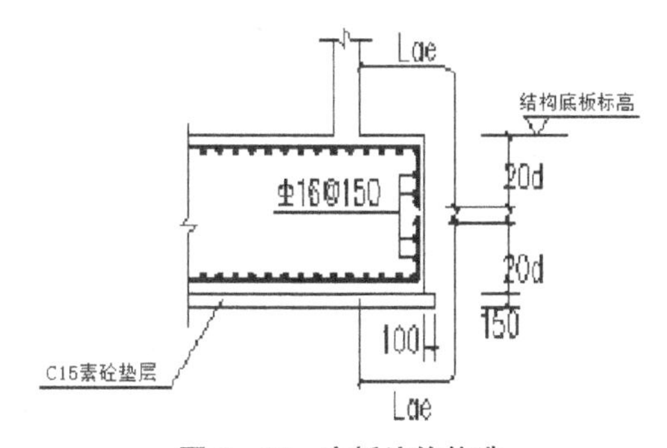

图 3－13　底板边缘构造

注意，本工程使用商品泵送混凝土，模板采用复合木模。

解：(1) 计算方法分析：

模板工程量计算式：

垫层模板＝垫层周长×垫层厚度；

底板模板＝底板周长×底板厚度；

基础底板埋深超过 3 m 时，底板模板另套超深定额子目。

混凝土工程量计算式：

垫层体积＝垫层面积×垫层厚度；

底板体积＝基础底板面积×底板厚度。

(2) 具体计算：

计算列于表 3－2 和表 3－3 中。

表 3－2 工程量计算表(计算结果保留 2 位小数)

序号	项目名称	计算过程	计算结果	单位
1	$S_{垫层模板}$	[(14.8－1.5－0.1＋0.6×2)(1/01 轴)＋(2.4＋0.6×2)(A 轴)＋(2.4＋0.6＋0.45－0.1)(L 轴)＋(0.8＋1.2－0.6＋0.6)(1 轴)]×0.15	3.50	m^2
2	$S_{底板模板}$	[(14.8－1.5－0.1＋0.5×2)(1/01 轴)＋(2.4＋0.5×2)(A 轴)＋(2.4＋0.5＋0.45)(L 轴)＋(0.8＋1.2－0.5＋0.5)(1 轴)]×0.6	13.77	m^2
3	$V_{垫层体积}$	[(14.8－1.5－0.1＋0.6×2)×(2.4＋0.6×2)]×0.15	7.78	m^3
4	$V_{底板体积}$	[(14.8－1.5－0.1＋0.5×2)×(2.4＋0.5×2)]×0.6	28.97	m^3

表 3－3 计价定额子目表

序 号	定额编号	项目名称	工程量
1	01－17－2－39	垫层模板	3.50 m^2
2	01－17－2－46	地下室底板模板	13.77 m^2
3	01－17－2－50	基础底板埋深超 3 m	13.77 m^2
3	01－5－1－1	现浇泵送混凝土垫层	7.78 m^3
4	01－5－1－4	现浇泵送混凝土地下室底板	28.97 m^3

案例 2：某剪力墙结构的居住小区 B 型住宅楼地下室剪力墙工程部分结构如图 3－14 所示，外墙厚 350 mm，采用 C30/P6 抗渗混凝土，内墙厚 300 mm，采用 C30 混凝土，地下室底板面标高为－3.250 m，地下室顶板标高为－0.200 m，顶板厚 180 mm，计算图中 1/01～1 轴及 A～L 轴平面部分剪力墙、暗柱的混凝土、模板工程量，并套用相应定额。

注意，本工程使用商品泵送混凝土，模板采用复合木模。

解：(1) 计算方法分析：

地下室侧墙模板面积＝墙长×墙高；

地下室侧墙混凝土体积＝墙长×墙高×墙厚。

墙高：从底板上表面至顶板底的高度。

暗柱并入墙内计算，±0.000 以下的地下室剪力墙不分外墙、内墙，均套用地

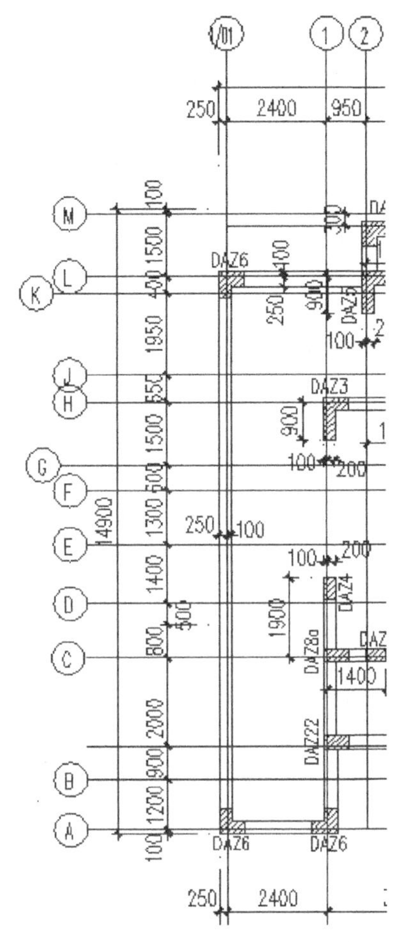

图 3-14　地下室剪力墙、暗柱

下室墙定额。

(2) 具体计算。

计算列于表 3-4 和表 3-5 中。

表 3-4　工程量计算表(计算结果保留 2 位小数)

序号	项目名称	计 算 过 程	计算结果	单位
1	外墙模板	外侧面+内侧面		
	外侧面	[(14.9－1.5)(1/01 轴)+(2.4+0.25×2)(A 轴)+(2.4+0.25+0.95－0.1)(L 轴)+(0.9+1.2)(1 轴)]×(3.25－0.2)	66.79	m^2

（续表）

序号	项目名称	计 算 过 程	计算结果	单位
	内侧面	[(14.9－1.5－0.35×2)(1/01 轴)＋(2.4＋0.25×2－0.35×2)(A 轴)＋(2.4＋0.25＋0.95－0.1－0.35)(L 轴)＋(0.9＋1.2－0.35)(1 轴)]×(3.25－0.2－0.18 板厚)	56.83	m^2
	外墙模板	66.79＋56.83	123.62	m^2
2	1 轴内墙模板	1 轴左侧面＋1 轴右侧面		
	1 轴左侧面	(0.9＋0.1＋1.9＋2.0＋0.1)×(3.25－0.2－0.18 板厚)	14.35	m^2
	1 轴右侧面	(0.9＋0.1－0.3＋1.9＋2.0＋0.1－0.3－0.35)×(3.25－0.2－0.18 板厚)	11.62	m^2
	1 轴 DAZ3、DAZ4 侧端面	0.3×2×(3.25－0.2－0.18)	1.72	m^2
	1 轴内墙模板	14.35＋11.62＋1.72	27.69	m^2
3	内外墙模板合计	123.62＋27.69	151.31	m^2
4	*V*(外墙)	[(14.9－1.5－0.35)(1/01 轴)＋(2.4＋0.25×2－0.35)(A 轴)＋(2.4＋0.25＋0.95－0.1－0.175)(L 轴)＋(0.9＋1.2－0.175)(1 轴)]×(3.25－0.2－0.18 板厚)×0.35(墙厚)	20.95	m^3
5	*V*(1 轴内墙)	(0.9＋0.1＋1.9＋2.0＋0.1)×(3.25－0.2－0.18 板厚)×0.3(墙厚)	4.31	m^3
6	墙体合计	20.95＋4.31	25.26	m^3

表 3－5　计价定额子目表

序　号	定 额 编 号	项 目 名 称	工 程 量
1	01－17－2－68	地下室墙模板	151.31 m^2
2	01－5－4－4	现浇泵送混凝土地下室墙	25.26 m^3

案例 3： 某剪力墙结构的居住小区 B 型住宅楼地下室顶板工程部分结构如图 3－15 所示。板厚 180 mm，LL3 断面为 300 mm×660 mm，LL8 断面为

300 mm×500 mm，梁、板均采用C30混凝土，地下室顶板标高为－0.200 m，计算图中1/01～1轴及A～H轴部分顶板的混凝土、模板工程量，并套用相应定额。

注意，本工程使用商品泵送混凝土，模板采用复合木模。

解：(1) 计算方法分析：

① 地下室顶板模板按与混凝土接触面积计算，不包括剪力墙间的梁模板。

② 剪力墙结构顶板层中墙间连梁模板可并入剪力墙内计算。

梁模板工程量＝(梁宽＋梁高＋梁高)×梁长(计算时尺寸详见图3－14地下室剪力墙图)；

梁高按突出板面部分高度计算，梁长按剪力墙间净长计算；

连梁的混凝土体积可并入剪力墙中计算。

③ 顶板混凝土工程量按设计图纸的实体积计算，包括板下的梁体积。

(2) 具体计算。

计算列于表3－6和表3－7中。

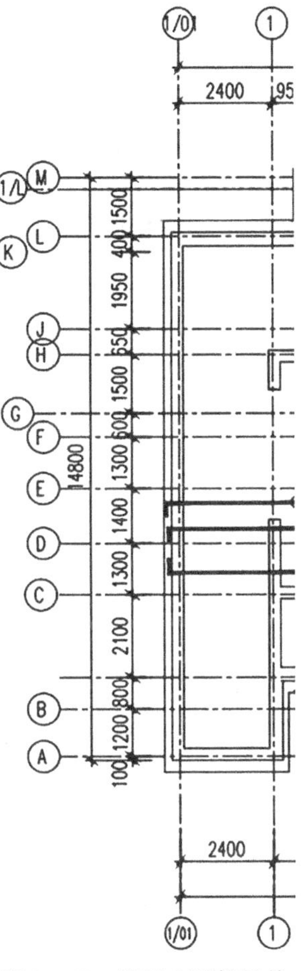

图3－15　地下室顶板结构

表3－6　工程量计算表(计算结果保留2位小数)

序号	项目名称	计　算　过　程	计算结果	单位
1	1/01～1轴及A～H轴部分顶板模板	(2.4－0.1×2)×(15.002－0.65－1.95－0.4－1.2－0.3－0.2－0.35－0.2)(板净面积)＋[(2.4＋0.25×2)＋(0.8＋1.2)＋(15.002－0.65－1.95－0.4－1.2－0.3－0.2－0.2)]×0.18(板外侧边模板)	24.15	m²
2	$S_{梁模板}$	可并入剪力墙内		
	LL3	[0.3＋(0.66－0.18)×2]×(1.5＋0.6＋1.3＋1.4＋1.3－1.9－0.9)(梁长)	4.16	m²

（续表）

序号	项目名称	计 算 过 程	计算结果	单位
	LL8	[0.3+(0.5−0.18)×2]×(2.4−0.1×2)(梁长)	2.07	m^2
	梁模板合计	4.16+2.07	6.23	m^2
3	V(顶板体积)	(2.4−0.1×2)×(15.002−0.65−1.95−0.4−1.2−0.3−0.2−0.35−0.2)×0.18	3.86	m^3
4	V(梁体积)	可并入剪力墙内		
	LL3	0.3×0.66×(1.5+0.6+1.3+1.4+1.3−1.9−0.9)(梁长)	0.65	m^3
	LL8	0.3×0.5×(2.4−0.1×2)(梁长)	0.33	m^3
	梁体积合计	0.65+0.33	0.98	m^3

表3-7 计价定额子目表

序 号	定额编号	项目名称	工程量
1	01-17-2-76	地下室顶板模板	24.15 m^2
2	01-5-5-3	现浇泵送混凝土地下室顶板	3.86 m^3

任务4 剪力墙结构上部混凝土工程计量与计价

一、剪力墙结构上部混凝土工程概述

剪力墙结构是用钢筋混凝土墙板来代替框架结构中的梁柱，能承担各类荷载引起的内力，并能有效控制结构的水平力，这种用钢筋混凝土墙板来承受竖向和水平力的结构称为剪力墙结构，这种结构在高层建筑中被大量运用。根据适用范围不同，剪力墙结构又可分为以下几种结构体系：

(1) 框架—剪力墙结构，是由框架与剪力墙组合而成的结构体系，在框架纵、横方向的适当位置，柱与柱之间设置钢筋混凝土墙体(剪力墙)。在这种结构中，框架与剪力墙协同受力，剪力墙承担绝大部分水平荷载，框架则以承担竖向荷载为主，适用于需要有局部大空间的建筑，大空间部分采用框架结构，同时又可用剪力墙来提高建筑物的抗侧能力，从而满足高层建筑的需求。

(2) 普通剪力墙结构，是全部由剪力墙组成的结构体系。剪力墙通常为横向布置，间距小，约为3～6 m，因此平面布置不够灵活，仅适用于小开间的高层住宅、旅馆、办公楼等。

(3) 框支剪力墙结构，是当剪力墙结构的底部需要有大空间，部分剪力墙无法落地时，直接落在下层框架梁上，再由框架梁将荷载传至框架柱上，这样的梁就叫框支梁，柱就叫框支柱，上面的墙就叫框支剪力墙。

本部分内容主要根据项目(二)案例工程介绍普通剪力墙结构中上部混凝土构件(主要包括剪力墙、连梁、楼板)的计量与计价，其他构件的计算与框架结构相同，在前面框架结构案例工程中已作了详细介绍，此处不再重复。

二、剪力墙结构上部混凝土工程计算规则解析

1. 剪力墙

剪力墙模板按混凝土与模板接触面积计算；混凝土工程量按设计图纸实体积计算。

(1) 剪力墙模板面积=墙长×墙高。墙长确定：计算剪力墙模板时，不分内外墙均按与模板接触面长度计算。

(2) 剪力墙混凝土体积=墙长×墙高×墙厚。墙长确定：外墙按外墙中心线长度计算，内墙按净长线长度计算；墙高确定：按从地面(或楼板)上表面至上一层楼板底的高度计算。

(3) 注意事项：

① 剪力墙上单孔面积在0.3 m^2以内的孔洞不予扣除，洞口侧壁模板亦不增加；单孔面积在0.3 m^2以上的孔洞予以扣除，洞口侧壁模板并入墙模板工程量计算。

② 暗柱及附墙柱突出部分的体积并入墙体，模板接触面积亦并入墙面模板内计算，套用墙体相应定额。

③ 墙支模高度(板面至上层板底之间的高度)大于3.6 m时，超过部分执行相应超高定额子目。

2. 剪力墙间连梁

(1) 剪力墙间连梁模板可并入墙内计算，套用剪力墙模板定额。

(2) 剪力墙间连梁混凝土体积并入墙体积内计算，套剪力墙定额。

(3) 计算公式：

连梁模板工程量=(梁宽+梁高+梁高)×梁长；

连梁混凝土体积=梁宽×梁高×梁长；

梁高从板底算至梁底；梁长按剪力墙间净长计算。

(4) 注意事项：

梁支模高度(板面至上层板底之间的高度)大于 3.6 m 时，超过部分执行相应超高定额子目。

3. 楼板

(1) 剪力墙结构楼板模板按与混凝土接触面积计算，应包括有梁板下梁模板；计算板模板，板与剪力墙、连梁连接时，板算至剪力墙、连梁的侧面。

(2) 楼板混凝土工程量按设计图纸实体积计算，包括有梁板下的梁体积。

(3) 注意事项：

① 板支模高度(板面至上层板底之间的高度)大于 3.6 m 时，超过部分执行相应超高定额子目。

② 楼板单孔面积在 0.3 m^2 以内的孔洞不予扣除，洞侧壁模板亦不增加，单孔面积在 0.3 m^2 以上的孔洞予以扣除，洞侧壁模板并入板模板内计算。

③ 有多种板连接时，以墙中心线为界分别计算。

三、剪力墙结构上部混凝土工程案例分析

案例 1: 某剪力墙结构的居住小区 B 型住宅楼标准层剪力墙部分结构如图 3-16 所示，墙厚 200 mm，采用 C30 混凝土，标准层层高为 2.8 m，楼板厚为 110 mm，计算图中 1～3 轴及 C～L 轴部分剪力墙、暗柱的混凝

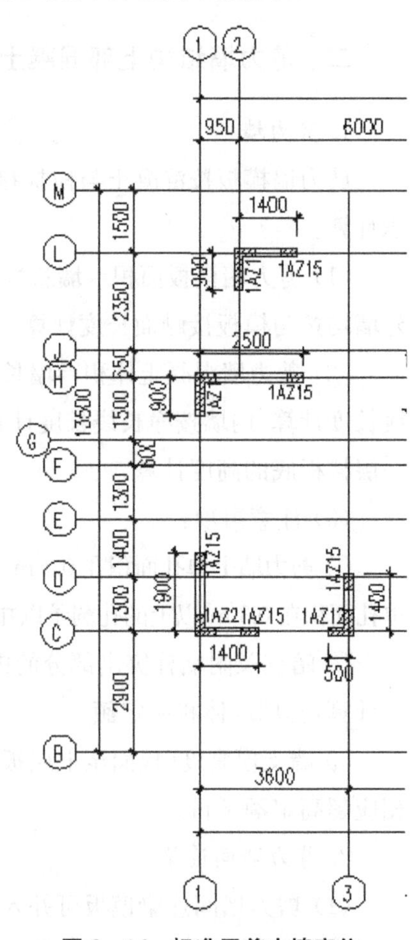

图 3-16 标准层剪力墙定位

土、模板工程量，套用相应定额。

注意，本工程使用商品泵送混凝土，轴线居墙中心，模板采用复合木模。

解：(1) 计算方法分析：

① 剪力墙模板面积＝墙长×墙高，本例中墙长不分内外墙均按与模板接触面长度计算，另应加上暗柱、剪力墙侧端面的模板面积。

② 剪力墙混凝土体积＝墙长×墙高×墙厚。

墙长本例中不分内外墙按墙实际长度计算；

墙高＝按标准层层高－楼板厚度。

(2) 具体计算。

计算列于表 3 - 8 和表 3 - 9 中。

表 3 - 8　工程量计算表(计算结果保留 2 位小数)

序号	项 目 名 称	计　算　过　程	计算结果	单位
1	剪力墙模板			
	1 轴左侧面	(1.9＋0.1＋0.9＋0.1)×(2.8－0.11)	8.07	m^2
	1 轴右侧面	(1.9－0.1＋0.9－0.1)×(2.8－0.11)	6.99	m^2
	2 轴左、右两侧面	(0.9＋0.1＋0.9－0.1)×(2.8－0.11)	4.84	m^2
	3 轴左、右两侧面	(1.4－0.1＋1.4＋0.1)×(2.8－0.11)	7.53	m^2
	C 轴上、下两侧面	[(1.4－0.1＋0.5－0.1)＋(1.4＋0.1＋0.5＋0.1)]×(2.8－0.11)	10.22	m^2
	H 轴上、下两侧面	(2.5＋0.1＋2.5－0.1)×(2.8－0.11)	13.45	m^2
	L 轴上、下两侧面	(1.4＋0.1＋1.4－0.1)×(2.8－0.11)	7.53	m^2
	暗柱侧端面	0.2×8×(2.8－0.11)	4.30	m^2
	剪力墙模板	8.07＋6.99＋4.84＋7.53＋10.22＋13.45＋7.53＋4.30	62.93	m^2
2	*V*(剪力墙)	(1.9＋1.4＋0.5＋1.4＋0.9＋2.5＋0.9＋1.4)×(2.8－0.11)×0.2(墙厚)	5.86	m^3

表 3 - 9　计价定额子目表

序　号	定 额 编 号	项 目 名 称	工 程 量
1	01 - 17 - 2 - 69	剪力墙模板	62.93 m^2
2	01 - 5 - 4 - 1	现浇泵送混凝土剪力墙	5.86 m^3

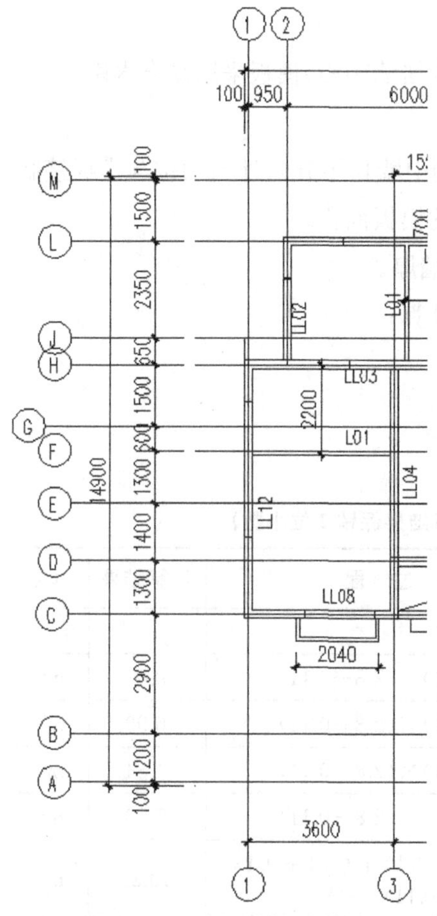

图 3－17　标准层楼面结构

案例 2：某剪力墙结构的居住小区 B 型住宅楼标准层楼面部分结构如图 3－17 所示。标准层层高为 2.8 m，楼板厚 110 mm，采用 C30 混凝土，断面尺寸 LL03 为 200 mm×660 mm、LL04 为 200 mm×460 mm、LL08 为 200 mm×1 000 mm、LL12 为 200 mm×800 mm、L01 为 150 mm×360 mm，计算图中 1～3 轴及 C～H 轴部分梁、板的混凝土及模板工程量，并套用相应定额。

注意，本工程使用商品泵送混凝土，轴线位于梁中心，模板采用复合木模。

解：(1) 计算方法分析：

① 楼板模板按与混凝土接触面积计算，不包括剪力墙间的梁模板，但板下 L01 的模板并入板模板内计算。

② 剪力墙间连梁模板并入墙内模板计算。

梁模板工程量＝(梁宽＋梁高＋梁高)×梁长(梁长计算详见图 3－16)；梁高按突出板面部分高度计算，梁长按剪力墙间净长计算。

③ 楼板混凝土工程量按设计图纸实体积计算，连梁 LL03、LL04、LL08、LL12 的体积可并入剪力墙内计算。

(2) 具体计算：

计算列于表 3－10 和表 3－11 中。

表 3－10　工程量计算表(计算结果保留 2 位小数)

序号	项目名称	计　算　过　程	计算结果	单位
1	C～H 轴线间距	1.5＋0.6＋1.3＋1.4＋1.3	6.10	m

（续表）

序号	项目名称	计　算　过　程	计算结果	单位
	1～3 轴及 C～H 轴楼板模板	(3.6－0.1×2)×(6.1－0.2)(板净面积)	20.06	m^2
	L01 模板	(0.36－0.11)×2×(3.6－0.2)	1.7	m^2
	有梁板模板	20.06＋1.7	21.76	m^2
2	$S_{连梁模板}$	并入剪力墙内计算		
	LL03	[0.2＋(0.66－0.11)×2]×(3.6－2.5)(梁长)	1.43	m^2
	LL04	[0.2＋(0.46－0.11)×2]×(1.5＋0.6＋1.3＋1.4－0.2)(梁长)	4.14	m^2
	LL08	[0.2＋(1.0－0.11)×2]×(3.6－1.4－0.5)(梁长)	3.37	m^2
	LL12	[0.2＋(0.8－0.11)＋0.8]×(6.1－1.9－0.9)(梁长)	5.58	m^2
	连梁模板合计	1.43＋4.14＋3.37＋5.58	14.52	m^2
3	V(楼板体积)	(3.6＋0.1×2)×(6.1＋0.2)×0.11	2.63	m^3
	L01	0.15×(0.36－0.11)×(3.6－0.2)(梁长)	0.13	m^3
	V(有梁板)	2.63＋0.13	2.76	m^3
4	V(连梁体积)	并入剪力墙内计算		
	LL03	0.2×(0.66－0.11)×(3.6－2.5)(梁长)	0.12	m^3
	LL04	0.2×(0.46－0.11)×(1.5＋0.6＋1.3＋1.4－0.2)(梁长)	0.32	m^3
	LL08	0.2×(1.0－0.11)×(3.6－1.4－0.5)(梁长)	0.30	m^3
	LL12	0.2×(0.8－0.11)×(6.1－1.9－0.9)(梁长)	0.46	m^3
	连梁体积合计	0.15＋0.42＋0.34＋0.53	1.2	m^3

表 3-11　计价定额子目表

序　号	定 额 编 号	项 目 名 称	工 程 量
1	01-17-2-74	楼板模板	21.76 m^2
2	01-5-5-1	现浇泵送混凝土有梁板	2.76 m^3

任务5　剪力墙结构砌筑工程计量与计价

一、剪力墙结构砌筑工程概述

剪力墙结构间的砌筑墙体属填充墙体，不承受上部荷载，按照设计要求和施工规范，砌筑墙体达到一定条件要设置构造柱、圈梁、过梁等构件，在计算砌筑墙体时要将这些扣除。

二、剪力墙结构砌筑工程定额规则

剪力墙结构砌筑墙体计算规则如下：

砖砌墙体应根据砌体部位不同、材料不同及厚度不同按体积以立方米计算。

砌筑墙体计算公式为V=墙厚×(墙长×墙高－应扣面积)－应扣构件所占的体积；

墙长：剪力墙结构按混凝土墙间净长线计算(见图3-18)；

墙高：从室内地坪(或楼面)算起，至上一层连梁底(见图3-19)；无梁时，算至上一层楼板底；

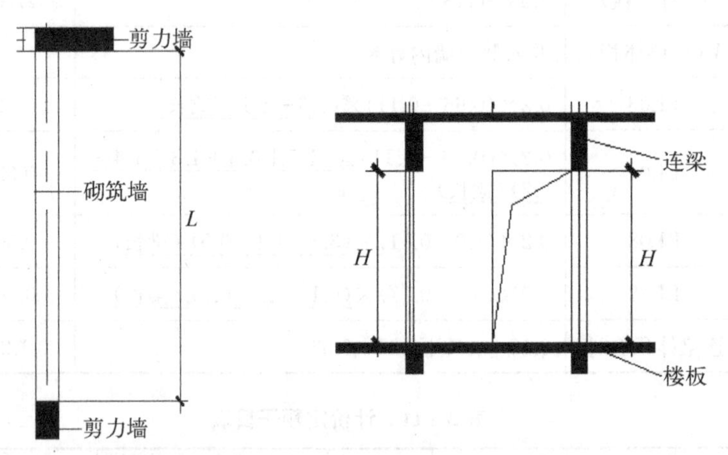

图3-18　剪力墙结构砌墙长度　　　图3-19　剪力墙结构砌墙高度

应扣除的面积指门窗洞口、过人洞、空圈、单个面积在0.3 m^2以上的孔洞；

应扣除的构件所占的体积指平行嵌入墙体内的柱、梁、圈梁、过梁、暖气包、壁龛所占的体积；

墙厚：砖砌体参考《定额》中砖砌体计算厚度表取值。

三、剪力墙结构砌筑工程案例分析

案例：某剪力墙结构的居住小区 B 型住宅楼标准层平面如图 3－20 所示。

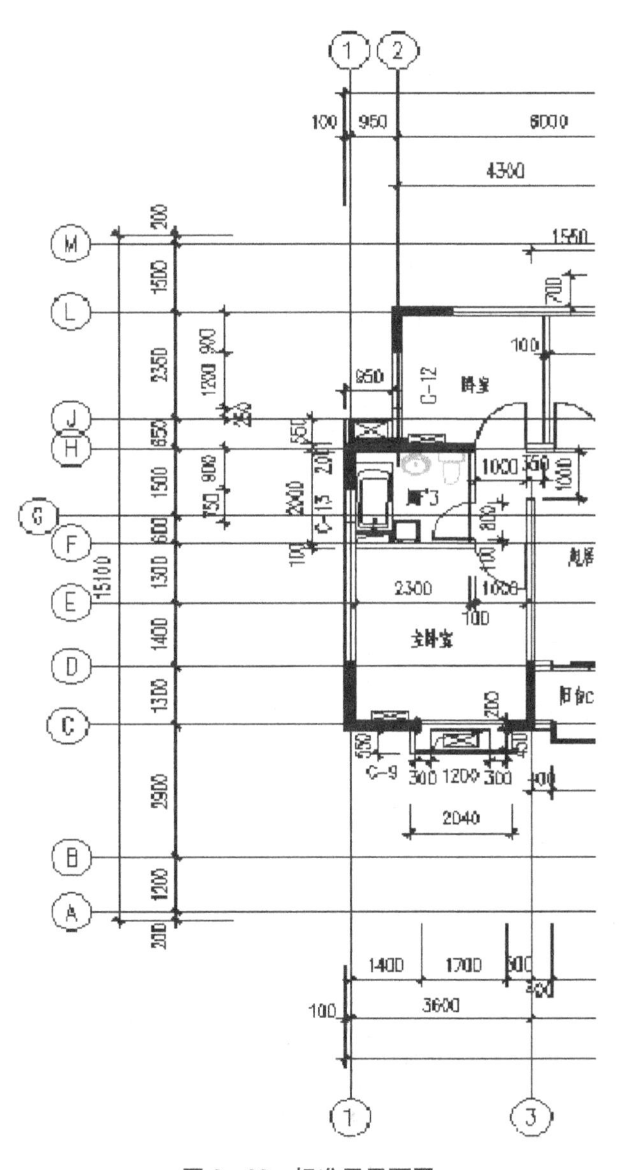

图 3－20　标准层平面图

标准层层高为 2.8 m，楼板厚 110 mm，剪力墙布置如图 3 - 16 所示，标准层连梁布置如图 3 - 17 所示，断面尺寸 LL03 为 200 mm×660 mm、LL04 为 200 mm×460 mm、LL08 为 200 mm×1 000 mm、LL12 为 200 mm×800 mm、L01 为 150 mm×360 mm，标准层砌筑墙体用 MU10 混凝土小型空心砌块，计算图中 1～3 轴及 C～H 轴砌筑墙体工程量，并套用相应定额。

注意，轴线位于墙中心，C - 9 尺寸 1 700 mm×1 800 mm、C - 13 尺寸 750 mm×1 400 mm、卧室门尺寸 1 000 mm×2 100 mm、厕所门尺寸 800 mm×2 100 mm。

解：(1) 计算方法分析：

剪力墙间砌筑墙体均按混凝土墙间净面积乘以厚度按体积计算。

计算公式：V=墙厚×(墙长×墙高－应扣面积)－应扣构件所占的体积。

墙长：剪力墙结构按剪力墙间净长线计算，净长度计算时剪力墙尺寸详见图 3 - 16 剪力墙定位图；

墙高：从楼面算至上一层连梁底，净高度计算时连梁位置详见图 3 - 17 标准层楼面结构平面图。

(2) 具体计算：

计算列于表 3 - 12 和表 3 - 13 中。

表 3 - 12 工程量计算表(计算结果保留 2 位小数)

序号	项目名称	计 算 过 程	计算结果	单位
1	C - 9	1.7×1.8	3.06	m^2
	C - 13	0.75×1.4×1	1.05	m^2
2	卧室门	1.0×2.1×2	4.2	m^2
3	厕所门	0.8×2.1×1	1.68	m^2
4	190 mm 厚外墙			
	1 轴外墙面积	(1.5+0.6+1.3+1.4+1.3−0.9−1.9)×(2.8−0.8 梁高)	6.6	m^2
	C 轴外墙面积	1.7×(2.8−1.0 梁高)	3.06	m^2
	外墙面积	6.6+3.06−(门窗面积)(3.06+1.05)	5.55	m^2

（续表）

序号	项目名称	计　算　过　程	计算结果	单位
	190 mm 厚外墙体积	5.55×0.19	1.05	m^3
5	190 mm 厚内墙			
	三轴内墙面积	(1.5+0.6+1.3+1.4+1.3−1.4−0.1−1.0)×(2.8−0.46 梁高)	8.42	m^2
	H 轴内墙面积	(3.6−2.5)×(2.8−0.66 梁高)	2.35	m^2
	内墙面积	8.42+2.35−(门窗面积) 2.1	8.67	m^2
	190 mm 厚内墙体积	8.67×0.19	1.65	m^3
6	90 mm 厚内隔墙	纵墙：(1.5+0.6−0.1)×(2.8−0.11 板厚)	5.38	m^2
		横墙：(3.6−0.2)×(2.8−0.36 梁高)	8.30	m^2
	90 mm 厚内隔墙面积	5.38+8.30−(门窗面积) (1.68+2.1)	9.9	m^2
	90 mm 厚内墙体积	9.9×0.09	0.89	m^3

表 3-13　计价定额子目表

序　号	定 额 编 号	项 目 名 称	工 程 量
1	01-4-2-8	190 mm 厚混凝土小型空心砌块	2.7 m^3
2	01-4-2-7	90 mm 厚混凝土小型空心砌块	0.89 m^3

任务 6　剪力墙结构钢筋工程计量与计价

一、剪力墙结构钢筋工程概述

剪力墙平法施工图采用列表注写和截面注写两种表达方式。在平法施工图中将剪力墙分为剪力墙柱、剪力墙身和剪力墙梁。

剪力墙柱包含纵向钢筋和横向箍筋，其连接方式与柱相同。

剪力墙梁可分为剪力墙连梁、剪力墙暗梁和剪力墙边框梁 3 类，其由纵向钢筋和横向箍筋组成，绑扎方式与梁基本相同。

剪力墙身包含竖向钢筋、横向钢筋和拉筋。

地下室外墙中墙柱、连梁及洞口等的表示方法同地上剪力墙。

二、剪力墙钢筋工程计算方法

1. 地下室外墙钢筋计算方法

地下室外墙 DWQ 钢筋构造如图 3－21 所示。地下室外墙与基础的连接依据 16G101－3 中 64 页上的要求，采用锚固构造(二)做法，如图 3－22 所示。钢筋布置具体可参考 16G101－3 图集要求。顶板处的连接构造依据 16G101－1 中 82 页上选取②的做法，如图 3－23 所示。具体计算公式如下：

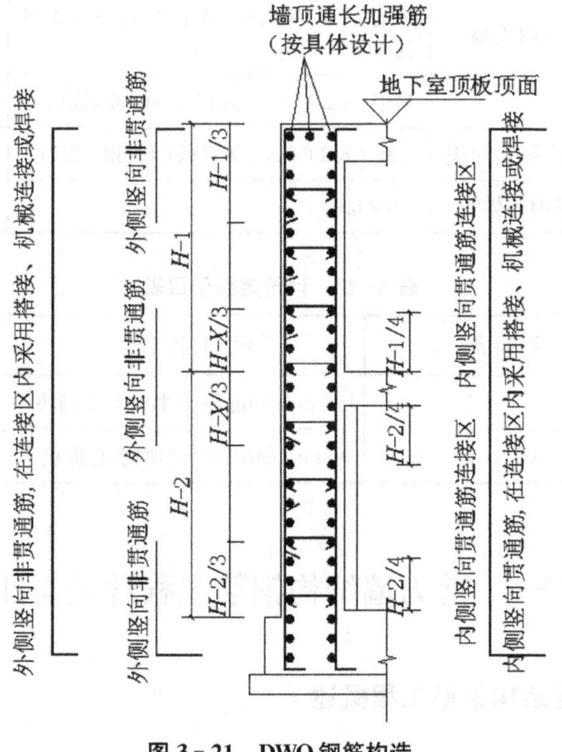

图 3－21　DWQ 钢筋构造

外侧(内侧) 竖向贯通筋长度＝基础插筋长度＋地下室净高＋地下室顶板厚－保护层＋12d＋搭接长度(绑扎搭接时)。

墙身竖向筋根数构造要点：

(1) 墙端为构造性柱，墙身竖向筋在墙净长范围内布置，起步距离为一个钢

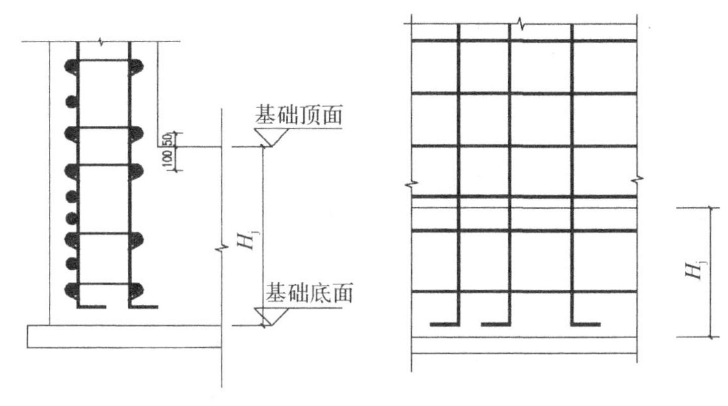

图 3-22 锚固构造

筋间距。

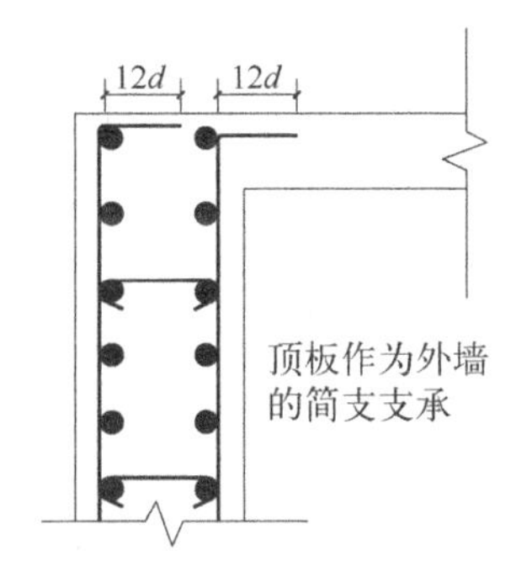

图 3-23 顶板处的连接构造

(2) 墙端为约束性柱,约束性柱的扩展部位配置墙身筋(间距配合该部位的拉筋间距);除约束性柱扩展部位以外,正常布置墙竖向筋。

竖向贯通筋数量=(墙净长－竖向筋间距×2)/竖向贯通筋间距+1;

外侧水平贯通筋长度=墙长度－保护层×2－竖向贯通筋直径×2+搭接长度(绑扎搭接时)(本公式适用于竖向贯通筋设置在外层情况,如水平筋设置在外层,则不扣除竖向筋直径);

水平贯通筋数量=(地下室墙层高－保护层－竖向筋直径－50)/水平筋间距+1;

基础插筋部分水平分布筋及锚固区横向钢筋设置参考 16G101-3 中 64 页上的要求进行计算。

拉筋长度=墙厚－保护层×2+11.9d×2,拉筋数量按实际布置形式计算。

2. 地下室外墙钢筋计算

案例: 某剪力墙结构的居住小区 B 型住宅楼地下室剪力墙工程部分结构如图 3-24 和图 3-25 所示,外墙厚 350 mm,采用 C30/P6 抗渗混凝土。地下室外墙配筋:外侧水平贯通筋/竖向贯通筋为⌀12@150/⌀16@150,内侧水平筋和竖向贯通筋均为Φ 14@150，拉筋为 ϕ6@450，梅花形布置。地下室底板面标高为 −3.250 m，底板厚 600 mm，地下室顶板标高为 −0.200 m，顶板厚 180 mm，计算图中 1/01 轴地下室外墙的钢筋工程量并套定额。

说明：本工程中基础保护层厚为 40 mm < 5d（d 为插筋直径），根据规范，插筋锚固区设置Φ 12@100 的横向钢筋。地下室外墙钢筋采用搭接连接。地下室基础底板保护层为 40 mm，墙及顶板保护层为 20 mm，四级抗震。

解：(1) 计算方法分析：

① 该地下室外墙厚为 350 mm，内外侧布置双层双向贯通筋，墙插筋按图 3-22 构造进行计算，墙与顶板构造按图 3-23 要求做。

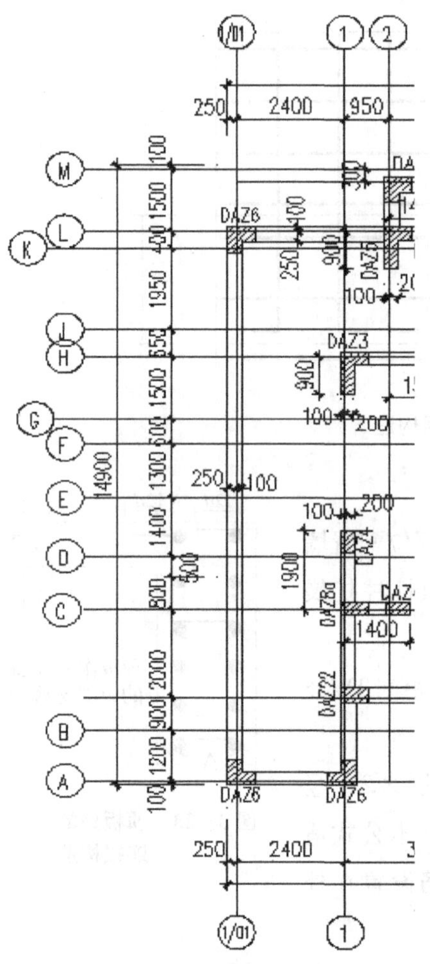

图 3-24　地下室剪力墙结构

图 3-25　DAZ6

② 墙拉筋按梅花形布置计算。

③ 搭接长度（查 16G101-1 中 60 页）如下：

Φ 12：$L_{lE}=49\times 12=588$(mm)；

Φ 14：$L_{lE}=49\times 14=686$(mm)；

Φ 16：$l_{lE}=49\times 16=784$(mm)。

④ 钢筋比重：Φ 12 为 0.888 kg/m；Φ 14 为 1.21 kg/m；Φ 16 为 1.58 kg/m；ϕ6 为 0.26 kg/m。

(2) 具体计算如表 3-14 所示。

表 3 - 14　钢筋工程量计算表(计算结果保留 2 位小数)

构件代号	钢筋编号	钢筋规格	计　算　式	单根长度/mm	根数	总长/m	总重量/kg
地下室外墙	外侧竖向贯通筋	Φ16	3 050(层高)−20+12×16+600−40+15×16	4 022			
			(14 900−1 500−650×2−150×2)/150+1		取 80		
			4 022×80	4 022	80	321.76	508.39
	外侧水平贯通筋	Φ12	14 900−1 500−20×2+2×588/2(锚固)+588(搭接)	14 536			
			(3 050−20−16−50)/150+1		21		
			14 536×21	14 536	21	305.26	271.07
	内侧竖向贯通筋	Φ14	3 050(层高)−20+12×14+600−40+15×14	3 968	80	317.44	384.10
	内侧水平贯通筋	Φ14	14 900−1 500−20×2−12−16+15×14×2+686(搭接)	14 438			
			(3 050−20−14−50)/150+1		21		
			14 438×21	14 438	21	303.2	366.87
	拉筋	Φ6	350−20×2+11.9×2	333.8	1	0.33	0.087
	合　计						1 530.52

表 3-15 计价定额子目表

序　号	定额编号	项目名称	工程量
1	01-5-11-14	地下室墙钢筋	1.53 t

任务 7 高层建筑超高施工降效计算

一、高层建筑超高施工降效概述

建筑超高费指高度超过 20 m 时，引起人工、机械效率降低而增加的费用。超高费只适用于建筑物高度在 20 m 以上的工程。其主要表现在以下方面：

(1) 因高度增加，工人上下班所用时间增多；高空作业难度增加引起休息时间增多、垂直运输时间增多等因素造成人工作业效率降低。

(2) 因垂直运输时间增多与人工降效引起的其他机械使用效率降低等。

(3) 水压不足所发生的加压水泵台班。

建筑物超高降效，《定额》以建筑物不同高度(30 m 以内至 420 m 以内)，共分为 27 个项目。

注意，建筑物的高度指设计室内地坪(±0.000)至檐口屋面结构板面的高度。突出屋面的楼梯间、电梯间、水箱间等不计算高度。

二、超高施工计算定额规则

建筑物超高施工增加的人工量、机械工程量按建筑物超高部分的建筑面积计算。

三、超高施工费案例

案例： 某一建筑物，由主楼与裙房组成，主楼屋面标高为+68.720 m，超高建筑面积为 7 200 m^2，裙房屋面标高为 29.800 m，超高建筑面积 1 200 m^2，计算该工程超高施工费用。

解：

裙房超高工程量：1 200 m^2；

定额子目：01－17－4－1。

主楼超高工程量：7 200 m^2；

定额子目：01－17－4－4。

模块四　砌体结构工程施工图预算编制

1. 工程项目概况

本工程为某居住小区一期 A 型住宅楼，五层，结构类别为砌体混合结构，屋面檐高为 14.000 m，无地下室。

本模块要求依据《建筑工程建筑面积计算规范》(GB/T50353—2013)《定额》《混凝土结构施工图平面整体表示方法制图规则和构造详图》16G101 系列图集等计算本工程的工程量，并套用计价定额。

2. 工程图纸

工程图纸包括图纸目录、设计说明、建筑图、结构图，具体见工程案例图纸。

砌体结构(masonry structure)是由块材和砂浆砌筑而成的墙、砖柱作为建筑物主要受力构件的结构形式。它包括砖结构、石结构和其他材料的砌块结构。其分为无筋砌体结构和配筋砌体结构。

砌体结构工程的计算：砌筑构件(如条形砌筑基础、墙等)的计算和计价定额应用；钢筋混凝土构件(如带型基础、楼板、构造柱、圈梁等)的计算和计价定额应用。本模块主要介绍带形基础土方工程计量与计价、带形基础工程计量与计价、砌体结构混凝土工程计量与计价、砌筑工程计量与计价。计算规则、方法与模块二、三相同的构件，此处不再重复介绍。

任务 1　带形基础土方工程计量与计价

一、带形基础土方工程量概述

对基础结构而言，凡墙下的长条形基础，或柱和柱间距离较近而连接起来的条形基础，都称为带形基础。带形基础土方工程是进行带形基础施工需要挖土、填土的工程。

带形基础土方工程量计算的主要项目有：挖地槽、回填土、土方运输。本节主要对带形基础挖地槽与回填土工程的计量与计价进行介绍。

二、带形基础土方工程量计算规则

1. 带形基础地槽挖土量计算

带形基础地槽挖土量用体积计算，单位为立方米(以挖掘前天然密实土为准)。

沟槽挖土计算公式如下：

(1) 有工作面、有放坡的，$V=(a+2c+kh)\times h\times L$，沟槽断面如图4-1所示。

(2) 有工作面、无放坡的，$V=(a+2c)\times h\times L$，沟槽断面如图4-2所示。

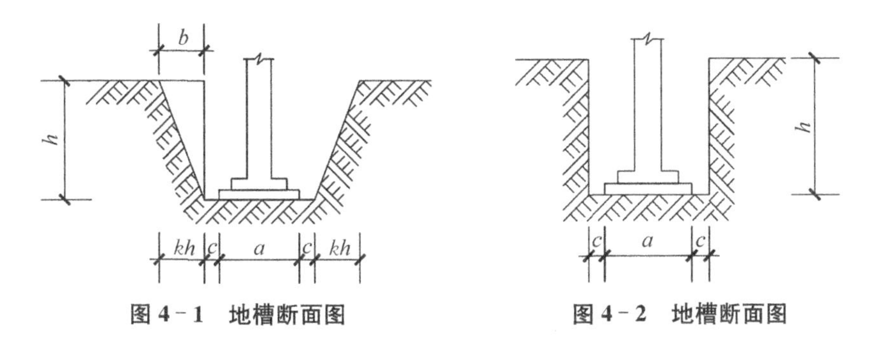

图4-1　地槽断面图　　图4-2　地槽断面图

(3) 设工作面、支挡土板，一般情况挡土板厚度为100 mm，$V=(a+2c+0.2)\times h\times L$，如图4-3所示。

(4) 不设工作面、不放坡、不支挡土板，$V=L\times a\times h$，如图4-4所示。

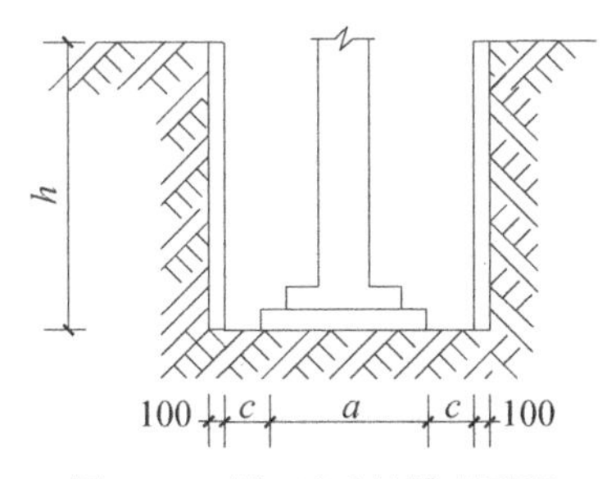

图4-3　情况(3)地槽断面图

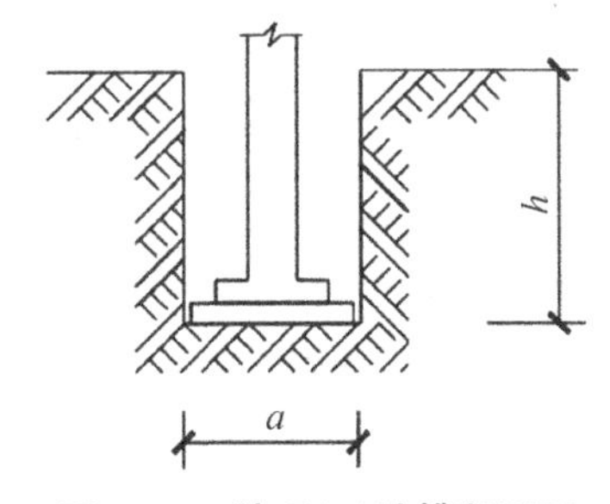

图4-4　情况(4)地槽断面图

式中：V——挖土方体积(m^3)；

a——沟槽底宽，一般取垫层宽度；

c——工作面宽度，如施工技术方案有规定时，按规定取，如施工技术方案未规定时按表 2-3 取值；

k——坡度，按表 2-2 取值；

h——挖土深度；

L——沟槽长度，外墙沟槽按外墙中心线长度计算，内墙沟槽按相交墙体基础（含垫层）底净长计算，框架间墙沟槽，按独立基础（含垫层）底净长计算。计算附墙垛凸出部分工程量时，将突出墙面的中心线长度并入沟槽土方工程量中。基础底长度见图 4-5。

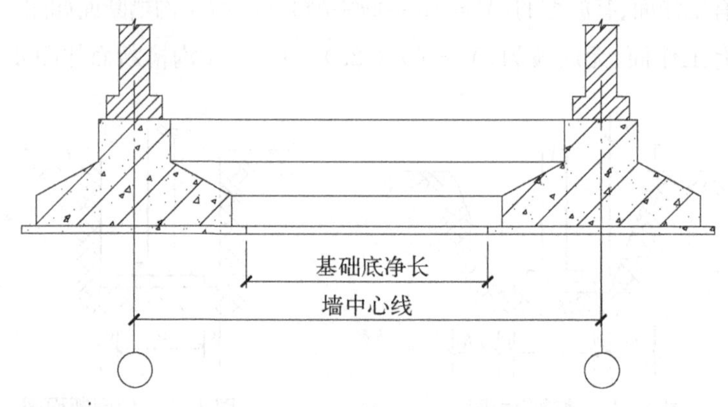

图 4-5　基础底长度

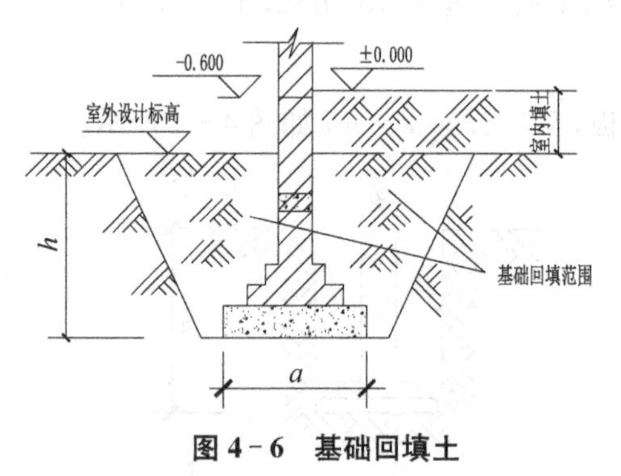

图 4-6　基础回填土

2. 回填土工程量的计算

回填土分夯填和松填两种，分别按下列规定以立方米计算，如图 4-6 所示。

填土体积 ＝ 挖土体积－设计室外地坪以下埋设的实物体积。

注意：

（1）设计室外地坪以下埋设的实体包括基础、其他构筑物、地下室所占的外形体积。

（2）室内回填土按主墙间的净面积乘以回填土厚度，不扣除间隔墙。回填厚度为设计室内地坪的标高和设计室外地坪标高的差扣除室内地坪的厚度。

3. 余土或取土的工程量计算

余土运输体积=挖土量−回填土量。

按上式计算结果为正值时余土为外运体积;负值时余土为需外取的体积。

三、带形基础土方量计算案例

案例 1: 计算如图 4-7 所示的挖土工程量。

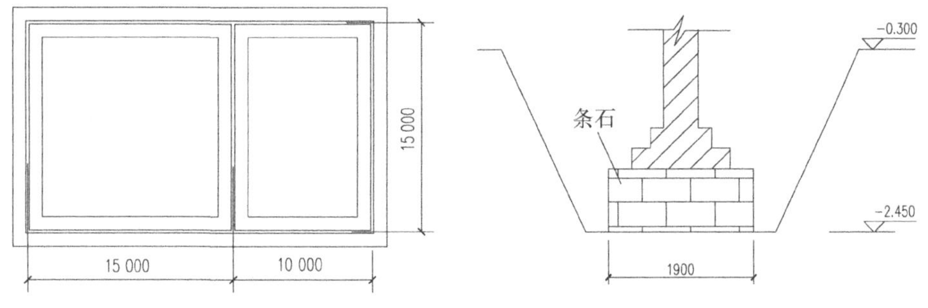

图 4-7 建筑物基础

解: (1) 计算方法分析:

本工程基础为带形基础,按机械挖地槽土方计算,由图可知,挖土深度 $h=2.150\ \text{m}>1.5\ \text{m}$,故应放坡,且是条石基础,每边增加 150 mm 工作面宽度。工程量按其挖土工程量为准,放坡系数取 1∶0.5。

有工作面、有放坡挖地槽计算公式:$V=(a+2c+kh)\times h\times L$。

(2) 计算如表 4-1 所示。

表 4-1 工程量计算表(计算结果保留 2 位小数)

序号	项目名称	计 算 过 程	计算结果	单位
1	挖地槽土方参数	$h=2.45-0.3=2.15$ m;$C=0.15$ m;$K=0.5$		
2	外墙	$L_1=(15+10+15)\times 2=80$	80	m
		$V_1=(1.9+0.15\times 2+0.5\times 2.15)\times 2.15\times 80$	563.3	m^3
3	内墙	$L2=15-1.9=13.1$	13.1	m
		$V2=(1.9+0.15\times 2+0.5\times 2.15)\times 2.15\times 13.1$	92.24	m^3
4	带形基础地槽挖土量	$V=V_1+V_2=563.3+92.24=655.54$	655.54	m^3

计价定额子目：01－1－1－17。

案例 2：某建筑物的基础如图 4－8 所示，计算机械挖地槽工程量，并列出定额子目。

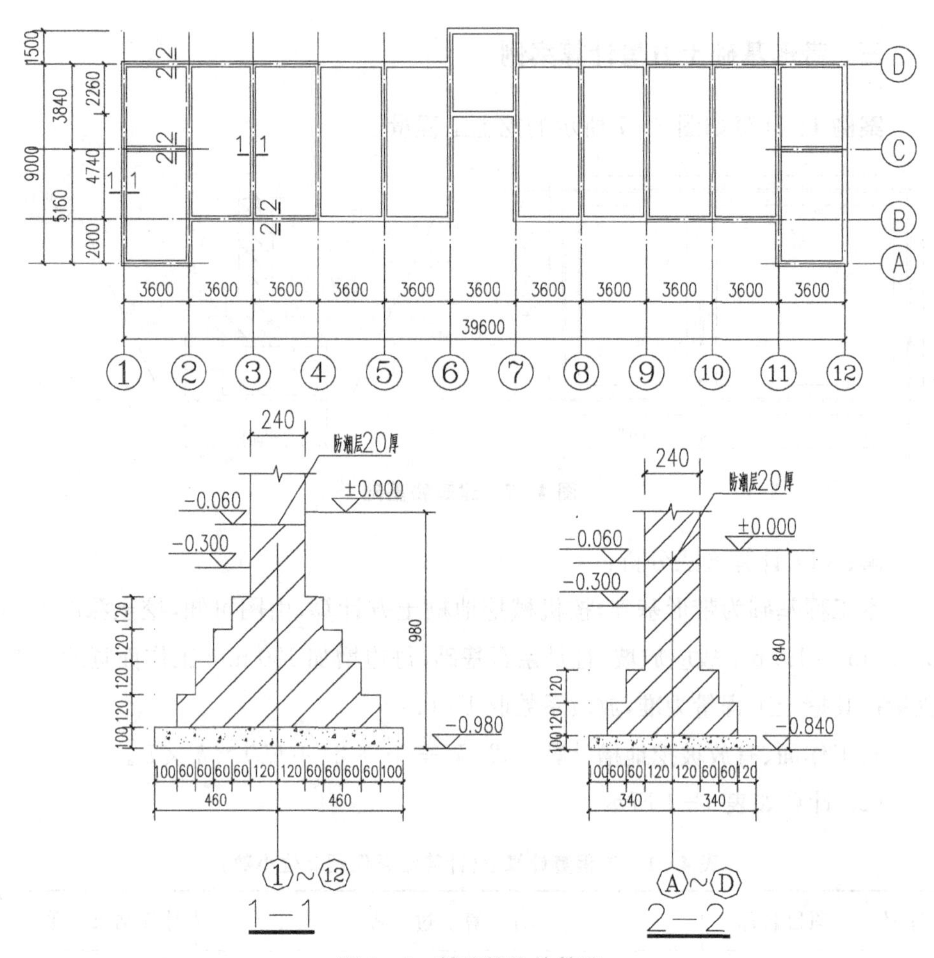

图 4－8 某建筑物的基础

解：(1) 计算分析：

由于本工程轴线较多，地基的尺寸、形状有不同，故计算次序按轴线编号，从左至右，由下而上，基础宽度相同者合并计算。由于两截面的基础深度 $h<1.5$，故挖槽时不放坡，并要考虑垫层支模板需增加的工作面宽度：300 mm。

(2) 计算如表 4－2 所示。

根据地槽施工采用的开挖方式，套用相应的定额子目：01－1－1－16。

表 4 - 2　工程量计算表(计算结果保留 2 位小数)

序号	项目名称	计　算　过　程	计算结果	单位
1	1、12 轴	$V_1 = (0.98-0.3)\times(0.92+0.6)\times9\times2$	18.60	m^3
2	2、11 轴	$V_2 = (0.98-0.3)\times(0.92+0.6)\times(9-0.34)\times2$	17.90	m^3
3	3 - 5、8 - 10 轴	$V_3 = (0.98-0.3)\times(0.92+0.6)\times(7-0.68)\times6$	39.19	m^3
4	6、7 轴	$V_4 = (0.98-0.3)\times(0.92+0.6)\times(7+1.5)\times2$	17.57	m^3
5	横轴 2 - 2 截面	$V_5 = (0.84-0.3)\times(0.68+0.6)\times[39.6\times2-0.92+(3.6-0.92)\times2]$	57.81	m^3
6	地槽工程量	$V = 18.60+17.90+39.19+17.57+57.81$	151.07	m^3

案例 3：计算上题建筑物基础基槽回填土工程量和室内回填土工程量。

注：地面混凝土厚度为 0.085 m。

解：(1) 计算分析：

由于该地槽的挖土工程量已计算出为 151.07 m^3，应先计算混凝土垫层及砖基础的体积，该体积为基础断面面积×计算长度(计算长度和计算地槽的长度相同)，将挖地槽工程量减去此体积即得基础回填土的工程量。

室内回填土量＝室内地坪净面积×室内填土厚度(即室内外地坪差)。

(2) 计算如表 4 - 3 所示。

表 4 - 3　工程量计算表(计算结果保留 2 位小数)

序号	项目名称	计　算　过　程	计算结果	单位
1	地槽挖土量	$V = 151.07$	151.07	m^3
2	垫层体积 剖面 1 - 1	L(垫层) $= 9\times2+(9-0.34)\times2+(7-0.68)\times6+8.5\times2$	90.24	m
		V(垫层) $= 0.1\times0.92\times90.24$	8.30	m^3
	砖基础 剖面 1 - 1	L(砖基础) $= 9\times2+(9-0.12)\times2+(7-0.24)\times6+8.5\times2$	93.32	m
		V(砖基础) $= 0.24\times[(0.98-0.3-0.1)+0.6$(大放脚折加高度)$]\times93.32$	26.43	m^3
3	垫层体积 剖面 2 - 2	L(垫层) $= 39.6\times2-0.92+(3.6-0.92)\times2$	83.64	m
		V(垫层) $= 0.1\times0.68\times83.64$	5.69	m^3

（续表）

序号	项目名称	计算过程	计算结果	单位
3	砖基础剖面 2-2	L(砖基础) = 39.6×2−0.24+(3.6−0.24)×2	85.68	m
		V(砖基础) = 0.24×[(0.84−0.3−0.1)+0.18(大放脚折加高度)]×85.68	12.75	m^3
4	混凝土垫层总和	8.3+5.69	13.99	m^3
5	砖基础总和	26.43+12.75	39.18	m^3
6	回填土量	151.07−13.99−39.18	97.9	m^3
7	室内回填土量	填土厚度 = 0.3−0.085 = 0.215 室内净面积 = [(5.16−0.24)×2+(3.84−0.24)×2+(7−0.24)×8+(3.76−0.24)]×(3.6−0.24)	250.79	m^2
		V(回填土) = 250.79×0.215	53.92	m^3

定额子目：01-1-2-3 回填土。

根据上题对挖地槽、基槽回填土和室内回填等工程量的计算，本工程所需向外部取土的体积为多少？

解：基槽挖出的土：$V = 151.07\ m^3$；

基槽回填的土：$V = 97.9\ m^3$；

室内地面填土：$V = 53.92\ m^3$；

需向外取土：$V = 97.9 + 53.92 - 151.07 = 0.75\ m^3$；

工程需向外取土量为 0.75 m^3。

案例 4：以砌体结构住宅工程为例，计算节选部位带形基础挖土方的工程量，并列出定额子目，如图 4-9 所示。

说明：本工程带形基础梁形式有 3 种，带形基础底标高为−1.950 m，垫层厚为 100 mm，设计室外底地坪标高−0.450 m。由于本工程轴线多，距离较大，故计算 1～5 轴间的带形基础。S～M 轴间 JL1 基础算至 4 轴，M～F 轴间 JL1 基础算至 5 轴。

解：(1) 计算方法分析：

带形基础按地槽计算，由图可知，挖土深度 $h = 1.6\ m > 1.5\ m$，按《定额》规定，进行放坡，放坡系数为 1∶0.5；由于垫层是 C15 混凝土，根据《定额》规定工作面 c 取 300 mm。

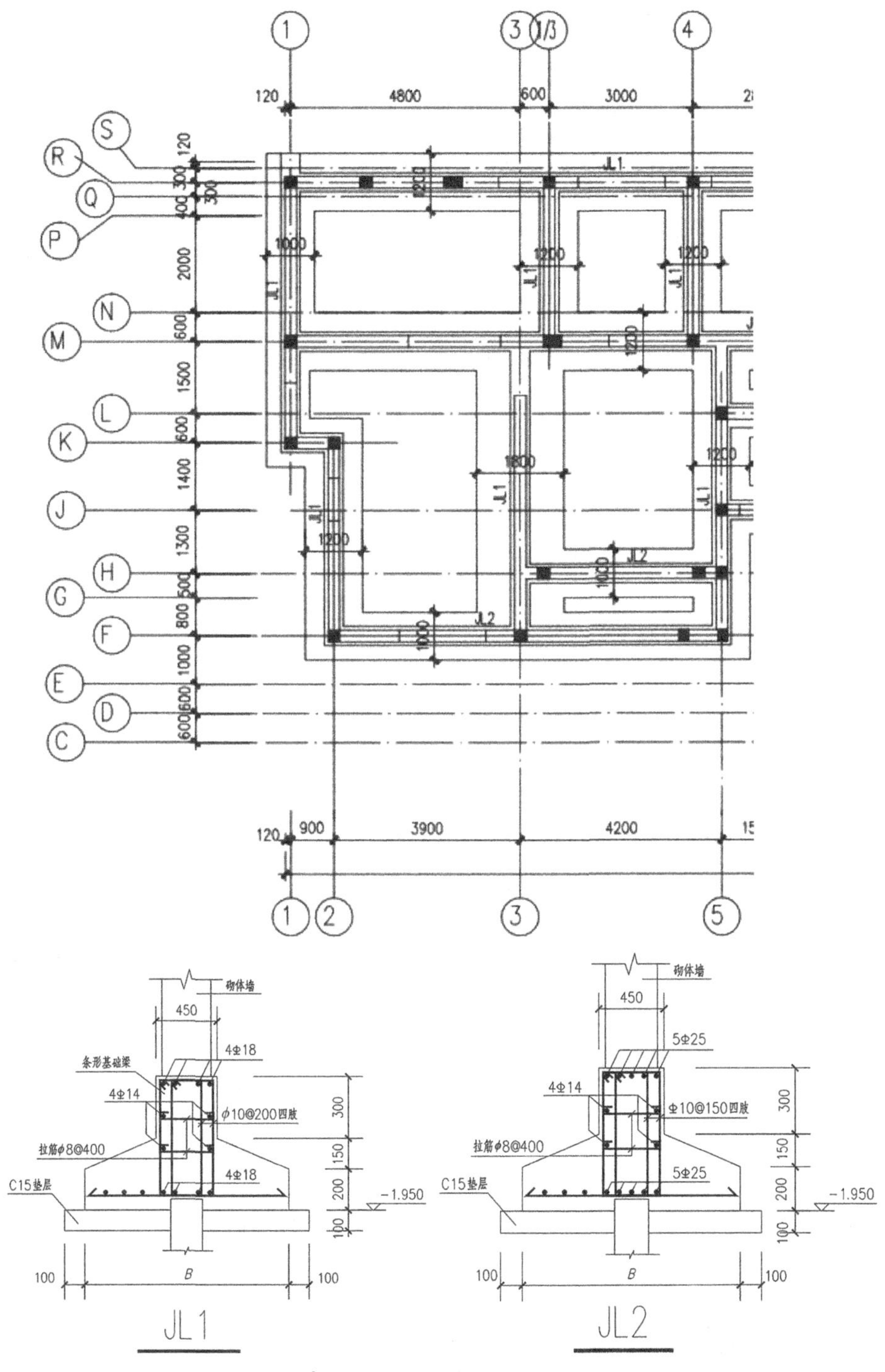
JL1
JL2
砌体墙
450
条形基础梁
4Φ18
4Φ14
φ10@200四肢
拉筋φ8@400
C15垫层
-1.950
5Φ25
Φ10@150四肢

图 4-9　基础工程

有工作面、有放坡挖地槽计算公式：$V=(a+2c+kh)\times h\times L$，$a$ 为基础垫层宽度，k 为放坡坡度。

(2) 计算如表 4-4 所示。

表 4-4 工程量计算表(计算结果保留 2 位小数)

序号	项目名称		计 算 过 程	计算结果	单位
1	土方参数		$h=1.95+0.1-0.45=1.6(\mathrm{m})$；$c=0.3$ m；放坡坡度 $k=0.5$		
2	基础宽 $B=1\,000$	外墙 1 轴	$L=0.6+1.5+0.6+2+0.4+0.3$	5.4	m
		外墙 K 轴	$L=0.9$	0.9	m
			$V=(1+0.2+0.3\times2+0.5\times1.6)\times6.3\times1.6$	26.21	m^3
	基础宽 $B=1\,200$	外墙 2 轴	$L=0.8+0.5+1.3+1.4$	4	m
		外墙 R 轴	$L=4.8+0.6+3$	8.4	
		内墙 1/3 轴、4 轴	$L=[0.6+2+0.4+0.3-(0.6+0.1)\times2]\times2$	3.8	
		5 轴	$L=1.5+0.6+1.4+1.3+0.5+0.8-0.7$	5.4	
			$V=(1.2+0.2+0.3\times2+0.5\times1.6)\times(4+8.4+3.8+5.4)\times1.6$	96.77	m^3
	基础宽 $B=1\,800$	内墙 3 轴	$L=6.1-0.6-0.7$	4.8	m
			$V=(1.8+0.2+0.3\times2+0.5\times1.6)\times4.8\times1.6$	26.11	m^3
	JL1 断面	小计	$26.21+96.77+26.11$	149.09	m^3
3	基础宽 $B=1\,000$	外墙 F 轴	$L=3.9+4.2$	8.1	m
		内墙 H 轴	$L=4.2-1.0-0.7$	2.5	
	基础宽 $B=1\,200$		$V=(1+0.2+0.3\times2+0.5\times1.6)\times(8.1+2.5)\times1.6$	44.1	m^3
		内墙 M 轴	$L=8.4-0.6$	7.8	m
	JL2 断面		$V=(1.2+0.2+0.3\times2+0.5\times1.6)\times7.8\times1.6$	34.95	m^3
		小计	$44.1+34.95$	79.05	m^3
4	带形基础地槽挖土量		$79.05+149.09$	228.14	m^3

定额子目：01-1-1-17，机械挖沟槽。

任务2　带形基础工程计量与计价

一、带形基础概述

带形基础也可称为条形基础，是墙下的长条形基础，或柱和柱间距离较近而连接起来的条形基础。

混凝土带形基础量按定额分为模板、钢筋和混凝土三部分，此处介绍模板、混凝土的计算。

混凝土带形基础分为素混凝土带形基础、钢筋混凝土有梁式和钢筋混凝土无梁式带形基础（见图4-10）。

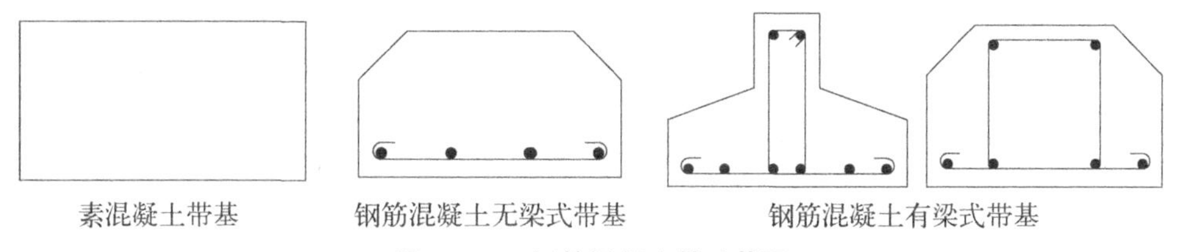

图4-10　钢筋混凝土基础截面

钢筋混凝土有梁式带形基础支模如图4-11所示。

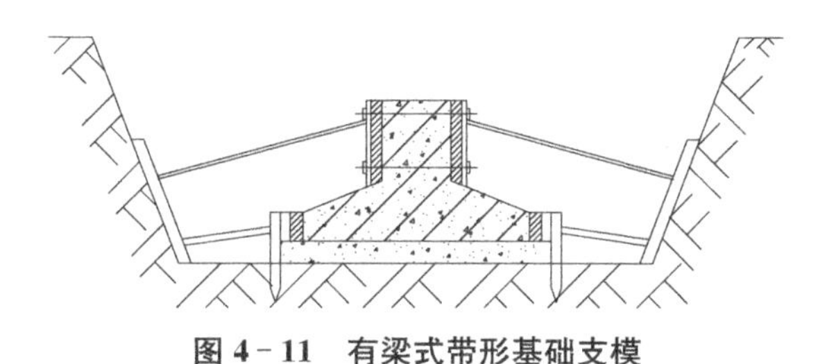

图4-11　有梁式带形基础支模

二、带形基础工程量计算规则

1. 混凝土带形基础量计算

(1) 带形混凝土基础模板计算。

无梁式带形基础模板接触面积＝基础长度×基础高(厚)×2；有梁式带形基

础模板接触面积＝基础长度×(基础厚＋基础梁高)×2＋T 形搭接处梁长×梁高×2。

(2) 混凝土计算式。

带形基础体积＝基础长度×基础断面面积＋T 形接头搭接体积。其长度：外墙按中心线长；内墙按基础底净长计算，应加 T 形接头搭接体积。T 形接头如图 4－12 所示。

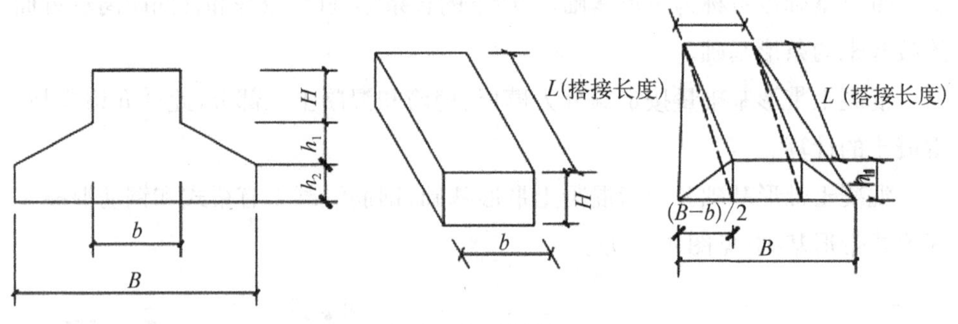

图 4－12　搭接体

有梁式带形基础 T 形接头搭接部分的体积为 $V = V_1 + V_2$。

式中：V_1——T 形接头搭接部分外凸梁的体积，$V_1 = L_{搭} \times b \times H$；

V_2——T 形接头搭接部分楔形体的体积，$V_2 = \frac{L_{搭}\, h_1}{6}(2b + B)$。

(3) 注意事项：

① 若有梁式带形基础的梁未有外凸部分，则 T 形搭接处的体积只有 T 形接头搭接部分的楔形体积。

② 若 $H > 1.2$ m，则扩大顶面以下的基础部分按带形基础子目计算，扩大顶面以上部分按混凝土墙子目计算。

三、带形基础工程量计算案例

案例 1： 已知某工程基础为钢筋混凝土有梁带形基础，基础平面如图 4－13所示，断面如图 4－14 所示。已知 1－1 为外墙基础断面；2－2 为内墙基础断面，根据图纸计算该工程钢筋混凝土有梁基础模板及混凝土工程量。

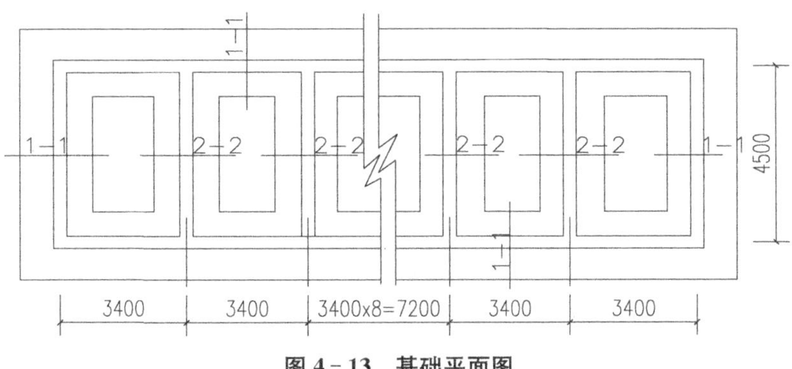

图 4-13 基础平面图

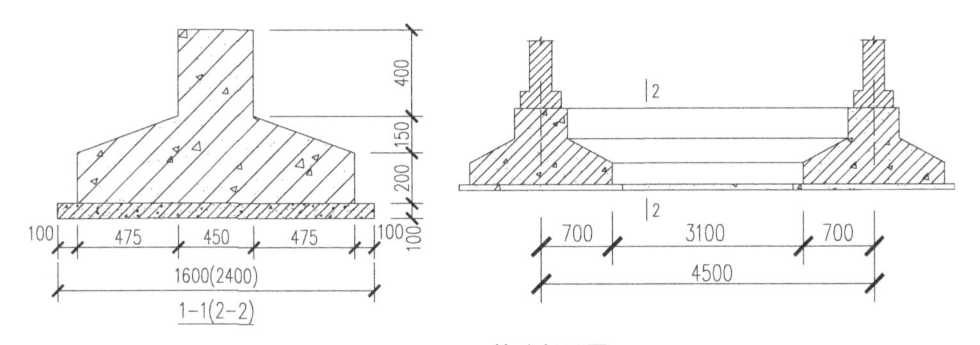

图 4-14 基础断面图

解：(1) 计算分析：

钢筋混凝土带形基础模板主要是侧模，按模板接触面积计算。当计算内墙带形基础模板时，还需增加内外墙带形基础的搭接处模板的工程量，主要为带形基础梁侧模的工程量。

钢筋混凝土带形基础的混凝土量主要为带形基础的体积。体积计算公式为断面面积×基础长度。当计算内墙带形基础体积时，需增加内外墙的 T 形搭接处的体积，该部分体积分为基础梁外凸体积与搭接处楔形体积。

(2) 计算结果如表 4-5 所示。

表 4-5 工程量计算表(计算结果保留 2 位小数)

序号	项目名称	计 算 过 程	计算结果	单位
1	1-1 截面模板	$L_{外} = (3.4 \times 12 + 4.5) \times 2$	90.6	m
		$S_{外} = 90.6 \times (0.2 + 0.4) \times 2$	108.72	m^2

(续表)

序号	项目名称	计 算 过 程	计算结果	单位
1	2-2 截面模板	$L_{内} = (4.5-1.4)\times 11$	34.1	m
		$L_{搭} = (0.7-0.225)\times 2\times 11$	10.45	m
		$S_{内} = 34.1\times(0.2+0.4)\times 2+10.45\times 0.4\times 2$	49.28	m^2
	带形基础模板	108.72+49.28	158	m^2
2	1-1 截面混凝土	$V_{外} = [1.4\times 0.2+(1.4+0.45)/2\times 0.15+0.45\times 0.4]\times 90.6$ $= [0.28+0.139+0.18]\times 90.6$	54.27	m^3
	2-2 截面混凝土	$V_{内} = [2.2\times 0.2+(2.2+0.45)/2\times 0.15+0.45\times 0.4]\times 34.1$ $= [0.44+0.199+0.18]\times 34.1$	27.93	m^3
		$V_{搭梁} = 10.45\times 0.45\times 0.4$	1.88	m^3
		$V_{搭模} = 10.45\times 0.15/6\times(2\times 0.45+2.2)$ $= 10.45\times 0.778 = 0.815$	0.82	m^3
		1.88+0.82	2.70	m^3
	带形基础混凝土	54.27+27.93+2.7	84.90	m^3

案例 2：以砌体结构住宅工程为例，计算节选部位带形基础混凝土的工程量，并列出定额子目(见表 4-7)，具体尺寸如图 4-15 所示。

说明：本工程带形基础梁形式有 3 个尺寸，带形基础底标高为−1.950 m，垫层厚为 100 mm，由于本工程轴线多，距离较大，故计算 1～3 轴间的带形基础混凝土。S～M 轴间 JL1 基础算至 3 轴，M～F 轴间 JL1 基础也算至 3 轴。

解：(1) 计算思路。

由于基础承台的宽度不同，故需按不同的宽度计算。计算时外墙下带形基础模板长按墙中心线计算，内墙带形基础模板长度按基地净长计算，另外增加内外墙带形基础的搭接处模板。计算钢筋混凝土量时，内墙带形基础需增加内外墙带形基础的搭接体积。

当墙长度不同或内墙与外墙两端搭接长度不同时，都需各自计算模板与混凝土量。另外，由于本实例计算到 4、5 轴，故在 4、5 轴纵向上的 T 形搭接模板与混凝土量不再进行计算。

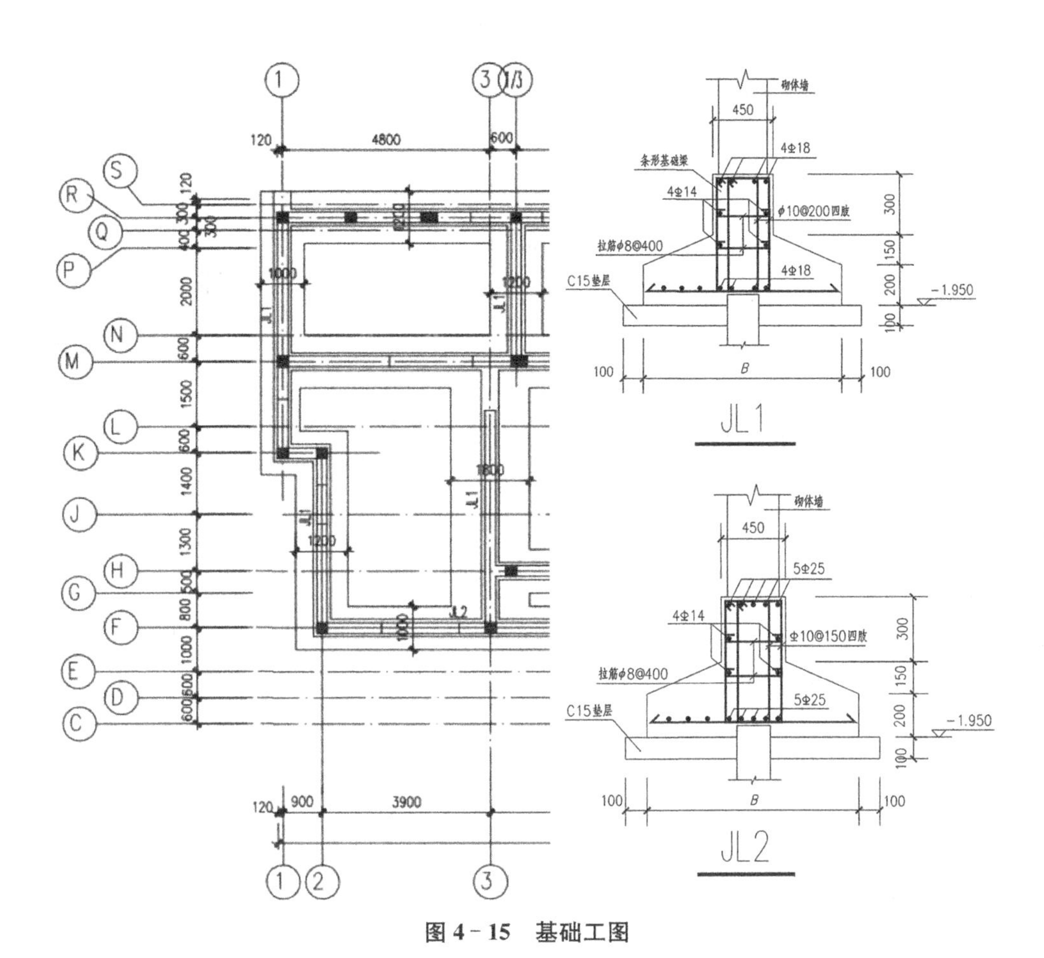

图 4-15　基础工图

(2) 计算如表 4-6 和表 4-7 所示。

表 4-6　工程量计算表(计算结果保留 2 位小数)

序号	项目名称		计算过程	计算结果	单位
1	垫层模板	外墙垫层外侧	$L=4.8+0.6+0.8+0.5+1.3+1.4+0.6+1.5+0.6+2.0+0.4+0.3+0.7+3.9+0.7+0.9$	21	m
		外墙垫层内侧	$L=21-0.6-0.7-0.6-0.7$	18.4	m
		内墙垫层长度	$L=4.8-0.6+4.8-0.6-1.0+1.5+0.6+1.4+1.3+0.5+0.8-0.6-1.2-0.7$	11	m
		模板面积合计	$S=0.1\times(21+18.4+11)$	5.04	m^2

（续表）

序号	项目名称		计算过程	计算结果	单位
2	JL1-1 000模板	外墙1轴、K轴	$L=(5.4+0.9)\times2-1.2-1.2$	10.2	m
		外墙F轴长度	$L=3.9\times2-0.6-0.9$	6.3	m
		模板面积小计	$S=(0.2+0.3)\times(10.2+6.3)$	8.25	m^2
	JL1-1 200模板	基础两侧长度	$L=4.8\times2+(1.4+1.3+0.5+0.8)\times2$	17.6	m
		模板面积小计	$S=(0.2+0.3)\times17.6$	8.8	
	JL2-1 000模板	基础两侧长度	$L=3.9\times2$	7.8	m
		模板面积小计	$S=(0.2+0.3)\times7.8$	3.9	m^2
	M轴上JL2-1 200模板	1～3轴基础模板两侧长度	$L=(4.8-0.5)\times2$	8.6	m
			$S=(0.2+0.3)\times8.6$	4.3	m^2
		搭接处模板	$S_{搭接}=0.3\times(1-0.45)/2\times2$	0.165	m^2
		模板面积小计	$S=4.3+0.165$	4.465	m^2
	JL1-1 800模板	基础两侧长度	$L_{内}=6.1-(0.6+0.7)\times2$	10	m
			$S=(0.2+0.3)\times10$	5	m
		搭接处模板	$S_{搭接}=0.3\times(1-0.45)/2\times2+0.3\times(1.2-0.45)/2\times2$	0.39	m^2
		模板面积小计	$S=5+0.39$	5.39	m^2
3	带形基础模板合计		$8.25+8.8+3.9+4.465+5.39$	30.81	m^2
4	垫层的体积	基础宽 $B=1\,000$	$V=1.2\times0.1\times(3.9+5.4+0.9)$	1.22	m^3
		基础宽 $B=1\,200$	$V=1.4\times0.1\times[4.8+4.8-0.6+6.1]$	2.11	m^3
		基础宽 $B=1\,800$	$V=2.0\times0.1\times(6.1-0.6-0.7)$	0.96	m^3
		垫层合计	$V=1.22+2.11+0.96$	4.29	m^3
5	基础宽1 000混凝土体积	基础截面积	$S=[1\times0.2+(1+0.45)/2\times0.15+0.3\times0.45]$	0.444	m^2
		1轴、K轴、F轴基础体积	$V_1=(0.3+0.4+2.0+0.6+1.5+0.6+0.9+3.9)\times0.444$	4.53	m^3

（续表）

序号	项目名称		计算过程	计算结果	单位
5	基础宽 1 200 混凝土体积	基础截面积	$S=[1.2\times0.2+(1.2+0.45)/2\times0.15+0.3\times0.45]$	0.499	m^2
		R轴、M轴、2轴基础体积	$V=0.499\times(4.8+4.8-0.5+1.4+1.3+0.5+0.8)$	6.54	m^3
		搭接体积	$V_1=0.275\times0.45\times0.3+0.275\times0.15\times(0.45\times2+1.2)/6$	0.05	m^3
		体积小计	$V=6.54+0.05$	6.59	m^3
	基础宽 1 800 混凝土体积	基础截面积	$S=[1.8\times0.2+(1.8+0.45)/2\times0.15+0.45\times0.3]$	0.664	m^2
		3轴基础体积	$V=(1.5+0.6+1.4+1.3+0.5+0.8-0.6-0.5)\times0.664$	3.32	m^3
		搭接体积	$V_1=0.275\times0.45\times0.3+0.275\times0.15\times(0.45\times2+1.8)/6$	0.06	m^3
			$V_2=0.375\times0.45\times0.3+0.375\times0.15\times(0.45\times2+1.8)/6$	0.08	m^3
		体积小计	$V=3.32+0.06+0.08$	3.46	m^3
	基础体积合计		$V=4.53+6.59+3.46$	14.58	m^3

表 4-7　计价定额子目表

序　号	定额编号	项目名称	工程量
1	01-17-2-39	垫层模板	5.04 m^2
2	01-17-2-40	钢筋混凝土带形基础模板	30.81 m^2
3	01-5-1-1	现浇泵送混凝土垫层	4.29 m^3
4	01-5-1-2	现浇泵送混凝土带形基础	14.58 m^3

注：模板采用复合木模。

案例 3： 以砌体结构住宅工程为例（见图 4-9），计算节选部位带形基础砖工程量，并列出定额子目。

说明：本工程带形砖基础无大放脚，带形砖基础底标高为－1.300 m，在底层现浇板下设高度为 360 mm 的圈梁，圈梁顶标高为－0.040 m，计算 1～5 轴间的带形基础混凝土承台。S～M 轴间 JL1 基础算至 4 轴，M～F 轴间 JL1 基础算至 5 轴。

解：(1) 计算分析：

砖基础工程量计算时要清楚砖基础的长度、砖基础的断面面积。而砖基础断面面积与砖基础的高度有关。砖基础计算时，应扣除钢筋混凝土柱、过梁、圈梁等所占体积，故本案例砖基础的高度应扣除圈梁的高度。底层平面图 1～5 轴间的圈梁有 QL2 与 QL4 两种，但该两类圈梁的高度都为 360 mm，故计算砖基础工程量时可统一计算。

本案例砖基础的墙厚度为 240 mm，圈梁下基础墙砖的材质为蒸压灰砂砖，DM M10.0 干混砌筑砂浆；圈梁上墙体为蒸压灰砂多孔砖，DM M10.0 干混砌筑砂浆，所以在计算时砖基础的高度应计算到圈梁的顶标高－0.040 m。

计算砖基础长度时按外墙中心线长度和内墙净长。本案例中由于没有砖基础大放脚，故断面积为墙厚×砖基础高度。

本案例基础中还有构造柱，故对砖基础体积计算后还需扣除构造柱体积。

(2) 计算如表 4－8 所示。

表 4－8　工程量计算表(计算结果保留 2 位小数)

序号	项目名称	计　算　过　程	计算结果	单位
1	砖基础高度	$H=(1.95-0.04-0.65-0.36)$	0.90	m
2	外墙砖基础	$L_{外}=4+0.9+5.4+8.4+8.1$	26.8	m
		$V_1=0.24\times0.9\times26.8$	5.79	m^3
3	内墙砖基础	$L_{内}=(3.06+5.86)\times2+8.16+3.96$	29.96	m
		$V_2=0.24\times0.9\times29.96$	6.47	m^3
	砖基础工程量	$V_3=26.8+7.79$	33.27	m^3
4	构造柱体积	$V_4=0.9\times(0.24\times0.24+0.24\times0.03\times2)\times8+0.9\times(0.24\times0.24+0.24\times0.03\times3)\times6+0.9\times(0.24\times0.36+0.24\times0.03\times3)\times1+0.9\times(0.24\times0.4+0.24\times0.03\times2+0.12\times0.03)\times1$	1.15	m^3
5	砖基础净体积	$33.27-1.15$	32.12	m^3

定额子目：01－4－1－1，砖基础 32.12 m^3。

任务3　砌体结构中钢筋混凝土工程计量与计价

一、砌体结构中混凝土工程量概述

砌体结构中除了承重墙墙体外，还有垂直交通构件楼梯、水平受力构件楼板、结构整体性加固构件，包括构造柱、圈梁、门窗洞口的过梁等钢筋混凝土构件。由于构造柱、圈梁、过梁在施工中和墙体有联系，同框架结构中柱、梁施工不同，故计算方法不同于框架结构中的柱、梁计算。本节主要介绍圈梁、过梁、楼板等混凝土与模板的计算，构造柱计算与模块二中相同，不再重复。

二、砌体结构中混凝土工程计量规则

1. 现浇圈梁与过梁的工程量计算

(1) 模板计算。由于圈梁是放置在墙上的，是两面（侧面）支模板的梁；而过梁是放置在洞口上方的，是三面（两侧及底面）模板的梁，故在计算模板时圈梁、过梁的计算部位需要分清楚，以下为计算公式：

圈梁模板面积=(圈梁高+圈梁高)×圈梁长；

过梁模板面积= 过梁宽×洞口宽度+(过梁高+过梁高)×过梁长。

(2) 混凝土计算：圈梁、过梁的梁体积= 梁长×梁截面面积。

(3) 注意事项：

① 圈梁与过梁相连接，圈梁与过梁应分别计算。其中，过梁长一般按门窗洞口宽加 500 mm(即每边 250 mm)计算。

② 梁模板高度超过 3.6 m 时，超高部分按相应超高子目执行。

2. 现浇楼板的工程量计算

砌体结构中楼板体积按照圈梁间的净面积乘以板厚计算，楼板下的次梁体积并入楼板内计算，不扣除单个面积≤0.3 m^2柱、垛及孔洞所占的体积。

楼板模板按圈梁间的净面积计算，板下次梁的模板工程量并入楼板模板。注意，当高度大于 3.6 m 时，超高部分按相应超高子目执行。

3. 其他有关混凝土构件工程量计算

(1) 现浇钢筋混凝土雨篷、凸阳台(悬挑板)模板按图示外挑部分的水平投影面积计算。挑出墙外的悬挑梁及板边不另行计算。

现浇钢筋混凝土雨篷、凸阳台混凝土均按伸出墙外部分的梁、板体积合并计算。凹进墙内的阳台，按平板计算。

(2) 现浇混凝土台阶。模板按图示尺寸的水平投影面积计算。台阶端头两侧不计算模板面积。台阶两端做成与踏步沿齐平的斜面挡墙称为梯带，台阶两边直立的墙称台阶挡墙（翼墙）。台阶梯带与挡墙均不包括在台阶中。

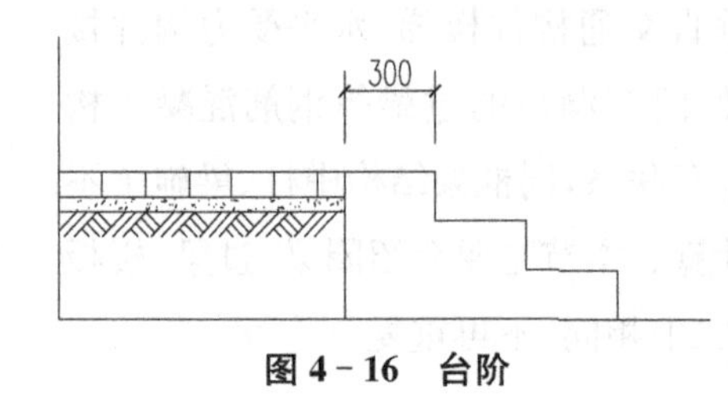

图 4-16 台阶

台阶混凝土工程量按水平投影面积计算。注意，模板、混凝土工程量计算中，台阶与平台连接时，以最上层踏步外沿加 300 mm 为界，如图 4-16 所示。

三、砌体结构中钢筋混凝土工程计算案例

案例 1： 如图 4-17 所示，求现浇混凝土圈梁工程量并列出定额子目。

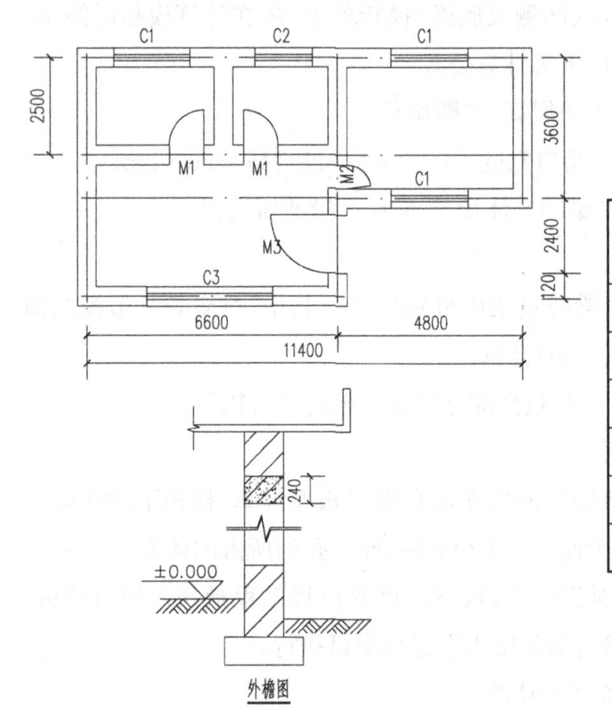

图 4-17 某建筑物

序号	门窗编号	尺寸 (b mm×h mm)
1	C1	2 000×1 500
2	C2	1 500×1 500
3	C3	3 300×1 500
4	M1	900×2 000
5	M2	900×2 400
6	M3	1 500×2 400

墙厚 240 mm，墙上均设圈梁，且圈梁放置在门窗洞口上，在门窗洞口处兼做过梁。

解：（1）计算分析：

圈梁兼做过梁的，计算时，圈梁与过梁应分别计算。过梁长一般按门窗洞口宽加 500 mm（即每边 250 mm）计算。本题由于圈梁在洞口处兼做过梁，需将洞口处的圈梁按过梁计算，套用相应的定额，该段圈梁的模板与混凝土量需在圈梁计算中扣除。

（2）计算及定额如表 4-9 和表 4-10 所示。

表 4-9　工程量计算表（计算结果保留 2 位小数）

序号	项目名称	计　算　过　程	计算结果	单位
1	过梁模板	底模：$S_1=(3.3+1.5+2\times3+0.9\times3+1.5)\times0.24$	3.6	m^2
		侧模：$S_2=[(3.3+0.5)+(1.5+0.5)+(2+0.5)\times3+(0.9+0.5)\times3+(1.5+0.5)]\times0.24\times2$	9.36	m^2
		$S_{过}=3.6+9.36$	12.96	m^2
2	圈梁模板	$S_{圈}=[(11.4+6.12)\times2+6.6+3.6+2.5]\times0.24\times2-9.36$	13.56	m^2
3	过梁混凝土	$V_{过}=[(3.3+0.5)+(1.5+0.5)+(2+0.5)\times3+(0.9+0.5)\times3+(1.5+0.5)]\times0.24\times0.24$	1.12	m^3
4	圈梁混凝土	$V_{圈}=[(11.4+6.12)\times2+6.6+3.6+2.5]\times0.24\times0.24-1.12$	1.63	m^3

表 4-10　计价定额子目表

序　号	定 额 编 号	项 目 名 称	工 程 量
1	01-17-2-65	过梁模板	12.96 m^2
2	01-17-2-64	圈梁模板	13.56 m^2
3	01-5-3-5	现浇混凝土过梁	1.12 m^3
4	01-5-3-4	现浇混凝土圈梁	1.63 m^3

若圈梁仍然兼做过梁，但在门窗洞口处搁置的位置发生了变化，如图 4-18 所示，故需计算圈梁的模板、混凝土工程量。

解：（1）计算分析：

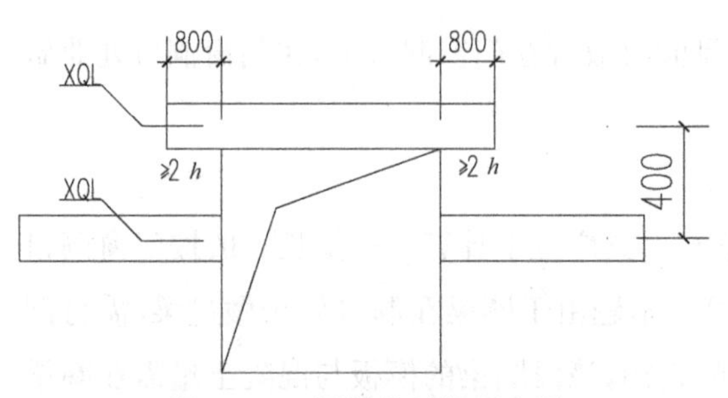

图 4-18　圈梁兼过梁示意图

由于圈梁在门窗洞口兼做过梁，所以计算时应按过梁与圈梁分别计算，但根据洞口处圈梁兼过梁示意图可知洞口处圈梁搁置位置不同，在计算工程量时可分别计算，不需进行扣减。

(2) 计算如表 4-11 所示。

表 4-11　工程量计算表(计算结果保留 2 位小数)

序号	项目名称	计 算 过 程	计算结果	单位
1	过梁模板	$S_{过}=[(3.3+1.6)+(1.5+1.6)\times2+(2+1.6)\times3+(0.9+1.6)\times3]\times0.24\times2+(3.3+1.5\times2+2\times3+0.9\times3)\times0.24$	17.71	m^2
2	圈梁模板	$S_{圈}=[(11.4+6.12)\times2+6.6+3.6+2.5-2\times3-1.5\times2-3.3-0.9\times3]\times0.24\times2$	15.72	m^2
3	过梁混凝土	$V_{过}=[(3.3+1.6)+(1.5+1.6)\times2+(2+1.6)\times3+(0.9+1.6)\times3]\times0.24\times0.24$	1.69	m^3
4	圈梁混凝土	$V_{圈}=[(11.4+6.12)\times2+6.6+3.6+2.5-2\times3-1.5\times2-3.3-0.9\times3]\times0.24\times0.24$	1.89	m^3

案例 2：如图 4-19 所示，计算带翻沿的雨篷模板与混凝土工程量时，并列定额子目。

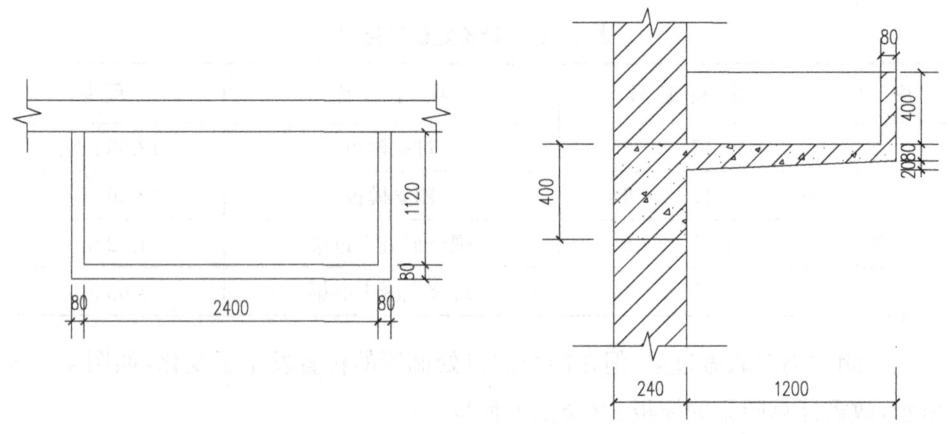

图 4-19　雨篷

雨篷梁长为门洞洞口宽度加 500 mm，洞口宽度为 2.4 m。

解： 计算如表 4－12 和表 4－13 所示。

表 4－12 工程量计算表（计算结果保留 2 位小数）

序号	项目名称	计 算 过 程	计算结果	单位
1	雨篷模板	$S = 1.2 \times (2.4 + 0.16)$	3.07	m^2
2	雨篷混凝土	$V = [1/2 \times (0.1 + 0.08) \times 1.2 \times 2.56] + 0.08 \times 0.4 \times [(1.12 + 0.04) \times 2 + 2.4 + 0.08]$	0.43	m^3

表 4－13 计价定额子目表

序 号	定 额 编 号	项 目 名 称	工 程 量
1	01－17－2－88	雨篷模板	3.07 m^2
2	01－5－5－8	现浇混凝土雨篷	0.43 m^3

案例 3： 以砌体结构住宅工程为例，计算底层节选部位圈梁、过梁的模板与混凝土工程量时，应并列出定额子目。

说明：底层节选部位的圈梁高度均为 $h = 360$ mm；每层层高为 2.8 m；根据建筑立面图可知每层窗的顶标高一致，其标高相对于地面高度为 2.4 m。有关门窗信息如表 4－14 所示、其他如图 4－20～图 4－22 所示。

表 4－14 门窗表 单位：mm

序号	门窗编号	尺寸 ($b \times h$)	序号	门窗编号	尺寸 ($b \times h$)
1	M－2	700×800	5	C－3	900×1 400
2	M－3	1 000×2 100	6	C－6	1 500×1 400
3	MC－2	3 000×2 400	7	C－9	1 800×2 300
4	C－1	750×1 400			

解：（1）计算分析：

圈梁底标高 $H = 2.8 - 0.36 = 2.44$（m），而各类窗洞顶相对于楼面高度为 2.4 m，根据结构说明，窗洞顶与圈梁底之间的垂直距离为 40 mm＜240 mm，窗洞上不单独设置过梁，用 $h = 0.36 + 0.04 = 0.4$（m）的圈梁代替；MC－2 门洞顶标高 2.4 m，其与窗洞一致，用 400 mm 的圈梁代替过梁；对于 M－2 和 M－3 其门洞顶距离圈梁底距离＞240 mm，故上方设置过梁，过梁高度根据门洞大小查表

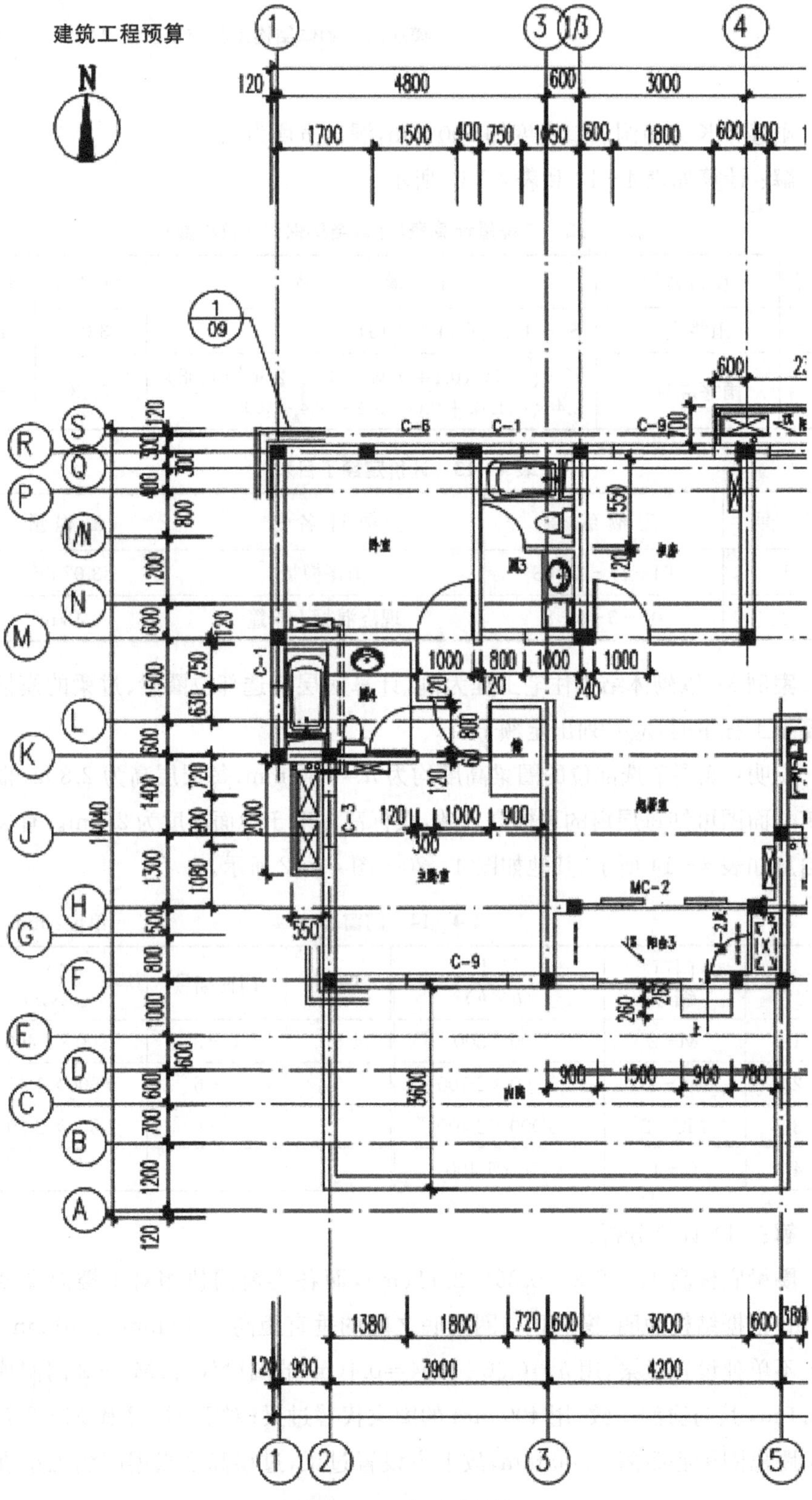

图 4－20 底层平面图

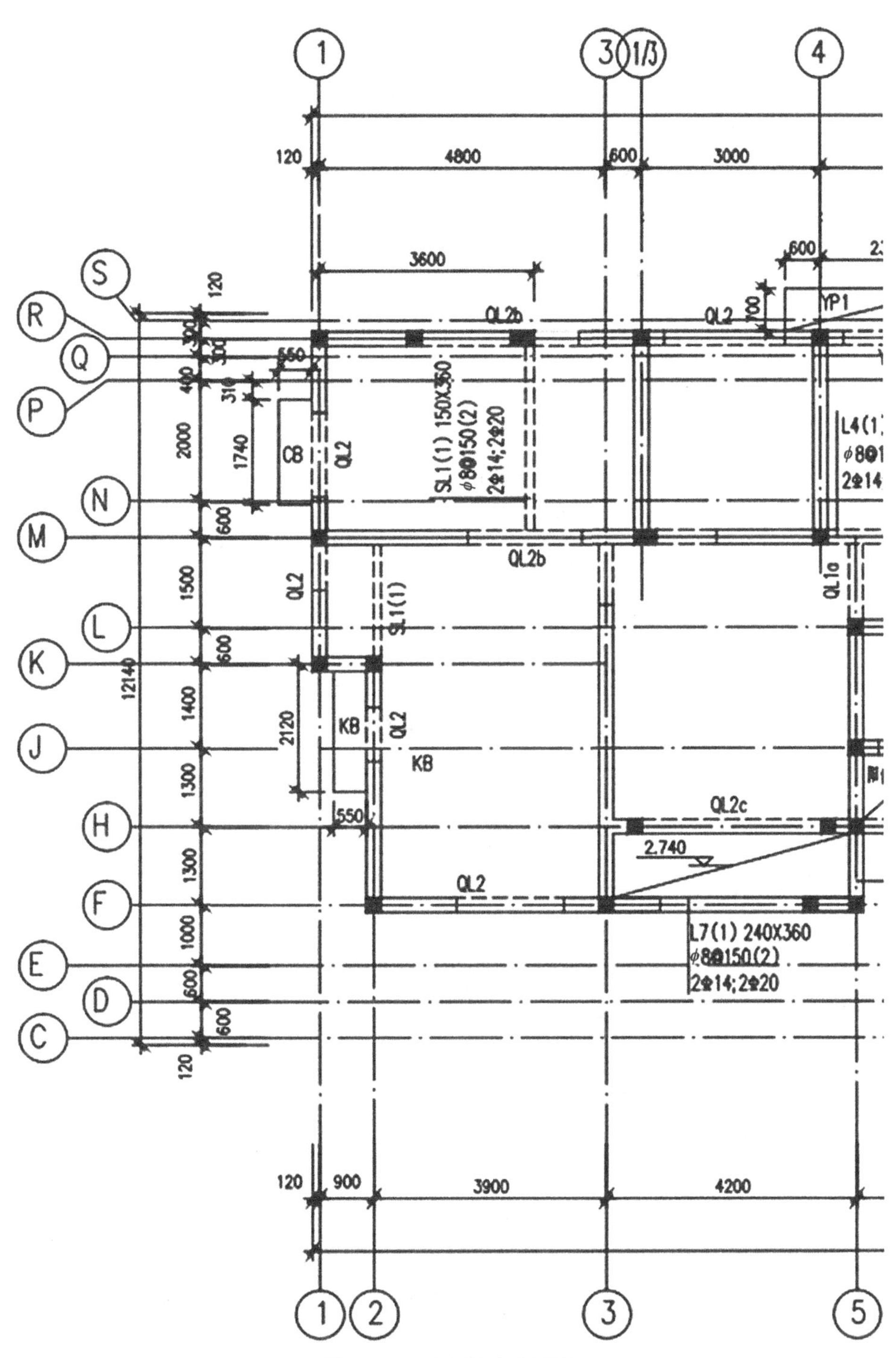

图 4－21　二层结构平面图

确定。M－2 门洞上过梁长 700＋500＝1 200(mm)，h＝120 mm；M－3 门洞上过梁长 1 500 mm，h＝150 mm。

过梁配筋详图如图 4－22 所示。

(1) 填充墙上的门窗过梁除注明者外，截面及配筋按过梁断面及配筋表选用，过梁混凝土为 C25。

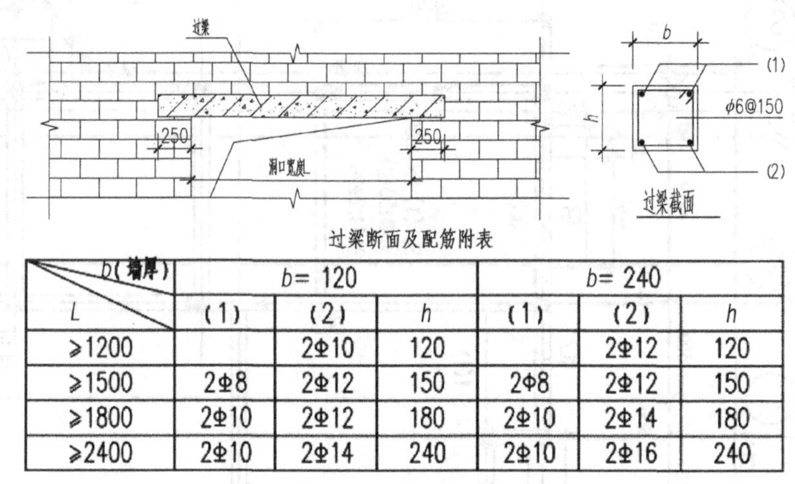

b(墙厚) / L	b= 120			b= 240		
	(1)	(2)	h	(1)	(2)	h
≥1200		2Φ10	120		2Φ12	120
≥1500	2Φ8	2Φ12	150	2Φ8	2Φ12	150
≥1800	2Φ10	2Φ12	180	2Φ10	2Φ14	180
≥2400	2Φ10	2Φ14	240	2Φ10	2Φ16	240

图 4－22　过梁说明

由于构造柱按总高计算，圈梁计算时需扣除柱子的量；3 轴、5 轴上过道下无墙，故走道圈梁需增加底模板。根据底层结构平面图可知圈梁 QL4 模板计算与 QL2 相同，与混凝土量计算却不同，故计算混凝土量时需进行分别计算。

(2) 计算及定额如表 4－15 和表 4－16 所示。

表 4－15　工程量计算表(计算结果保留 2 位小数)

序号	项目名称	计 算 过 程	计算结果	单位
1	M－2 过梁模板	$S_1=(1.2\times0.12\times2+0.24\times0.7)\times3$	1.368	m^2
2	M－3 过梁模板	$S_2=(1.5\times0.15\times2+0.24\times1)\times2$	1.38	m^2
3	MC－2 过梁模板	$S_3=(3+0.5)\times0.4\times2+0.24\times3$	3.52	m^2
4	窗过梁模板	$S_4=[(1.5+0.5)+(0.75+0.5)\times2+(1.8+0.5)\times2+(0.9+0.5)]\times0.4\times2+(1.5+0.75\times2+1.8\times2+0.9)\times0.24$	10.2	m^2
	过梁模板	$1.368+1.38+3.52+10.2$	16.47	m^2

（续表）

序号	项目名称	计　算　过　程	计算结果	单位
5	圈梁模板	$S=\{8.4\times2+9.7+0.9+8.1+6.1\times2+3.6\times2+3.9+4.2-3.5-[(1.5+0.5)+(0.75+0.5)\times2+(1.8+0.5)\times2+(0.9+0.5)]-0.24\times17-0.4-0.36\}\times0.36\times2+2.62\times0.24$	32.83	m^2
6	过梁混凝土	$V_{过}=0.12\times0.24\times1.2\times3+0.15\times0.24\times1.5\times2+3.5\times0.4\times0.24+[(1.5+0.5)+(0.75+0.5)\times2+(1.8+0.5)\times2+(0.9+0.5)]\times0.4\times0.24$	1.55	m^3
7	圈梁混凝土	$V_{QL2}=(3-0.24+3-0.36+5.4-0.48+4.8-0.48+8.1-0.72+6.1-0.96+2.1+4.2-0.6)\times0.24\times0.36=2.84$ $V_{QL4}=(4.52+5.16+3.06\times2+3.76\times2)\times(0.24\times0.36-0.14\times0.12)=1.62$ $V_{圈}=2.84+1.62$	4.46	m^3

表 4-16　计价定额子目表

序　号	定 额 编 号	项 目 名 称	工 程 量
1	01-17-2-65	过梁模板	16.47 m^2
2	01-17-2-64	圈梁模板	32.83 m^2
3	01-5-3-4	现浇混凝土圈梁	4.46 m^3
4	01-5-3-5	现浇混凝土过梁	1.55 m^3

案例 4：以砌体结构住宅工程图纸为例（见图 4-23），计算二层节选部位楼面板的模板与混凝土工程量，并列出定额子目。

说明：节选 1～1/3 轴与 M～R 轴之间的现浇楼板，板厚为 120 mm，SL1 梁截面尺寸为 150 mm×360 mm。

解：(1) 计算分析：

节选的楼板为有梁板，其模板与混凝土计算时需合并计算板和梁的工程量。计算工程量时，板四周与圈梁连接，故板的长、宽以圈梁间净长计算。

(2) 计算及计价定额如表 4-17 和表 4-18 所示。

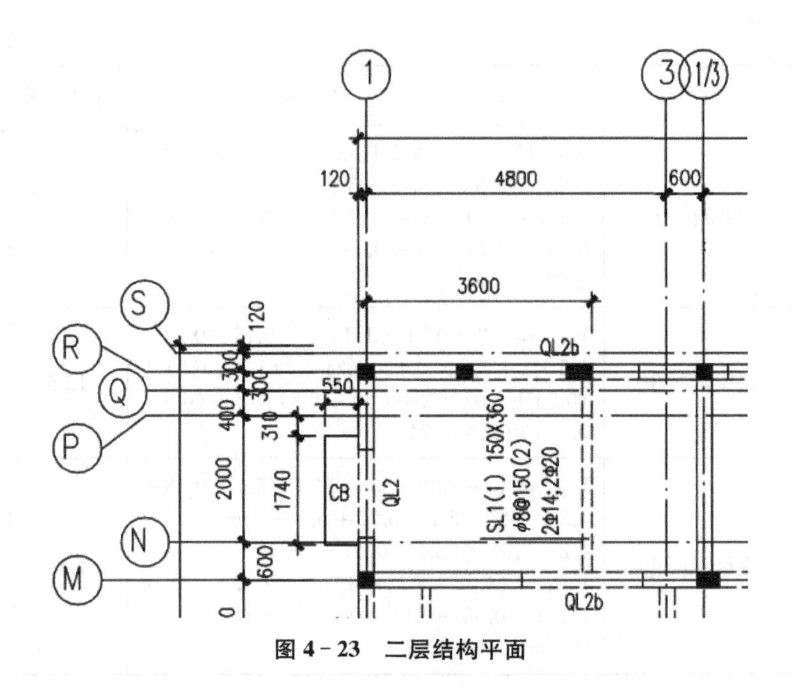

图 4-23 二层结构平面

表 4-17 工程量计算表(计算结果保留 2 位小数)

序号	项目名称	计 算 过 程	计算结果	单位
1	楼板模板	$S=(4.8+0.6-0.24)\times(0.6+2.0+0.4+0.3-0.24)+(0.35-0.12)\times(0.6+2.0+0.4+0.3-0.24)\times 2$	17.20	m^2
2	楼板混凝土	$V=0.12\times(4.8+0.6-0.24)\times(0.6+2.0+0.4+0.3-0.24)+0.24\times0.15\times(0.6+2.0+0.4+0.3-0.24)$	2.0	m^3

表 4-18 计价定额子目表

序 号	定 额 编 号	项 目 名 称	工 程 量
1	01-17-2-74	有梁板复合模板	17.20 m^2
2	01-5-5-1	现浇泵送混凝土有梁板	2.0 m^3

案例 5:以砌体结构住宅工程图纸为例,按节选出的图纸(见图 4-24),计算底层阳台模板及混凝土工程量,并列定额子目。阳台弧形半径为 5 630 mm,阳台板厚 100 mm。

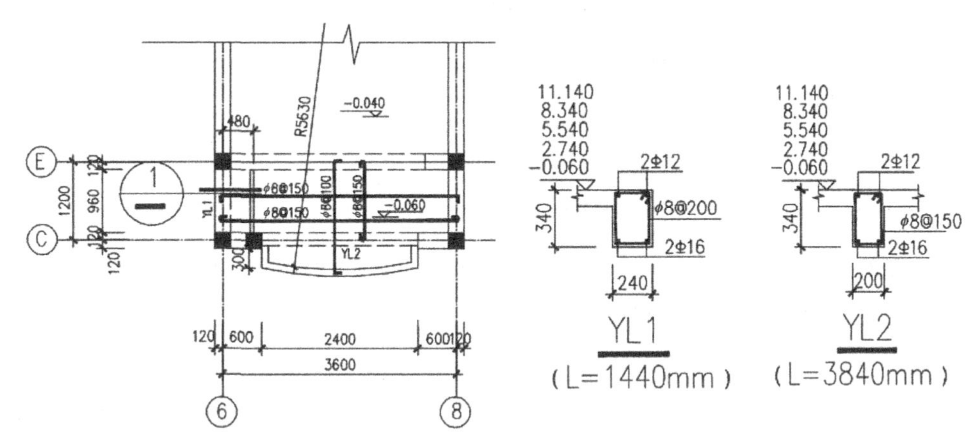

图 4-24　底层阳台平面

解：(1) 计算分析：

阳台模板工程量为外挑部分水平投影面积，悬挑梁模板不需计算；阳台混凝土体积按梁、板体积之和计算。该阳台板由矩形板与弧段板组合而成，扇形面积 $=0.5\times L\times R$（L：弧长；R：半径），弧形板的面积＝扇形面积－三角形面积。弧长可以通过弦长与半径计算圆心角求得。阳台中柱子需按柱规则另行计算模板和混凝土体积，本题不考虑。

(2) 计算及定额如表 4-19 和表 4-20 所示。

表 4-19　工程量计算表（计算结果保留 2 位小数）

序号	项目名称	计　算　过　程	计算结果	单位
1	阳台模板	$L=2\arcsin(1.2/5.63)\times\pi/180\times5.63$ $=2.418$ $S_{弧}=0.5\times2.418\times5.63-1.2/\tan12.307\times2.4\times0.5=0.21$ $S_{矩}=1.2\times3.6+0.3\times2.4=5.04$ $S_{阳台}=0.21+5.04$	5.25	m^2
3	阳台混凝土	$V=5.25\times0.1$	0.53	m^3
4	阳台梁混凝土	$V=0.24\times0.24\times1.44(YL1)+0.24\times0.2\times3.84(YL2)$	0.27	m^3
5	阳台混凝土	$V=0.53+0.27$	0.8	m^3

表 4-20　计价定额子目表

序　号	定额编号	项目名称	工程量
1	01-17-2-89	有梁阳台复合模板	5.25 m^2
2	01-5-5-9	现浇泵送混凝土阳台	0.8 m^3

案例 6： 以砌体结构住宅工程图纸为例，按节选出的平面图和详图(见图 4-25)计算混凝土台阶模板、混凝土工程量，并列定额子目。

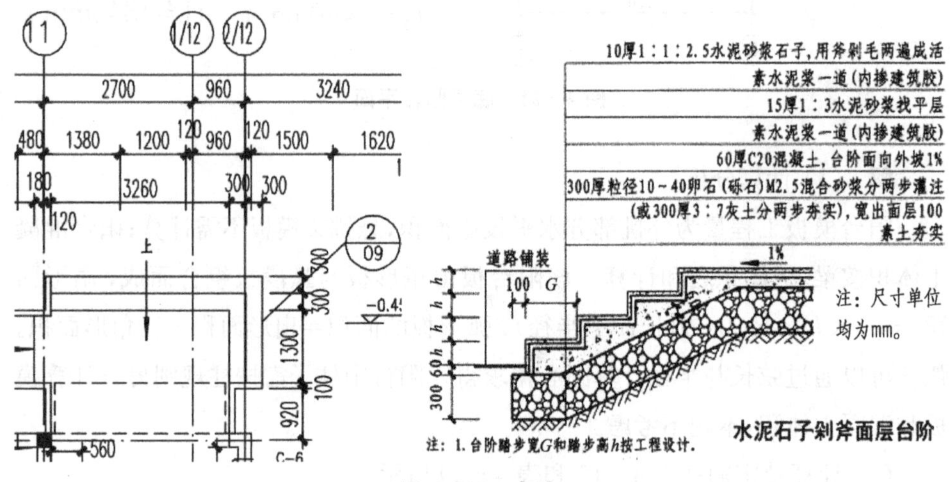

图 4-25　台阶

解：(1) 计算分析：

按台阶计算规则，模板按图示尺寸的水平投影面积计算。台阶端头两侧不计算模板面积。台阶梯带与挡墙均不包括在台阶中。混凝土工程量按水平投影面积计算。台阶与平台连接时，以最上层踏步外沿加 300 mm 为界。

(2) 计算：工程量计算及定额子目如表 4-21 和表 4-22 所示。

表 4-21　工程量计算表(计算结果保留 2 位小数)

序号	项目名称	计　算　过　程	计算结果	单位
1	台阶计算参数	台阶投影宽度：900 mm		
2	台阶水平投影面积	$S=0.9\times[(2.7+0.96+0.3-0.12)+(1.3-0.3)]$	4.36	m^2

表 4-22 计价定额子目表

序 号	定额编号	项目名称	工程量
1	01-17-2-99	台阶复合模板	4.36 m^2
2	01-5-7-7	现浇非泵送混凝土台阶	4.36 m^2

任务 4 砌筑工程计量与计价

砌体结构砌筑工程主要是承重砖墙，其结构由砖砌基础、墙体、构造柱、圈梁、过梁等组成。砌筑构件工程量的计算方法与框架结构工程、剪力墙结构工程的砌筑工程量的计算有所区别，以下主要介绍砌体结构工程中的砌筑构件工程量计算。

一、砌筑基础

砌体结构住宅案例工程的砌筑基础是地圈梁以下的条形砌筑基础。其工程量计算在模块四的任务 2 内容中已作介绍，此处不再重复。

二、砌筑墙体

1. 墙体概述

本节介绍的墙体是指用砖或其他砌块砌成的能承受楼板、屋顶重量的承重墙。在砌体结构中，砌筑的墙体多为承重墙，而在框架结构、剪力墙结构等其他建筑结构形式中，砌筑的墙体多为填充墙。砌筑的承重墙和填充墙在结构功能上作用不同，在工程量计算方法上也有所区别。

2. 砌体结构墙体计算规则

(1) 工程量计算。砖砌墙体按设计图示尺寸以体积计算，但需扣除门窗、洞口、嵌入墙内的钢筋混凝土、柱、梁、板、圈梁、挑梁、过梁、凹进墙内的壁龛、管槽、暖气槽、消火栓箱等所占体积，不扣除梁头、板头、檩条、垫木、木楞头、沿缘木、木砖、门窗走头、砖墙内加固钢筋、木筋、铁件、钢管及单个面积≤0.3 m^{2}的孔洞所占体积。凸出墙面的腰线、挑檐、压顶、窗台线、虎头砖、门窗套的体积亦不增加。凸出墙面的砖垛并入墙体体积内计算。

砌筑墙体计算公式如下：

V＝墙厚×(墙长×墙高－应扣面积)－应扣构件所占的体积(构造柱、圈梁、过梁等)。

墙长：外墙按中心线，内墙按净长线计算；

外墙墙高：有钢筋混凝土楼板者算至板顶，平屋顶算至钢筋混凝土板顶；

内墙墙高：有钢筋混凝土楼板者算至板顶；

墙厚：蒸压灰砂砖、蒸压灰砂多孔砖的计算厚度参考模块二任务6中表2-17，使用非标准砖时，其砌体厚度应按砖实际规格和设计厚度计算。

(2) 砌筑墙体定额注意事项：墙体计算及计价定额应用注意事项与模块二任务6中相同，此处不再重复。

三、砌筑工程案例

案例：以砌体结构住宅工程为例，计算底层节选图中卧室的墙体工程量并列定额子目，如图4-26所示。底层楼板面圈梁布置如图4-21所示。该层层高为2.8 m，地圈梁(标高－0.040 m)下为蒸压灰砂砖，地圈梁上墙体为蒸压灰砂

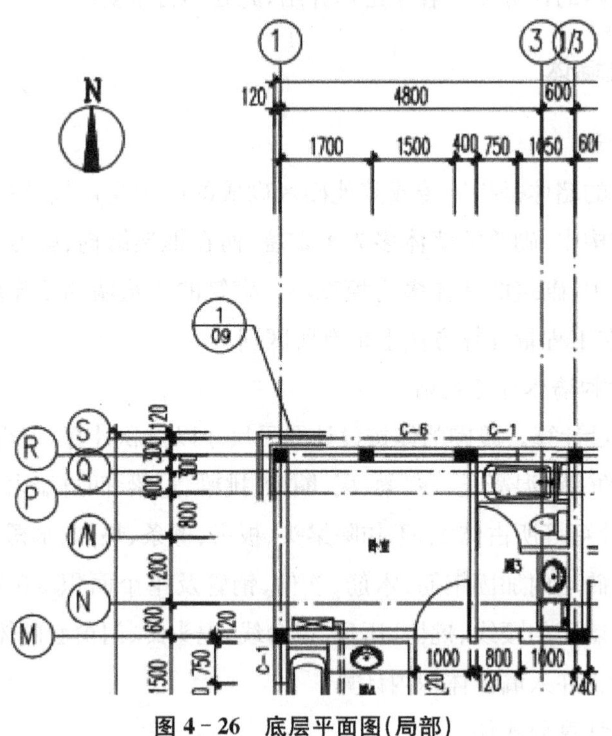

图4-26　底层平面图(局部)

多孔砖，DM M5.0为干混砌筑砂浆。楼板厚120 mm，圈梁高360 mm，门窗尺寸如表4-23所示。C-6的窗台高度为1 m。

表4-23　门窗洞口表

序　　号	门窗编号	尺寸/mm($b\times h$)
1	内墙卧室门	1 000×2 100
2	C-6	1 500×1 400

解：(1) 计算分析：

墙体的工程量计算主要是确定墙体的长度、高度与厚度。本案例地圈梁下与地圈梁上砌筑用材料不同，所以墙体高度从地圈梁顶面(标高－0.040 m)开始计算，计算时内墙中除了1砖墙外，还有半砖隔墙，故需按不同的厚度分别计算，同一砖规格套用同一定额。

本案例240 mm厚墙上(除120 mm厚隔墙外)都有圈梁，圈梁尺寸均为240 mm×360 mm，120 mm厚墙上梁为SL1(150 mm×360 mm)。墙内构造柱有240 mm×240 mm、240 mm×400 mm两种。

240 mm厚墙高＝层高－梁高，120 mm厚墙高＝层高－梁高。

外墙长度按照中心线长，内墙长度按净长。

墙体工程量应扣除门窗洞口、圈梁、过梁及构造柱所占体积，根据层高、窗台高可知C-6上面没有单独过梁，按设计要求，卧室门上过梁按240 mm×120 mm计算，长度为门洞宽加500 mm。

(2) 计算如表4-24和表4-25所示。

表4-24　工程量计算表(计算结果保留2位小数)

序号	项目名称	计　算　过　程	计算结果	单位
1	门窗面积	$S_{C6}=1.5\times1.4$	2.1	m^2
		$S_{卧室门}=1.0\times2.1$	2.1	m^2
2	240 mm厚墙面积	墙高 $=2.8+0.04-0.36=2.48$ $S_{240}=(0.12+0.6+1.2+0.8+0.4+0.3+1.7+1.5+0.4+4.8-1.8-0.24)\times2.48$	24.26	m^2
3	120 mm厚墙面积	$S_{120}=(0.6+1.2+0.8+0.4+0.3-0.12+0.12)\times2.48$	8.18	m^2

(续表)

序号	项目名称	计 算 过 程	计算结果	单位
4	构造柱体积	$V_1 = 2.48\times(0.24\times0.24+0.24\times0.03\times2)\times2 = 0.36$ $V_2 = 2.48\times(0.24\times0.24+0.24\times0.03\times3)\times1 = 0.20$ $V_3 = 2.48\times(0.24\times0.40+0.24\times0.03\times2+0.12\times0.03)\times1 = 0.28$ $V_总 = 0.36+0.2+0.28$	0.84	m^3
5	过梁体积	$V_4 = 0.24\times0.12\times(1.0+0.5)$	0.04	m^3
6	240 mm 厚墙体积	$V_5 = (24.26-2.1-2.1)\times0.24-0.84-0.04$	3.93	m^3
7	120 mm 厚墙体积	$V_6 = 8.18\times0.115$	0.94	m^3

表 4-25　计价定额子目表

序　号	定 额 编 号	项 目 名 称	工 程 量
1	01-4-1-8	多孔砖 1 砖墙	3.93 m^3
2	01-4-1-7	多孔砖 1/2 砖墙	0.94 m^3

模块五　钢结构工程施工图预算的编制

1. 案例工程项目概况

本工程为20万锭棉纺纱厂单层钢结构仓库，建筑面积为999.17 m^2，建筑檐高为6.700 m。墙体材料：240 mm厚，防潮层以下采用MU15混凝土砖；防潮层以上采用MU10混凝土多孔砖M7.5水泥砂浆砌筑；3.0标高以上采用彩钢板。屋面采用压型彩钢板（内含离心玻璃棉毡，厚度为100 mm的面毡，下面贴进口特强防潮防腐蚀贴面）。

2. 工程图纸

本项目的工程图纸包括图纸目录、设计说明、建筑图、结构图，请参见与本教材配套的具体工程案例图纸。

3. 学习目标

要求依据《建筑工程建筑面积计算规范》（GB/T50353—2013）、《定额》、《混凝土结构施工图平面整体表示方法制图规则和构造详图》16G101系列图集等计算本工程的工程量，并套用计价定额。

任务1　独立基础土方工程计量与计价

一、独立基础土方工程概述

独立基础土方工程系建筑土方工程中一种基础挖土形式，土方体积应按挖掘前的天然密实体积计算，需按天然密实体积折算时，则按模块一中表2-1的折算系数进行计算。

基坑挖土方按清单规则计算时应以独立基础底面积乘以高度，有垫层的按照垫层面积计算，不考虑放坡、工作面等。

基坑挖土方按定额规则计算时，如有工作面、放坡，土方体积需要考虑工作面、放坡增加的体积。

二、独立基础土方工程定额规则

（1）土方体积按挖掘前的天然密实体积计算。

（2）挖土一律以室外地坪标高或交付施工场地标高为准，当交付施工场地标高与设计室外地坪标准不同时，应以交付施工场地标高为准。

（3）计算挖基坑土方工程量时，需要放坡时，放坡系数按模块一中表 2-2 规定执行。

基础施工需要工作面按模块一中表 2-3 规定执行。

计算公式：

（1）方形基坑体积（见图 5-1）：$V=(A+2C+KH)(L+2C+KH)H+K^2H^3/3$（有工作面、有放坡）。

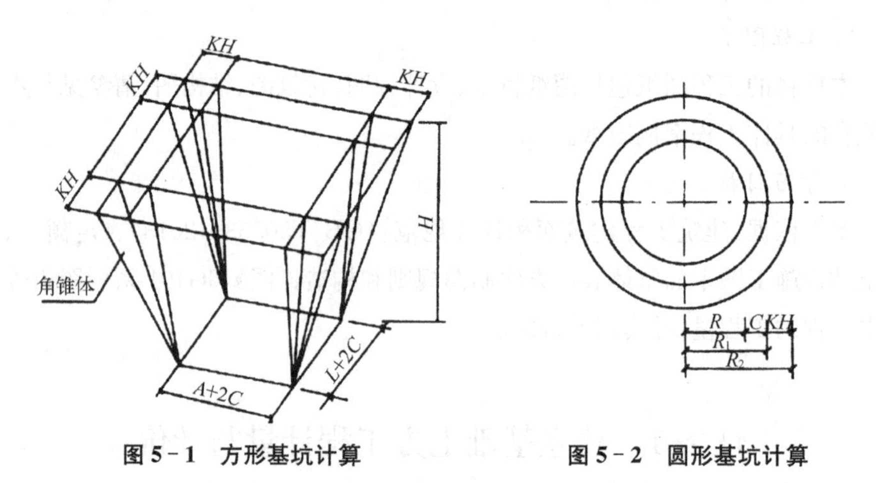

图 5-1　方形基坑计算　　　　图 5-2　圆形基坑计算

（2）圆形基坑体积（见图 5-2）：$V=\pi H[(R+C)^2+(R+C)(R+C+KH)+(R+C+KH)^2]/3$（有工作面、有放坡）。

式中：A、L 为基础底宽度；C 为基础施工工作面；K 为挖土放坡；R 为圆形基础半径；H 为基坑挖土深度。

三、独立基础土方工程案例

案例：本工程为 20 万锭棉纺纱厂单层钢结构仓库，基础形式为独立基础与墙下条形基础交叉布置。根据图纸，室外地坪标高为−0.300 m。

试计算其中独立基础J1(见图5-3)的挖土方的工程量并列出定额。

解:(1) 计算分析:

按照定额要求,计算挖基坑土方量,计工作面宽度为300 mm,挖土深度 $H=1.5-0.3+0.1=1.3<1.5(\text{m})$,不放坡,$V_{体积}=S_{基础垫层底面积}\times H_{挖土深度}$。

(2) 具体计算。

$V=S\times H=(1.2+0.2+0.3\times 2)\times(2+0.2+0.3\times 2)\times 1.3=7.28(\text{m}^3)$。

表5-1 计价定额子目表

序 号	定 额 编 号	项 目 名 称	工 程 量
1	01-1-1-19	机械挖基坑	7.28 m^3

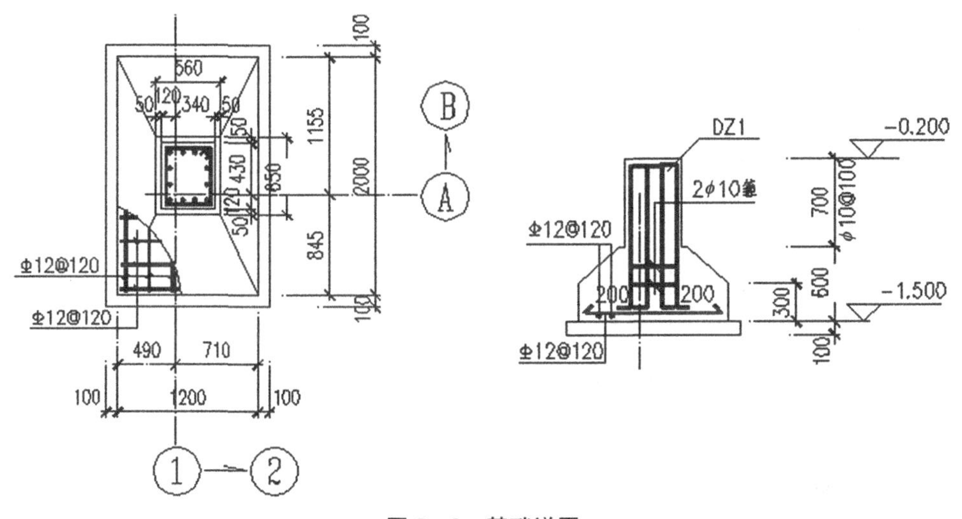

图5-3 基础详图

练一练:根据《房屋建筑与装饰工程工程量计算规范》(GB 50854—2013)规则,计算独立基础J1(见图5-3)的挖土方工程量。

任务2 混凝土独立基础工程计量与计价

一、独立基础工程基础概述

“独立基础”适用于块体柱基、杯基、柱下板式基础、无筋倒圆台基础、壳体基础、电梯井基础。独立基础也是轻钢结构厂房等工业建筑使用最广泛的一种基础形式。

二、独立基础工程定额计算规则

1. 计算规则

(1) 独立基础混凝土工程量按图示尺寸实体体积计算,不扣除钢筋、预埋铁件和螺栓伸入承台基础的桩头所占体积。独立基础模板按混凝土与模板接触面面积计算。

(2) 混凝土基础与墙或柱的划分,均按基础扩大顶面为界。

(3) 杯形基础的应扣除杯口所占的体积。

2. 计算公式

独立基础的四棱台体积计算公式:

$$V=\frac{1}{6}[AB+(A+a)\times(B+b)+ab]h。$$

式中:A、B为下底边长;a、b为上口边长;h为四棱台高度。

杯形基础混凝土工程量:

$$V=杯形基础总体积-杯口混凝土体积。$$

三、独立基础计算案例

案例 1: 某现浇混凝土独立基础(见图 5-4)共计 18 个,求基础混凝土及模板工程量,并列出定额子目。

解: (1) 计算分析:

根据《定额》独立基础工程量计算规则,混凝土按图示尺寸体积计算,模板按接触面积计算。

(2) 具体计算:

$V=(1.6\times1.6+1.1\times1.1+0.6\times0.6)\times0.25\times18=1.03\times18=18.54(\mathrm{m}^3)$;

$S_{模板}=(1.6\times4+1.1\times4+0.6\times4)\times0.25\times18=59.4(\mathrm{m}^2)$。

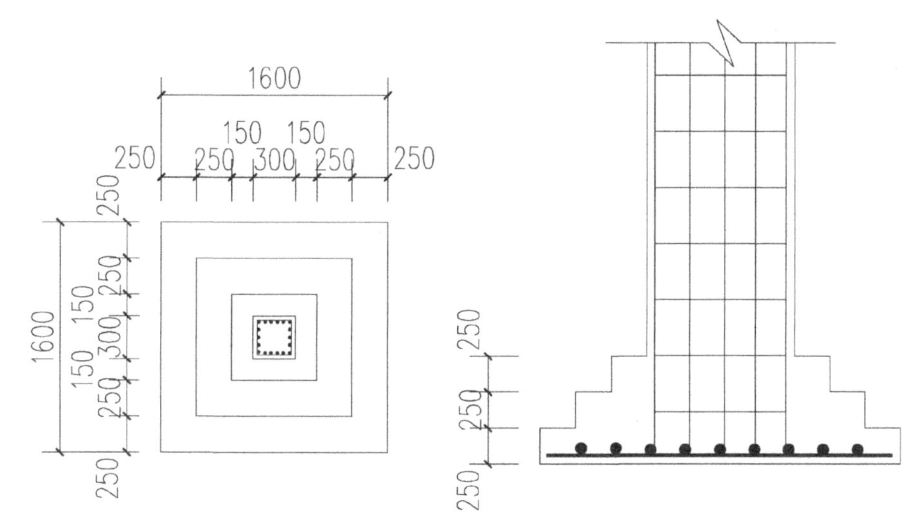

图 5-4　阶梯形独立基础

表 5-2　计价定额子目表

序　号	定 额 编 号	项 目 名 称	工 程 量
1	01-17-2-42	独立基础复合模板	59.4 m^2
2	01-5-1-3	现浇泵送混凝土独立基础	18.54 m^3

案例 2： 某现浇混凝土杯形基础(见图 5-5)共计 20 个，求其基础混凝土工程量。

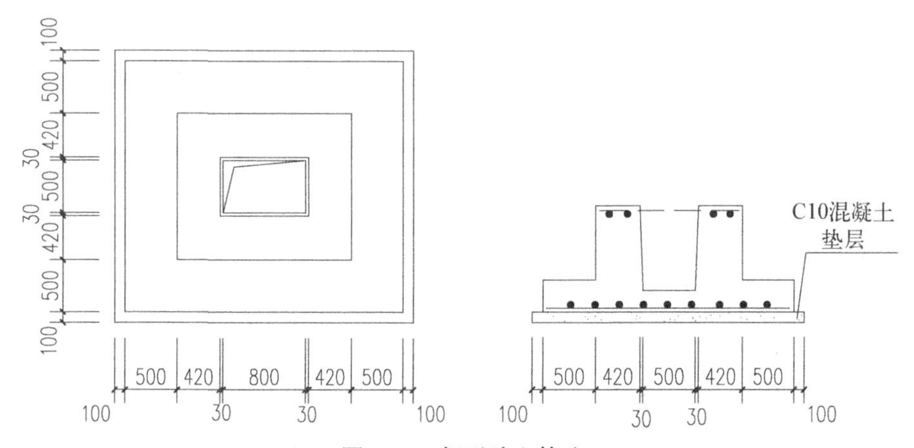

图 5-5　杯形独立基础

解： 现浇混凝土杯形基础工程量计算公式为

杯形基础混凝土工程量＝杯形基础总体积－杯口混凝土体积。

杯形基础工程量：

$$V=\{2.7\times2.4\times0.3+1.7\times1.4\times0.7-1/6\times0.8\times[0.8\times0.5+0.86\times0.56+(0.8+0.86)\times(0.5+0.56)]\}\times20=65.16(\mathrm{m^3})。$$

表 5-3 计价定额子目表

序 号	定额编号	项目名称	工程量
1	01-5-1-3	现浇泵送混凝土杯形基础	65.16 m^3

案例 3: 本案例为 20 万锭棉纺纱厂单层钢结构仓库，基础形式为独立基础与墙下条形基础交叉布置。试计算其中 J1 独立基础的模板、混凝土体积及钢筋工程量，计算短柱 DZ1（见图 5-6）的钢筋工程量，并列出定额子目。

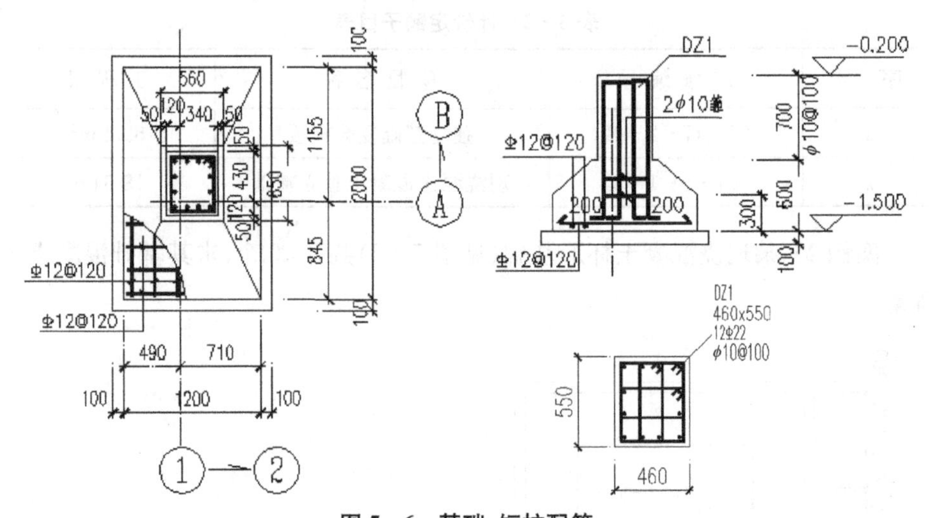

图 5-6 基础、短柱配筋

解: 独立基础体积及模板计算：

$$V=1.2\times2.0\times0.3+\frac{1}{6}\times[1.2\times2+(1.2+0.56)\times(2.0+0.65)+0.56\times0.65]\times0.3=1.091(\mathrm{m^3})；$$

$$S_{模板}=(1.2+2.0)\times2\times0.3=1.92(\mathrm{m^2})。$$

钢筋计算依据 16G101-3 构造及设计图纸的要求进行，计算式与计算工程量如表 5-4 和表 5-5 所示。

表 5－4　钢筋工程量计算表(计算结果保留 2 位小数)

构件代号	钢筋编号	钢筋规格	计算式	单根长度/mm	根数	总长/m	总重量/kg
J1	下部 Y 向钢筋	Φ12	2 000－40×2	1 920			
	Y 向钢筋根数	Φ12	(1 200－60×2)/120＋1		10		
	Y 向钢筋总量	Φ12	1 920×10			19.2	17.05
	下部 X 向钢筋	Φ12	1 200－40×2	1 120			
	X 向钢筋根数	Φ12	(2 000－60×2)/120＋1		17		
	Y 向钢筋总量	Φ12	1 120×17			19.04	16.91
	合计						33.96
DZ1	纵向通长筋	Φ22	700＋600－40(基础保护层)－40(柱保护层)－24(底板钢筋)＋200	1 396	12	16.75	49.92
	复合大箍筋	ϕ10	(460－40×2)×2＋(550－40×2)×2＋11.9×10×2	1 938	(8＋2)＝10	19.38	11.96
	复合小箍筋	ϕ10	[(460－40×2－2×10－22)/3＋22＋2×10]×2＋(550－40×2)×2＋11.9×10×2	1 487	8	11.9	7.34
	复合小箍筋	ϕ10	[(550－40×2－2×10－22)/3＋22＋2×10]×2＋(460－40×2)×2＋11.9×10×2	1 367	8	10.94	6.75
	合计						75.97

表 5-5 计价定额子目表

序 号	定额编号	项目名称	工程量
1	01-17-2-42	独立基础复合模板	1.92 m^2
2	01-5-1-3	预拌混凝土(泵送)独立基础	1.091 m^3
3	01-5-11-2	独立基础钢筋	0.034 t
4	01-5-11-7	短柱钢筋 DZ1	0.076 t

练一练：某仓库现浇混凝土独立基础(见图 5-7)共计 10 个，求基础混凝土及模板工程量，并列出定额子目。

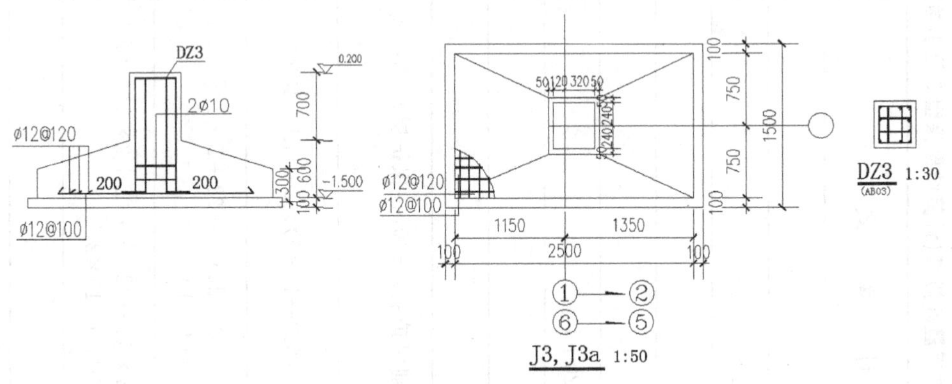

图 5-7 独立基础

任务 3 钢结构主体工程计量与计价

一、钢结构主体工程概述

钢结构主体项目主要包括钢屋架、钢网架、钢托架、钢桁架、钢柱、钢梁、压型钢板楼板、墙壁、钢构件等部分。工程内容通常包含制作、运输、拼装、安装、探索、油漆等。一般的金属构件，如钢柱、钢梁、钢屋架等大中型金属构件是在加工厂用专业设备加工为成品或半成品的，现场仅为安装及拼装。部分小型金属构件，如栏杆、钢梯、零星铁件等是在现场加工制作的。钢结构主体工程量的计算是本项目的核心任务之一。

二、钢结构主体工程定额规则

1. 金属构件

金属构件的运输、安装按设计图示尺寸以质量计算。

(1) 不扣除单个面积≤0.3 m^2的孔洞质量，焊条、铆钉、螺栓等不另增加质量。

(2) 焊接空心球网架质量包括连接钢管杆件、连接球、支托和网架支座等零件的质量，螺栓球节点网架质量包括连接钢管杆件(含高强螺栓、销子、套筒、锥头或封板)、螺栓球、支架和网架支座等零件的质量。

(3) 钢柱制作工程量包括依附于柱上的牛腿及悬臂梁质量。

(4) 钢管柱上的节点板、加强环、内衬管、牛腿等并入钢管柱的质量内，钢柱上的柱脚板、加劲板、柱顶板、隔板和肋板并入钢柱工程量内。

(5) 金属构件安装使用的高强度螺栓、剪力栓钉均按设计图示数量以套计算。

2. 钢平台

钢平台工程量包括钢平台的柱、梁、板、斜撑等质量，依附于钢平台上的钢楼梯、平台钢栏杆(包括扶手)，另按相应定额子目执行。

3. 钢楼梯

钢楼梯的工程量包括楼梯平台、楼梯梁、楼梯踏步等的质量。

4. 金属结构楼(墙)面板

(1) 楼面板按设计图示尺寸以铺设面积计算，不扣除单个面积≤0.3 m^2的柱、垛及孔洞所占的面积。

(2) 墙面板按设计图示尺寸以铺挂面积计算，不扣除单个面积≤0.3 m^2的柱、垛及孔洞所占的面积。泛水板、封边、包角等按设计图示尺寸展开面积计算。

5. 钢结构构件现场拼装平台

钢结构构件现场拼装平台摊销工程量按实际拼装构件的工程量计算。

6. 注意事项

(1)《定额》中各子目按工厂制品编制。

(2) 结构件安装按构件种类及质量不同套用相应定额子目，构件安装定额子目中的质量指按设计图示所标明的构件单件质量。

(3) 钢屋架、钢托架、钢桁架单件质量<0.2 t时，按相应钢支撑定额子目执行。

(4) 钢柱(梁)定额不分实腹、空腹、钢管柱,均执行同一柱(梁)定额。

(5) 钢支撑、钢檩条、钢墙架(挡风架)等单件质量＞0.2 t时,按相应屋架、柱、梁子目执行。

(6) 单件质量在25 kg以内的小型钢构件,套用零星钢构件子目。

(7) 钢结构安装补漆已综合考虑在定额子目中,如构件制品需现场涂刷油漆、防火涂料,另按油漆定额子目执行。

(8) 钢结构安装如需搭设脚手架及安全护栏时,按“措施项目”定额子目执行。

(9) 结构件驳运为构件从堆放点装车运至安装位置卸车就位,运距以1 km为准(不足1 km按1 km计算),运距超过1 km,每增加1 km,按相应定额子目汽车台班消耗量增加25%(累计千米数计算)。

(10) 构件驳运定额分为两类,分别按相应定额子目执行。

① 钢屋架类构件指钢屋架、钢墙架、挡风架、钢天窗架;

② 其他类构件指钢柱、钢梁、桁架、吊车梁、网架、托架、檩条、支撑、栏杆、钢平台、钢走道、钢楼梯、钢漏斗、零星钢构件等。

(11) 压型钢板楼板安装时不分板厚薄,均执行同一定额,如设计要求与定额板厚不同时,其材料可调整,其余不变。

三、计算案例

案例1: 某H形钢梁长度为9.56 m,规格为H400×300×10×16,具体尺寸如图5-8所示,求其驳运、卸车、安装工程量。

解: 查表得10 mm钢板理论质量为78.5 kg/m^2,16 mm钢板理论质量为125.6 kg/m^2。

腹板质量:78.5×(0.4−0.032)×9.56= 276.17(kg);

翼缘板质量:2×125.6×0.3×9.56=720.44(kg);

合计工程量:0.276+0.720=0.996(t)。

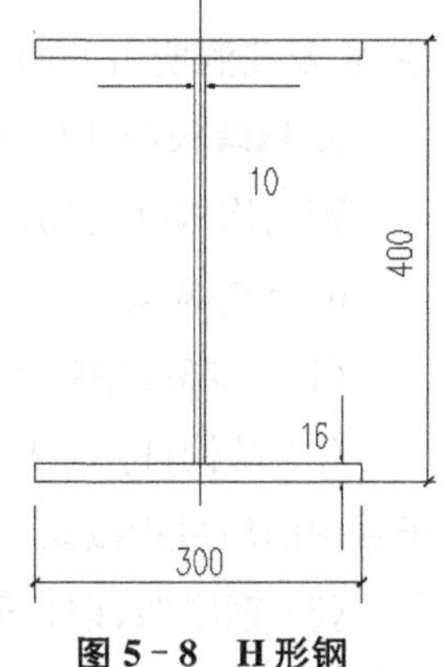

图5-8　H形钢

案例2: 20万锭棉纺纱厂单层钢结构仓库,钢柱、钢梁均采用Q345b,如图5-9和图5-10所示,计算刚架中H200×170×5×6钢柱及H350×170×5×8钢梁的构件安装工程量,并列出定额子目(见表5-6)。

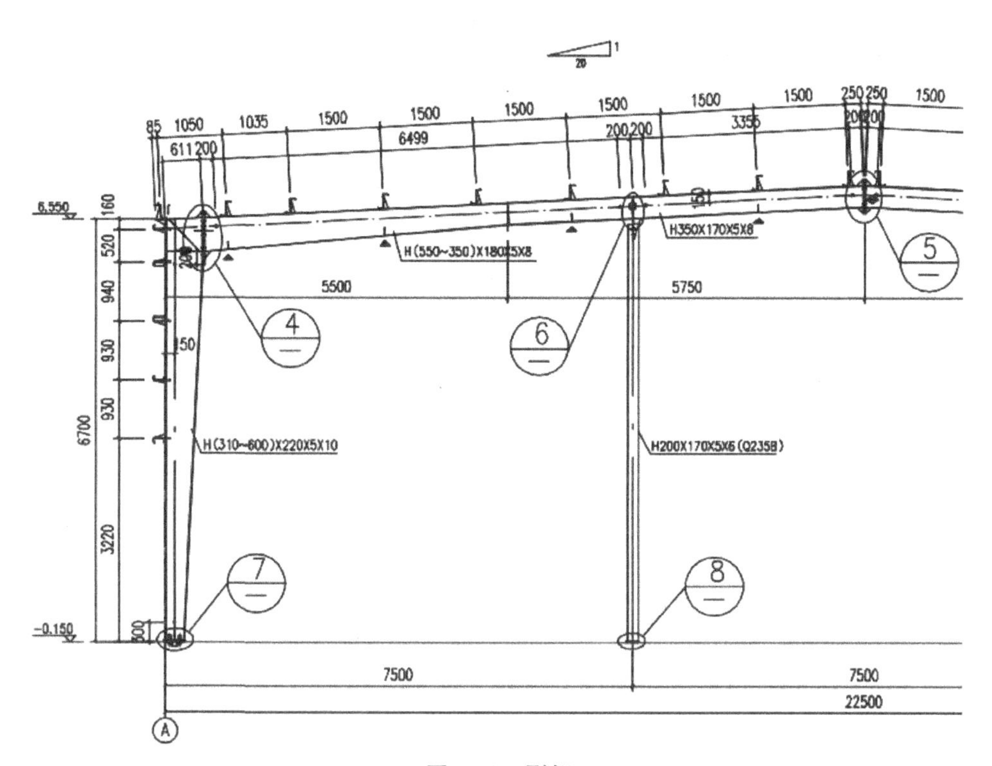

图 5－9　刚架

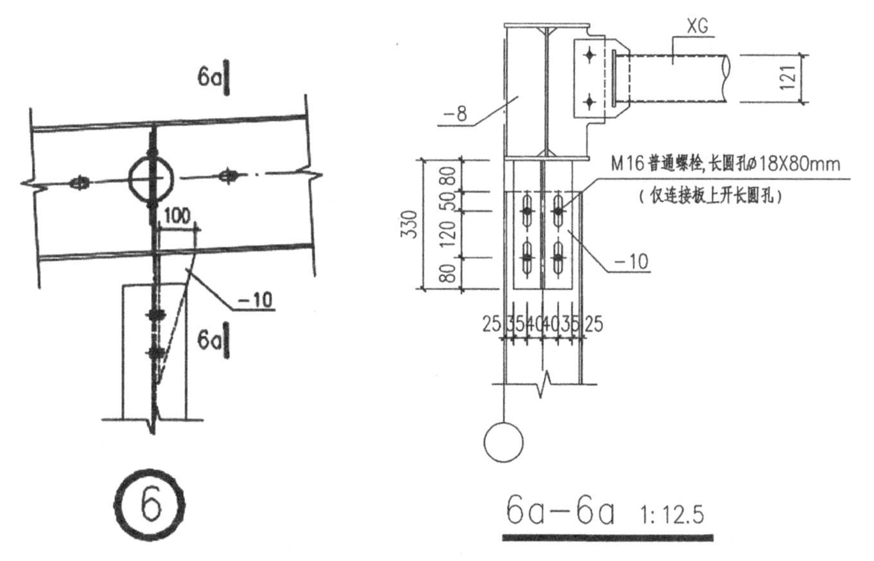

图 5－10　柱顶连接节点详图

表 5-6 计价定额子目表

序 号	定额编号	项目名称	工程量
1	01-6-4-1	钢柱安装	0.161 t
2	01-6-5-1	钢梁安装	0.198 t

解：钢柱、钢梁的安装工程量均按照构件的质量计算，钢柱上的柱脚板、加劲板、柱顶板、隔板和肋板并入钢柱工程量内。

(1) 钢柱 H200×170×5×6 工程量的计算。

高度 $H = 7.5 \times 5\% + 6.7 - 0.35 - 0.08 = 6.645(\text{m})$；

查表得 5 mm 钢板理论质量为 39.25 kg/m^2，6 mm 钢板理论质量为 47.16 kg/m^2；

腹板质量：$39.25 \times (0.2 - 0.012) \times 6.645 = 49.03(\text{kg})$；

翼缘板质量：$2 \times 47.16 \times 0.17 \times 6.645 = 106.55(\text{kg})$；

柱顶连接板为钢板-10(见图 5-10)，计入柱工程量内。

钢板-10 理论质量为 78.5 kg/m^2；

钢板-10 质量：$(0.1 \times 0.33/2 + 0.33 \times 0.15) \times 78.5 = 5.181(\text{kg})$；

合计工程量：$49.03 + 106.55 + 5.18 = 160.76(\text{kg}) = 0.161(\text{t})$。

(2) H350×170×5×8 钢梁工程量的计算。

屋顶斜坡高度 $H = (5.5 + 5.75) \times 5\% = 0.563(\text{m})$；

从 A 轴梁外边至屋脊总斜长 $L_{斜长} = \sqrt{[0.563^2 + (5.5 + 5.75)^2]} = 11.264(\text{m})$；

H350×170×5×8 钢梁斜长 $L = 5.75 \times 11.264/11.25 = 5.757(\text{m})$；

查表得 8 mm 钢板理论质量为 62.8 kg/m^2。

腹板质量：$39.25 \times (0.35 - 0.016) \times 5.757 = 75.47(\text{kg})$；

翼缘板质量：$2 \times 62.8 \times 0.17 \times 5.757 = 122.92(\text{kg})$；

合计工程量：$75.47 + 122.92 = 198.39\ \text{kg} = 0.198(\text{t})$。

案例 3：如图 5-11 所示，某厂房钢柱计 64 根，试计算钢柱工程量，列出定额子目。

解：(1) 槽钢质量：单位长度质量为 43.107 kg/m，柱高为 $0.14 + 1.1 \times 3 = 3.44$ m，则 $43.107 \times 3.44 \times 2 = 296.58(\text{kg})$。

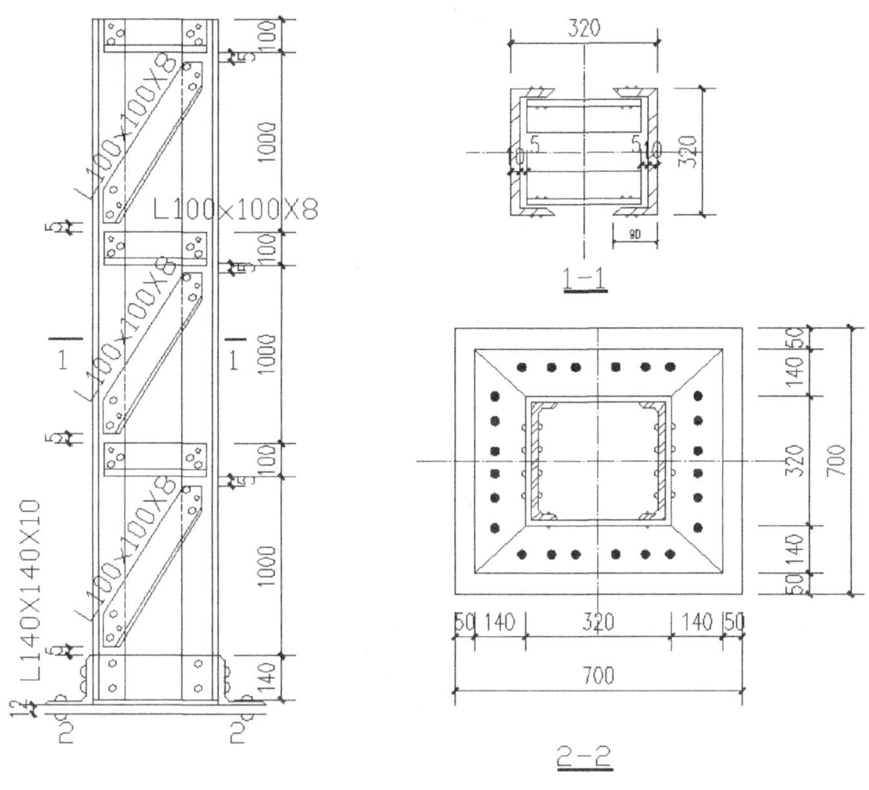

图 5-11　钢柱

(2) 角钢水平杆：100×8，单位长度质量为 12.276 kg/m，12.276 ×(0.32 − 0.015 × 2) × 6 = 21.36(kg)。

(3) 角钢斜杆：100×8，单位长度质量为 12.276 kg/m，6 块，l = 1.032 m，12.276 × 1.032 × 6 = 76.013(kg)。

(4) 底座角钢：140×10，单位长度质量为 21.488 kg/m，21.488×0.32×4 = 27.505 kg。

(5) 底座钢板：−12，单位质量为 94.2 kg/m^2，94.20×0.7×0.7 = 46.158 kg。

钢柱(64 根)合计：467.62×64 = 29.93(t)，如系工厂制作现场安装，则套用如表 5-7 所示定额。

表 5-7　计价定额子目表

序　号	定 额 编 号	项 目 名 称	工 程 量
1	01-6-4-1	钢　柱	29.93 t

案例 4： 20 万锭棉纺纱厂单层钢结构仓库，选取 A 轴上 1～2 轴的柱间支撑（见图 5－12），柱间支撑材料为 $\phi25$ 圆钢，计算柱间支撑 ZC 的驳运卸车、安装工程量，并列出定额子目（见表 5－8）。

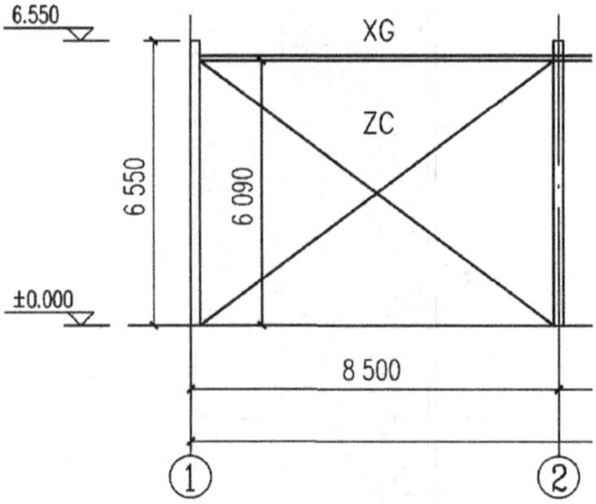

图 5－12 柱间支撑

解： 钢支撑的驳运卸车、安装工程量按图示构件尺寸以质量计算。

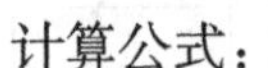

计算公式：

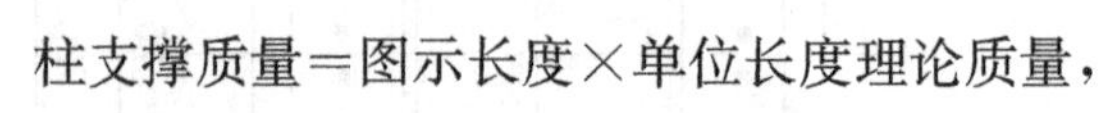

柱支撑质量＝图示长度×单位长度理论质量，

查得 $\phi25$ 圆钢理论质量为 3.85 kg/m。

柱间支撑长度：$L=\sqrt{(8.5^2+6.09^2)}\times 2=20.91(\text{m})$；

柱间支撑质量：$20.91\times 3.85=80.50\ \text{kg}=0.081(\text{t})$。

表 5－8 计价定额子目表

序 号	定 额 编 号	项 目 名 称	工 程 量
1	01－6－1－2	金属构件驳运	0.081 t
2	01－6－1－3	金属构件卸车	0.081 t
3	01－6－6－1	钢支撑	0.081 t

案例 5： 某工厂仓库钢柱间支撑如图 5－13 所示，共计 100 组，已知 L63×6

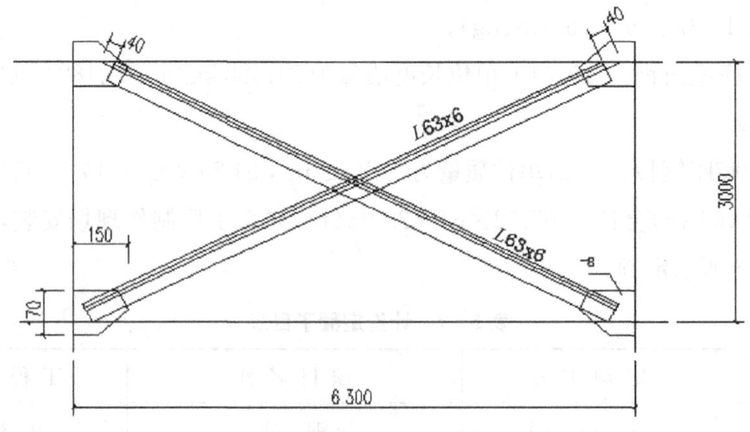

图 5－13 柱间支撑

的线密度为 5.72 kg/m，8 mm 钢板面密度为 62.8 kg/m²，试计算柱间支撑的安装工程量，列出定额子目。

解： 计算公式：

杆件质量＝图示长度×单位长度质量；

多边形钢板质量＝最大对角线长×最大相应宽度×面密度；

L63 × 6 质量 $=(\sqrt{(6.3^2+3^2)}-2\times 0.04)\times 5.72\times 2=78.94(\text{kg})$，

－8 钢板质量 $=0.17\times 0.15\times 62.8\times 4=6.41(\text{kg})$；

柱间支撑工程量 $=(78.94+6.41)\times 100=853.5(\text{kg})=0.853(\text{t})$，

如系工厂制作现场安装，则套用如表 5－9 所示定额。

表 5－9　计价定额子目表

序　号	定 额 编 号	项 目 名 称	工 程 量
1	01－6－6－1	钢支撑	0.853 t

案例 6： 某工厂仓库钢屋架如图 5－14 所示，共计 10 榀，试计算厂房钢屋架的工程量，并列出定额子目。

解： 计算公式：杆件质量＝图示长度×单位长度质量；

多边形钢板质量＝最大对角线长×最大相应宽度×面密度；

上弦质量 $=3.4\times 2\times 2\times 7.398=100.61(\text{kg})$；

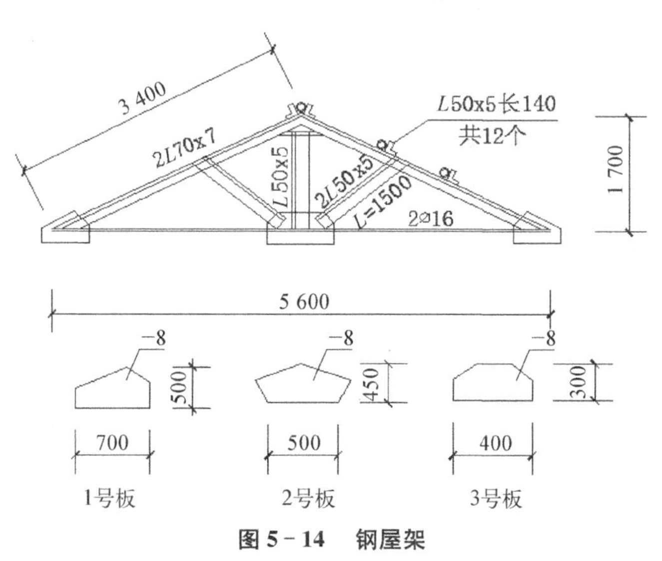

图 5－14　钢屋架

下弦质量 $=5.6\times2\times1.58=17.70$(kg)；

立杆质量 $=1.7\times3.77=6.41$(kg)；

斜撑质量 $2\times2\times1.5\times3.77=22.62$(kg)；

1 号连接板质量 $=0.7\times0.5\times2\times62.8=43.96$(kg)；

2 号连接板质量 $=0.5\times0.45\times62.8=14.13$(kg)；

3 号连接板质量 $=0.4\times0.3\times62.8=7.54$(kg)；

檩托质量 $=0.14\times12\times3.77=6.33$(kg)；

钢屋架工程量 $=10\times219.29=2.193$(t)；

如系工厂制作现场安装，则套用如表 5－10 所示定额。

表 5－10 计价定额子目表

序 号	定额编号	项目名称	工程量
1	01－6－3－1	钢屋架	2.193 t

案例 7：20 万锭棉纺纱厂单层钢结构仓库，选取 1～2 轴间墙梁（见图 5－15），墙梁(QL1)采用 C 型薄壁型钢 C180×70×20×1.6，Q345 镀锌材料，计算图纸中 QL1 的驳运卸车、安装工程量，并列出定额子目（见表 5－11）。

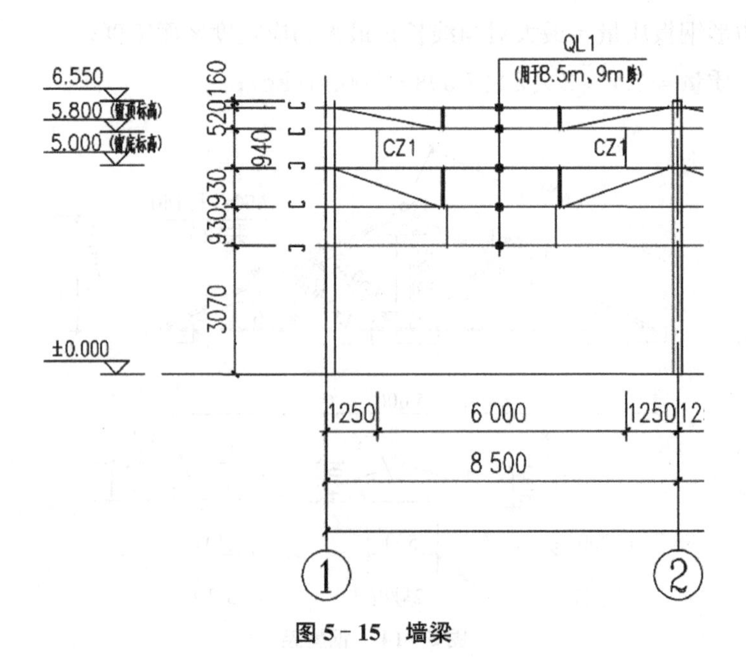

图 5－15 墙梁

表 5－11　计价定额子目表

序　号	定额编号	项目名称	工程量
1	01－6－1－2	金属构件驳运	0.182 t
2	01－6－1－3	金属构件卸车	0.182 t
3	01－6－6－4	钢墙梁	0.182 t

解：计算公式：

杆件质量＝图示长度×单位长度理论质量，查 C 型钢理论质量表，C180×70×20×1.6 理论质量为 4.276 kg/m。

QL1 质量＝8.5×5×4.276＝181.73(kg)。

案例 8：20 万锭棉纺纱厂单层钢结构仓库一层平面、屋面图(见图 5－16 和图 5－17)，A、D 轴两侧屋面板各挑出外墙边 100 mm，计算压型彩钢板屋面的安装工程量，并列出定额子目(见表 5－12)，屋面坡度为 5%。

解：计算分析：

压型彩钢板屋面按设计图示尺寸以铺设面积计算，不扣除单个面积≤0.3 m^2 的柱、垛及孔洞所占面积。

$$S_{斜}=(43+0.24+0.24)\times(22.50+0.24+0.24+0.1\times 2)/0.999$$
$$=1\,008.88(m^2)$$

表 5－12　计价定额子目表

序　号	定额编号	项目名称	工程量
1	01－6－7－2	压型钢板屋面	1 008.88 m^2

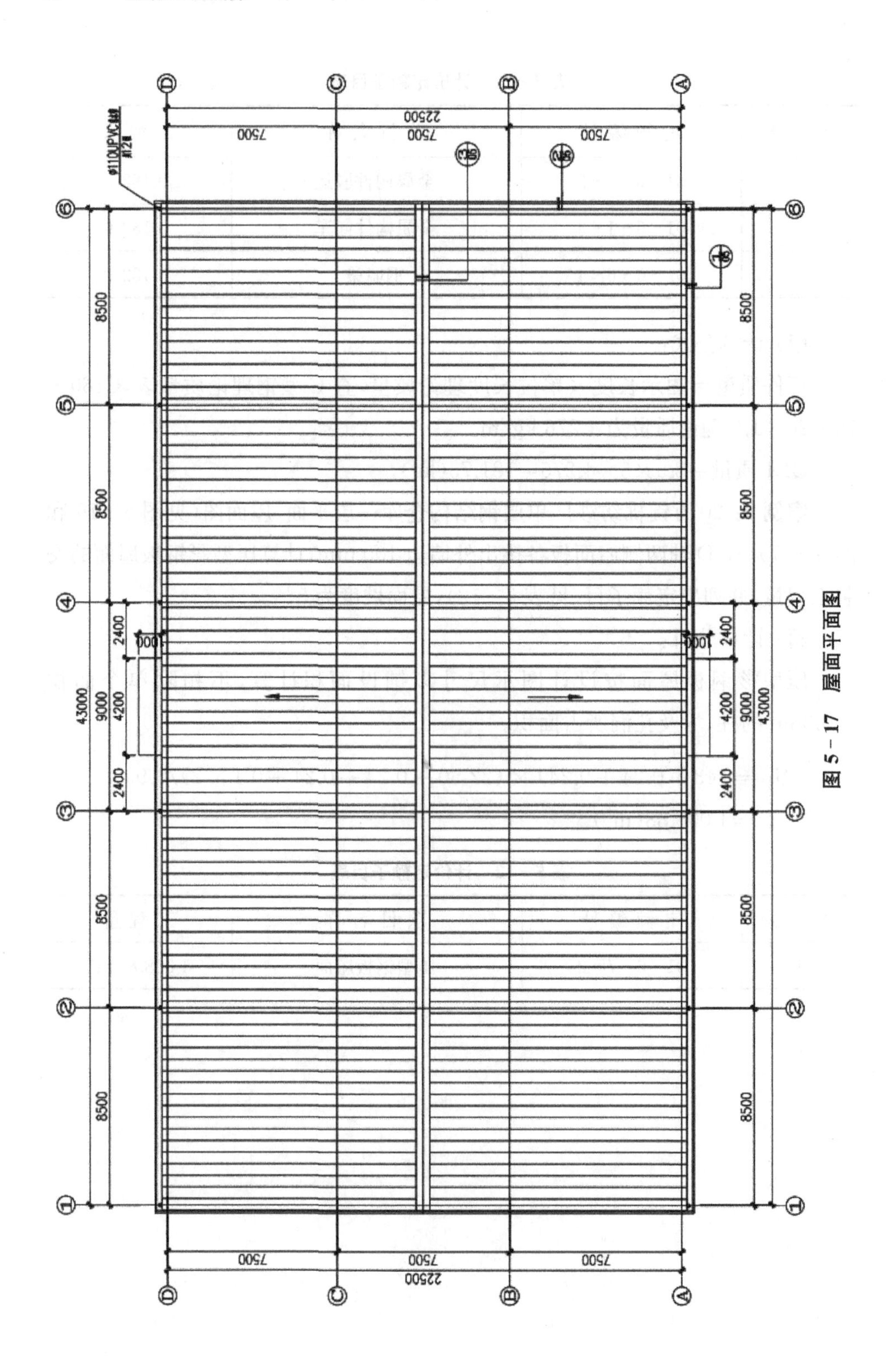
A
B
C
D
1
2
3
4
5
6
22500
7500
7500
7500
8500
8500
8500
8500
43000
9000
4200
2400
2400
1000

图 5-17　屋面平面图

模块六　工程预算软件

在建筑工程预算中，现在普遍采用工程预算软件。本模块主要介绍上海地区非常流行、深受广大造价工程师欢迎的工程计价软件——广联达云计算平台。这里以“任务”的形式，结合工程计价实践，对这款软件的应用展开详尽介绍。

任务1　预算软件的操作

一、软件概述

广联达云计价平台是一款在上海地区非常流行、深受造价工程师欢迎的工程计价软件。本章以定额计价模式来介绍、应用这款软件。

根据上海市建设工程施工费用计算规则(SHT0－33－2016)，建筑和装饰专业工程造价费用计算规则如表6－1所示。

表6－1　工程造价费用计算顺序

序号	费用代号	名　　称	计算基数说明	备　　注
1	A	直接费	A1＋A2＋A3＋A4＋A5	
	A1	其中人工费	人工费	
	A2	其中材料费	材料费	
	A3	施工机具使用费	机械费	
	A4	其中主材费	主材费	
	A5	其中设备费	设备费	
2	B	企业管理费和利润	A1×合同约定费率	合同约定费率，参考范围：20.78%～30.98%
3	C	安全防护、文明施工措施费	(A＋B)×2.8%	沪建交(2006)445号

（续表）

序号	费用代号	名　称	计算基数说明	备　注
4	D	施工措施费	措施项目合计	由双方合同约定
5	E	其他项目费	其他项目费	
6	F	小计	A+B+C+D+E	
7	G	规费合计	G1+G2	
	G1	社会保险费	A1×32.6%	沪建市管(2019)24号文：32.6%
	G2	住房公积金	A1×1.96%	沪建市管(2019)24号文：1.96%
8	H	税前补差	税前补差	
9	I	增值税	(F+G+H)×10%	沪建标定(2019)176号文：9%
10	J	税后补差	税后补差	
11	K	甲供材料	甲供费	
12	L	工程造价	F+G+H+I+J−K	

由表6-1可知，一份工程造价文件需要计算的费用：

(1) 直接费(人工费、材料费、机械费)。

(2) 综合费用(管理费、利润)。

(3) 安全防护文明施工费。

(4) 施工措施费。

(5) 规费。

(6) 税金。

在编制工程造价文件时，只需要输入“定额编码、工程量、工料机单价”等，就可以基本确定“工程直接费”，计价软件会根据这些“基础数据”和“内置的各项相关费率”，就可以帮助我们快速计算出工程造价。

现在，我们开始了解、应用计价软件，完成编制一份工程预算书的基本操作流程：

第一，你应该有一份正版计价软件，安装于电脑并确保能够正常运行；

第二，新建一份2016定额预算文件(目前上海执行的是上海市2016工程预算定额)；

第三，选用定额并输入对应的工程量；

第四，如有必要可根据实际的工艺特征及施工要求，对所套用的定额作相应的调整(亦称定额换算)；

第五，输入相关“工料机”的价格；

第六，选用相应的费用(费率)模板，计算出工程造价；

第七，输出(打印、浏览)相关报表。

本课程将结合实际案例(20 万锭棉纺纱厂办公楼)，介绍软件常规功能的使用方法，希望对学员快速掌握软件应用有所帮助。

二、软件下载、安装与启动

1. 软件下载

(1) 广联达加密锁驱动程序：版本 3.8.582.3834 及以上。

下载地址：http：//e.fwxgx.com/ (广联达服务新干线网站)。

(2) 云计价平台：版本 5.3000.24.600 及以上。

下载地址：http：//e.fwxgx.com/ (广联达服务新干线网站)。

2. 软件安装顺序

(1) 安装广联达加密锁驱动。

(2) 云计价平台。

(3) 软件可在广联达 G+工作台中一键安装。

(4) 注意事项：

① 安装之前退出杀毒软件。

② WIN7 系统鼠标右键以管理员权限运行安装。

3. 安装结果

(1) 当“广联达加密锁驱动”安装之后，电脑桌面上会生成“广联达加密锁驱动”的快捷图标，如图 6－1 所示。

(2) 把加密锁插在电脑上，双击“广联达加密锁驱动”，在我的授权窗口可以查看加密锁的授权，如图 6－2 所示。

(3) 安装“云计价平台”之后，电脑桌面上也会生成“云计价平台、广材助手”的快捷图标，如图6－3所示。

图 6－1　广联达加密锁驱动

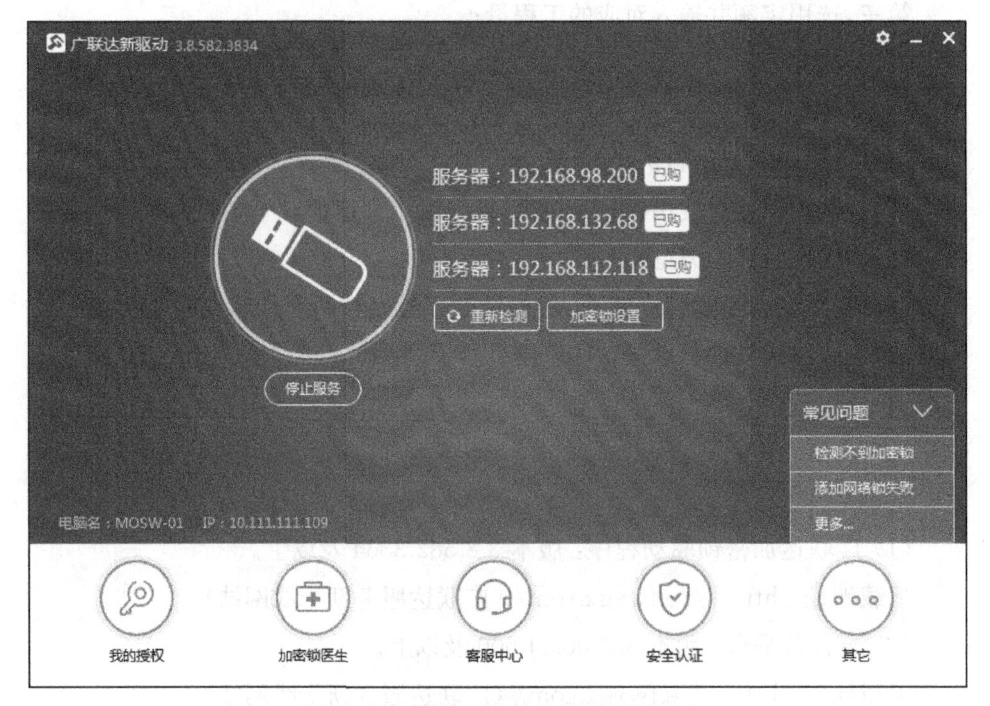

图 6－2　广联达加密锁驱动运行界面

图 6－3　云计价平台图标

4. 计价软件启动

计价软件启动有两种模式：

(1) 鼠标双击“云计价平台”快捷图标(推荐的标准操作模式)。→单击“离线使用”→软件启动成功。

(2) 鼠标双击后缀名为 *.GBQ5 预算文件(浏览预算文件操作模式)。

(3) 注意事项：

① 在使用软件时登录账号或不登录账号，都需插入广联达加密锁才能启动软件。

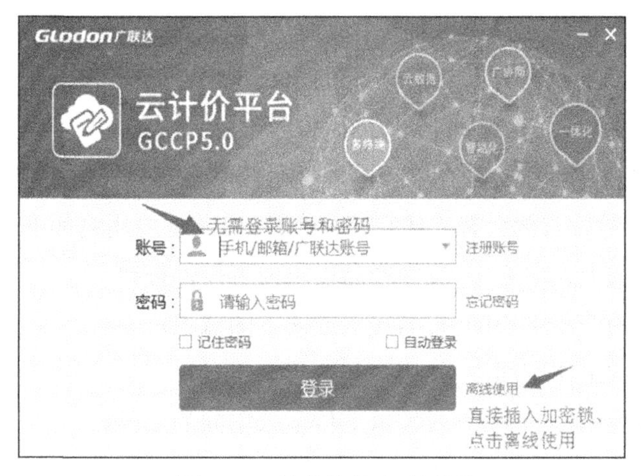

图 6－4　计价软件启动界面

② 若登录账号和密码，可注册账号，点击登录，登录后可查看概算小助手、建议池反馈需求、云空间存放文件等功能。

5. 初始界面介绍

(1) 登录账号后(在线操作模式)的初始界面，启动登录账号后即进入在线操作模式，其初始界面如图 6－5 所示。

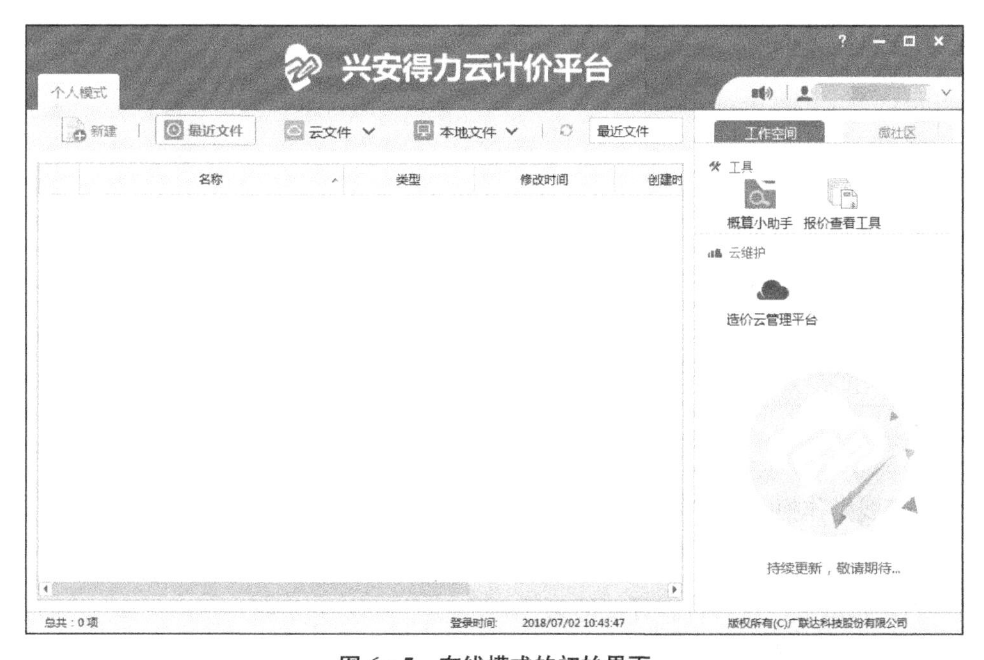

图 6－5　在线模式的初始界面

① 新建：可以新建概算、招投标、结算、审核文件。

② 最近文件：可以打开近期打开过的文件。

③ 云文件：可以打开我们上传的文件(需登录账号)。

④ 本地文件：可以打开存储于本地(硬盘、U 盘等)的计价文件。

⑤ 登录账号后右侧会有工作空间和微社区，其主要用途如下：

在微社区的个人中心中，反馈产品需求或者软件报错；

在微社区的产品中心中，报名线上或线下的课程；

在微社区的工作空间中，使用一些造价小工具；

在云文件我的空间中，查看编辑上传至云空间的文件；

文件中可存档子目、人材机。

(2) 离线使用模式操作的初始界面。

当进入离线使用模式时，其初始界面如图 6-6 所示。

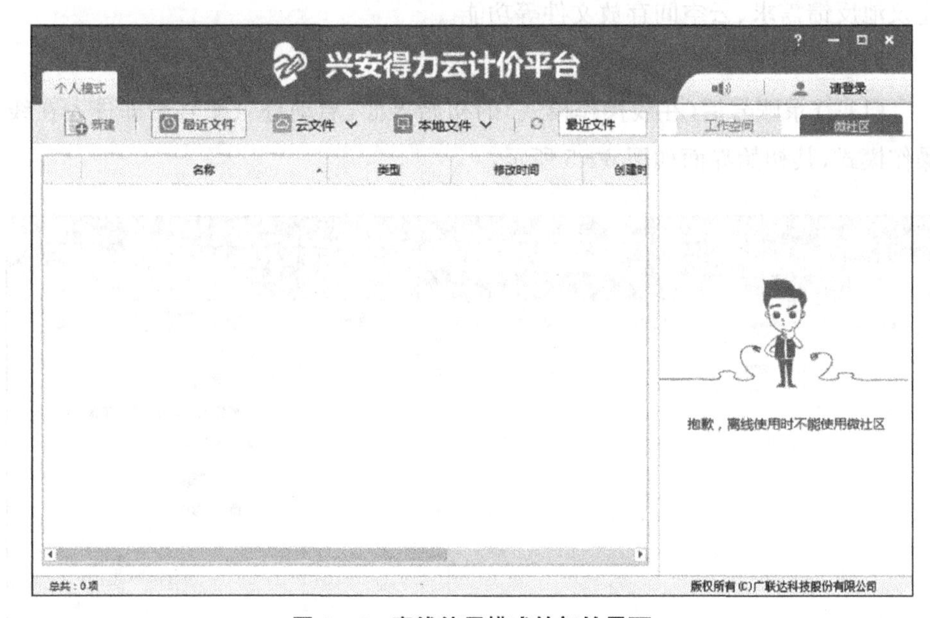

图 6-6 离线使用模式的初始界面

离线操作模式与在线操作模式的主要区别：

① 没有工作空间、没有微社区。

② 无法上传或打开云存储的文件。

③ 有无网络并不影响工作。

(3) 离线模式。

建议初学者采用离线模式学习工程造价软件应用，原因如下：

① 不必记住"账号、密码"等与工程造价无关的功能。

② 可以避免网络是否顺畅等原因引起的一系列不便。

三、软件基本操作(以离线模式为例)

1. 新建文件

(1) 新建"群体项目"计价文件的步骤。

① 单击"新建"菜单→选择"新建招投标项目"→(见图6-7)。

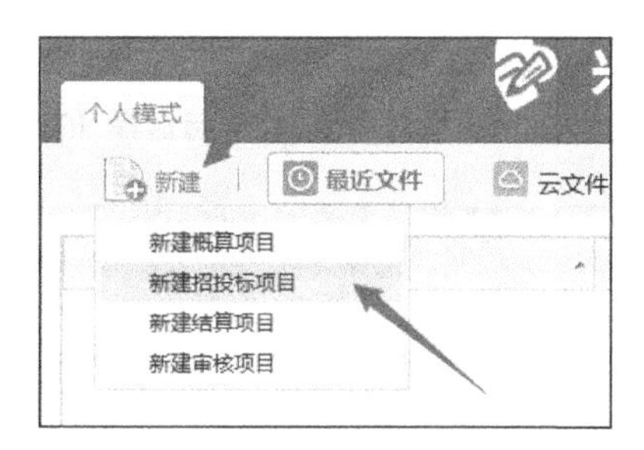

图6-7　选择"新建招投标项目"

② 选择"定额计价"选项卡→单击"新建项目"图标→(见图6-8)。

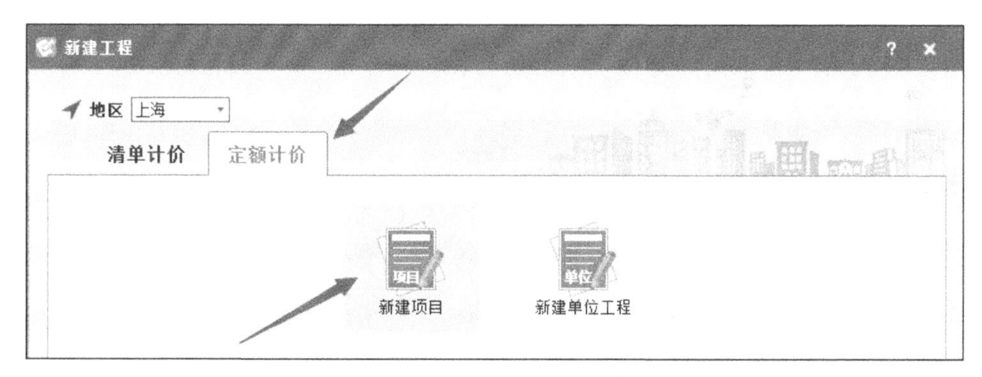

图6-8　单击"新建项目"

③ 输入"项目名称、项目编码"→选择"定额标准、计税方式"→单击 下一步 按钮(见图6-9)。

④ 单击"新建单项工程"→输入"单项名称"→(见图6-10)。

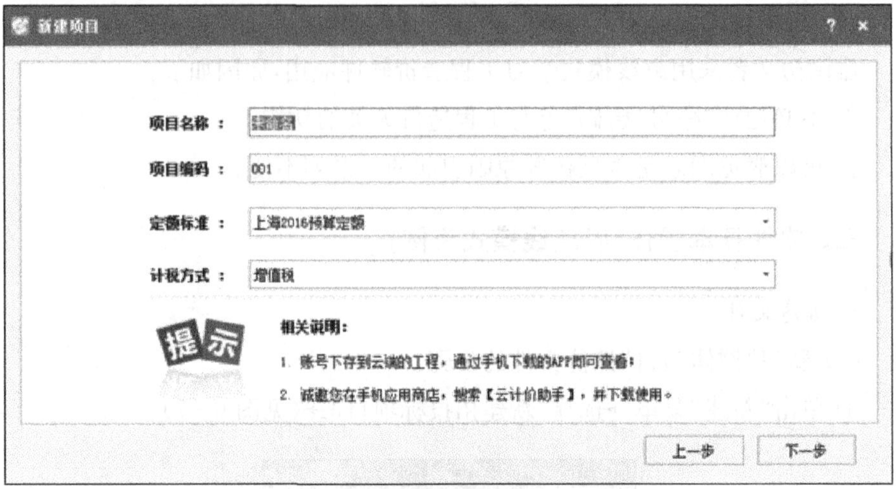

新建项目 ? ×

项目名称：

项目编码： 001

定额标准： 上海2016预算定额

计税方式： 增值税

提示

相关说明：

1. 账号下存到云端的工程，通过手机下载的APP即可查看；

2. 诚邀您在手机应用商店，搜索【云计价助手】，并下载使用。

上一步 下一步

图 6-9 新建项目需要“输入与选择”的内容

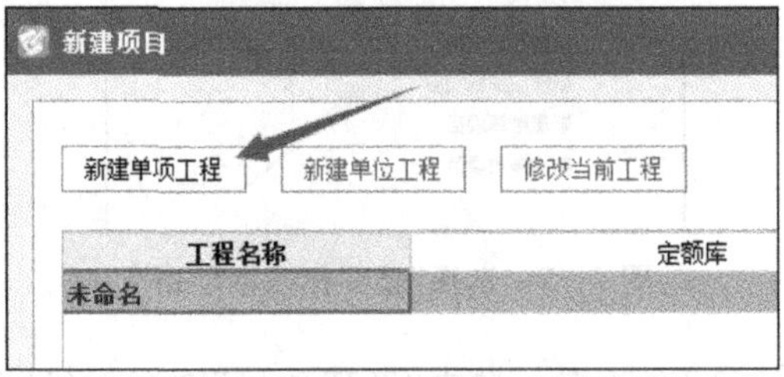

新建项目

新建单项工程 新建单位工程 修改当前工程

工程名称	定额库
未命名	

图 6-10 新建“单项工程”

⑤ 勾选“单位工程”→选择“房屋建筑与装修”→单击 确定 按钮(见图 6-11)。

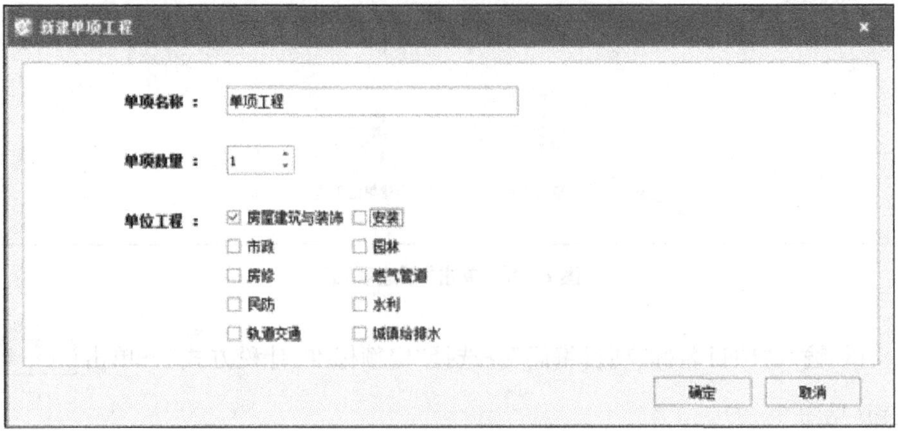

新建单项工程 ×

单项名称： 单项工程

单项数量： 1

单位工程： ☑ 房屋建筑与装饰 ☐ 安装

☐ 市政 ☐ 园林

☐ 房修 ☐ 燃气管道

☐ 民防 ☐ 水利

☐ 轨道交通 ☐ 城镇给排水

确定 取消

图 6-11 勾选“单位工程”

⑥“新建项目”完成(见图 6-12)。

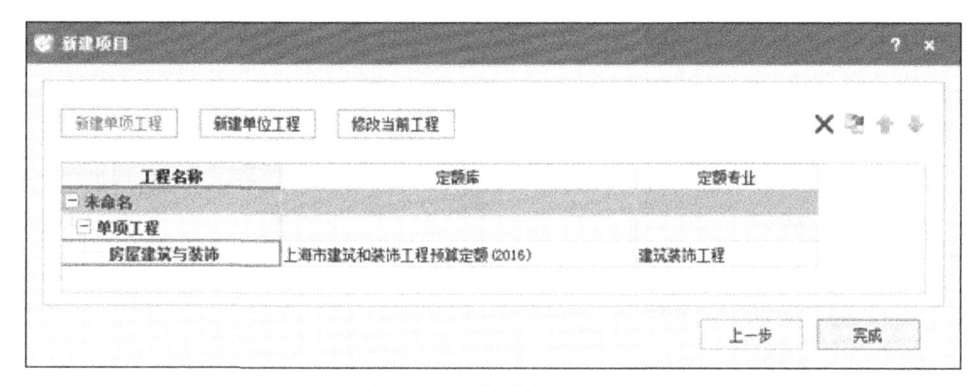

图 6-12　新建项目完成

(2) 新建“单位工程”计价文件的步骤。

① 单击“新建”菜单→选择“新建招投标项目”→(见图 6-13)。

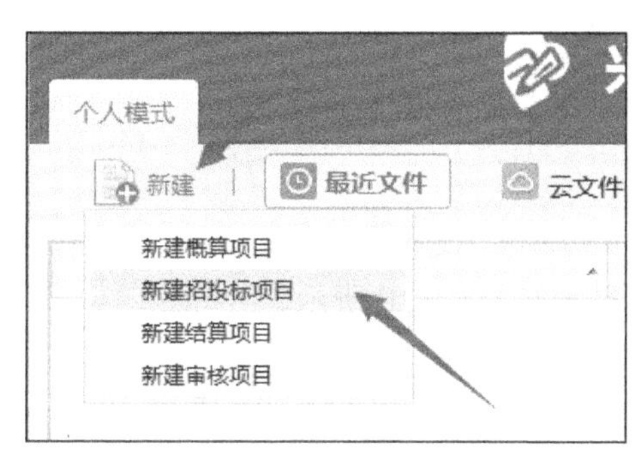

图 6-13　选择“新建招投标项目”

② 选择“定额计价”选项卡→单击“新建单位工程”图标→(见图 6-14)。

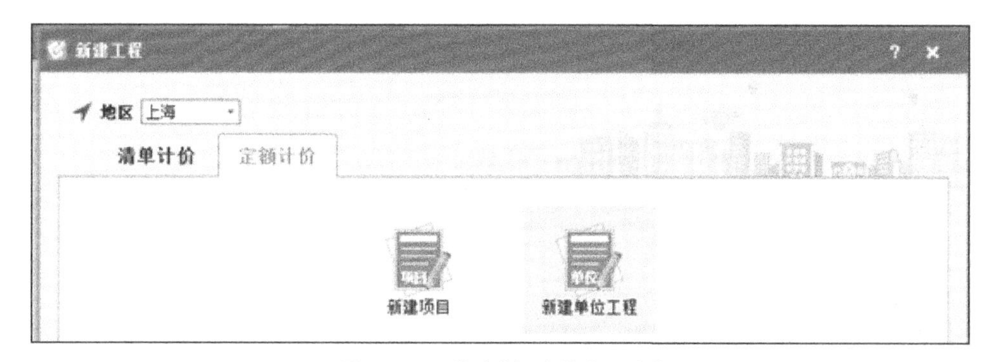

图 6-14　单击“新建单位工程”

③ 输入“工程名称”→选择对应“定额库”→选择“定额专业”→单击 确定 按钮(见图 6－15)。

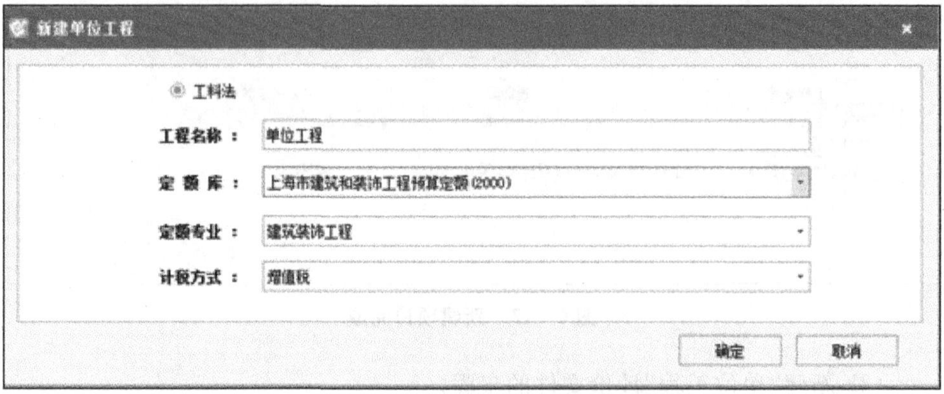

新建单位工程

◉ 工料法

工程名称：单位工程

定 额 库：上海市建筑和装饰工程预算定额(2000)

定额专业：建筑装饰工程

计税方式：增值税

确定　取消

图 6－15　选择“单位工程”对应定额专业

(3) 两种新建“计价文件”的区别。

① 新建项目工程：主要针对群体工程(多个专业合成一个文件,如土建、安装专业)。

② 新建单位工程：主要针对做单个专业(如新建土建专业)。

预算书初始编辑界面如图 6－16 所示。

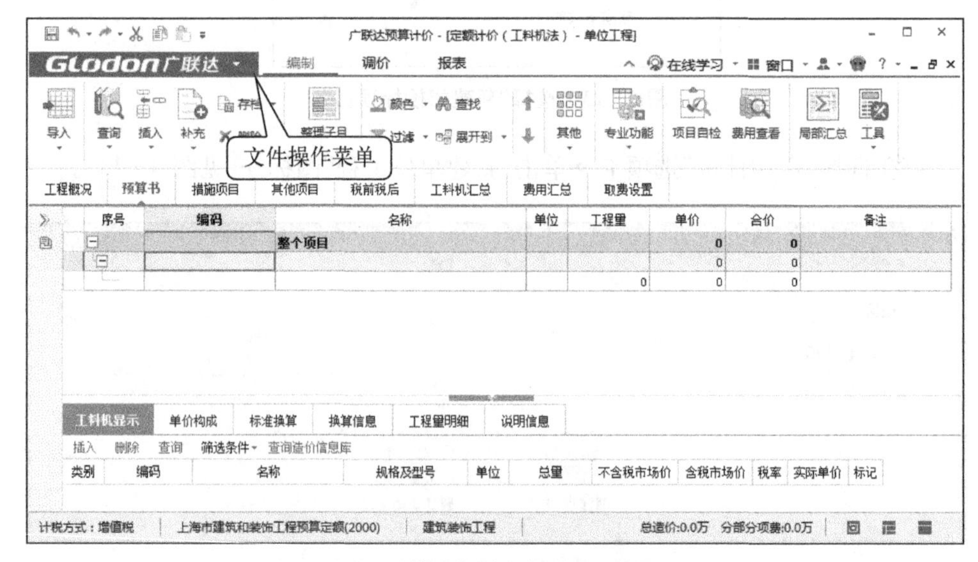

图 6－16　预算书初始编辑界面(单位工程)

2. 保存文件

新建或打开的预算文件，经过编辑之后，均需要保存，其操作方法也有两种：

① 单击菜单栏 Glodon 广联达 菜单下“保存、另存为”子菜单。

② 或者用鼠标点击系统“快捷工具行”中的“保存”图标按钮(见图 6－17)。

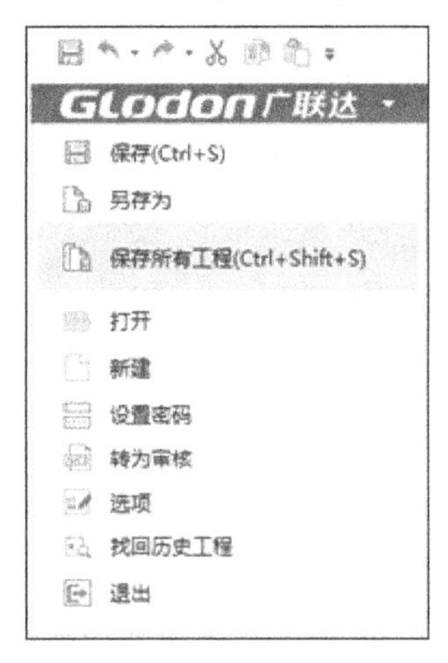

图 6－17　预算书文件“保存”菜单

只要选择保存的路径，并输入文件名称，单击保存即可。单项预算文件保存之后，文件后缀名为 ＊.GBQ5(见图 6－18)。

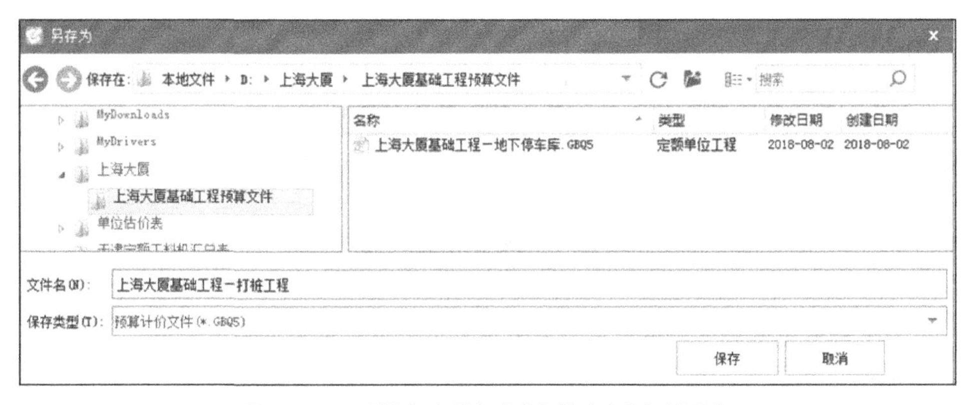

图 6－18　预算书文件保存“文件夹(路径)”选择

3. 打开文件

当需要查看、修改或打印某份预算文件的时候，必须打开预算文件，然后，就能获得文件信息。打开一份预算文件有两种方法：

① 单击菜单栏"Glodon 广联达"菜单下，选择"打开"子菜单。

② 利用 Windows 资源管理器，选择文件路径，选中文件，单击打开即可。

4. 预算书编辑

预算书的编辑是完成一份预算文件的主要工作，编辑一份预算文件，其涉及内容：工程概况输入、定额输入、定额换算、系数调整、定额的拷贝(剪切、粘贴、删除和插入)以及其他相关项目的操作。

本预算书编辑，按照案例工程(20 万锭棉纺纱厂办公楼)为主，专业则以 2016 系列的"土建装饰"定额为主。

(1) 预算书界面介绍。

预算书编辑界面如图 6-19 所示。

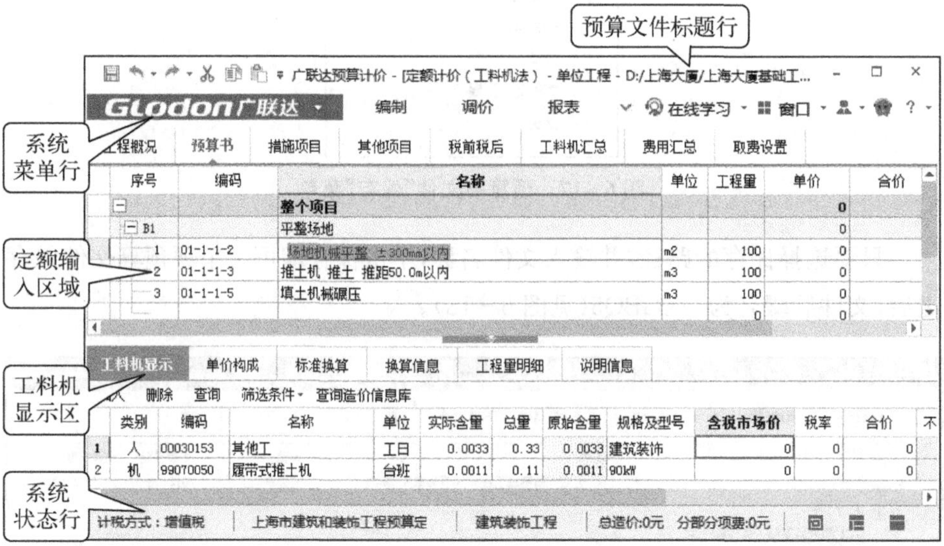

图 6-19　预算书编辑界面

(2) 预算书编辑"右键菜单"介绍。

预算书编辑过程中，需要调用许多编辑功能，为了方便使用，把常用的功能都设计在"右键菜单"上，如图 6-20 所示。

(3) 工程概况编辑。

单击"工程概况"选项卡，输入内容：工程信息、工程特征和编制说明。编辑方法非常简单，只要选择并输入相关内容即可。

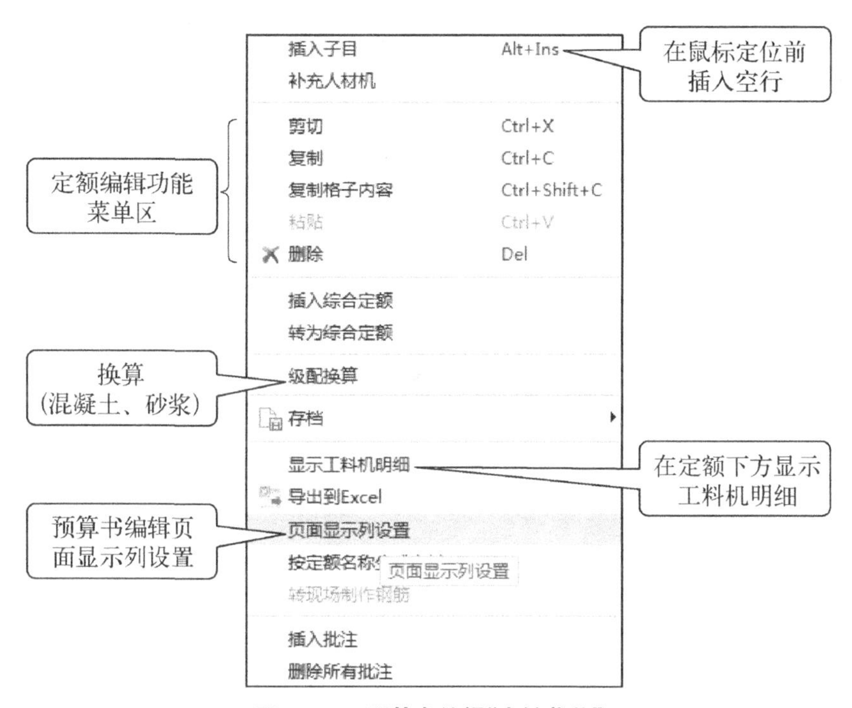

图 6－20　预算书编辑“右键菜单”

① 工程信息输入如图 6－21 所示。

工程概况	预算书	措施项目	其他项目	税前税后	工料机汇总	费用汇总	取费设置

工程信息
工程特征
编制说明

	名称	内容
1	− 基本信息	
2	工程名称	上海大厦基础工程－停车库
3	建设单位	
4	施工单位	
5	设计单位	
6	监理单位	
7	审价单位	
8	编制单位	

图 6－21　工程信息输入

② 工程特征输入如图 6－22 所示。

③ 编制说明输入如图 6－23 所示。输入操作方法与一般的文字处理软件相同，如 Word 等，这里就不再详细介绍了。

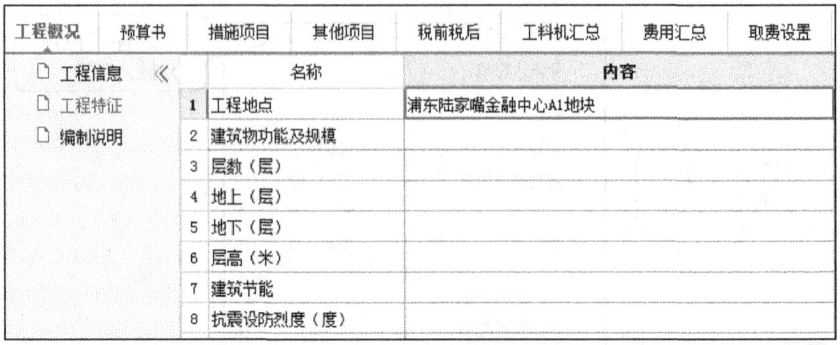

工程概况　预算书　措施项目　其他项目　税前税后　工料机汇总　费用汇总　取费设置

工程信息　工程特征　编制说明

	名称	内容
1	工程地点	浦东陆家嘴金融中心A1地块
2	建筑物功能及规模	
3	层数（层）	
4	地上（层）	
5	地下（层）	
6	层高（米）	
7	建筑节能	
8	抗震设防烈度（度）	

图 6－22　工程特征输入

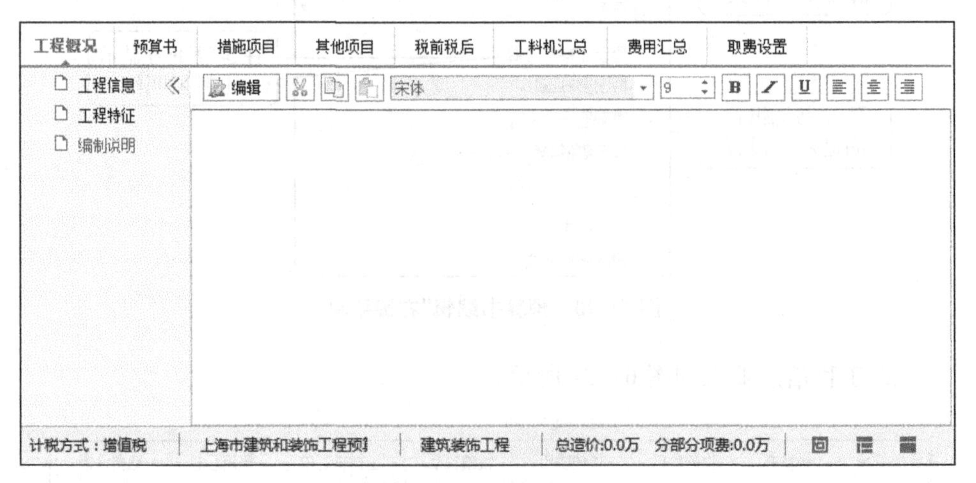

图 6－23　编制说明输入

(4) 预算书分部名称编辑。

① 手动输入分部名称：预算书界面→分部行名称列→手动输入分部名称（见图 6－24）。

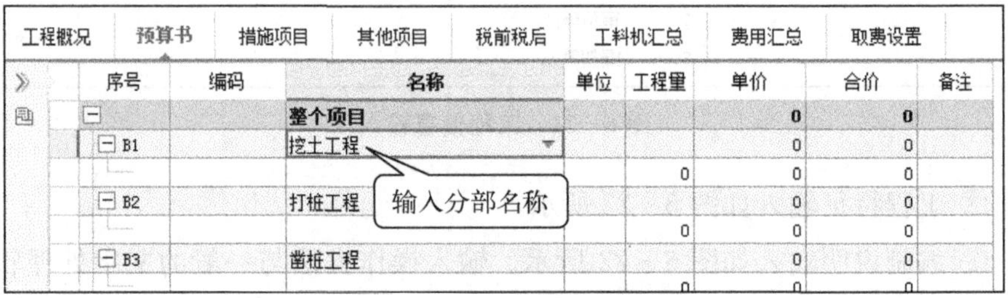

工程概况　预算书　措施项目　其他项目　税前税后　工料机汇总　费用汇总　取费设置

序号	编码	名称	单位	工程量	单价	合价	备注
		整个项目			0	0	
B1		挖土工程			0	0	
				0	0	0	
B2		打桩工程			0	0	
				0	0	0	
B3		凿桩工程			0	0	
				0	0	0	

输入分部名称

图 6－24　预算书分部名称手动输入

② 选择输入分部名称：预算书界面→分部行名称列→下拉选择对应分部名称(见图 6－25)。

工程概况　预算书　措施项目　其他项目　税前税后　工料机汇总　费用汇总　取费设置

序号	编码	名称	单位	工程量	单价	合价	备注
⊟		整个项目			0	0	
⊟ B1		挖土工程			0	0	
				0	0	0	
⊟ B2		打桩工程			0	0	
				0	0	0	
⊟ B3					0	0	
						0	
⊟ B4						0	

土方工程
打桩工程
砌筑工程
砼及钢砼工程
钢砼及金属构件驳运安装工程
选择分部名称

图 6－25　预算书分部名称选择输入

(5) 输入定额的方法。

在文件“新建”完成之后，定额输入是预算书编辑的主要基础工作，是建立基础数据的过程。在整个过程中，通常你可以有 3 种输入定额的方式。

① 定额编码的直接输入。把光标定位在定额编号列，直接输入定额编号。定额编号格式与定额书上的格式完全相同，如“2016 土建”定额：01－1－1－1、01－1－1－2 等(见图 6－26)。

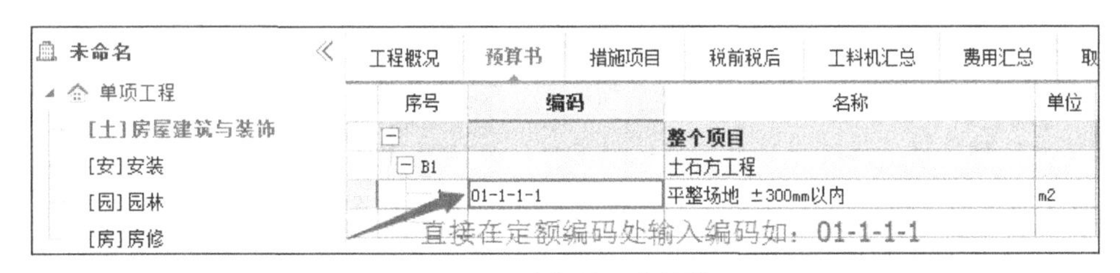

图 6－25　定额编码直接输入

② 定额名称关键字输入。在实际工作中，你可能并不记得所有定额编号，但一定知道定额名称的某些关键字，软件提供关键字查找输入定额的方法，帮助你解决定额记忆的困难。例如，想查找定额名称中含有“人”的定额，你只要在名称列中输入“人”，软件自动筛选出符合条件的定额，供你选择使用，如图 6－27 所示。

③ 定额查询方式传递输入。在预算书的编制过程中，经常需要查询定额，有时还要查询定额的详细分析，以便决定套用哪条定额等。这就需要使用定额

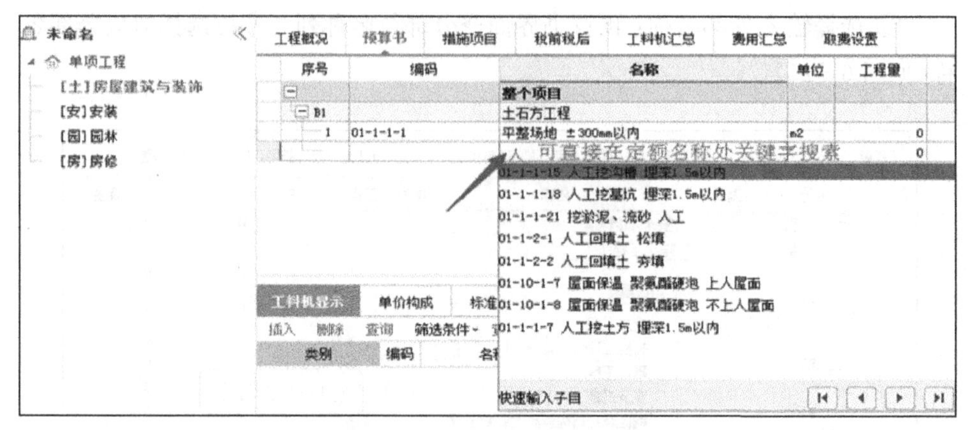

图 6-27　定额名称关键字输入

查询方式输入，双击定额编号处→据章节目录查找或输入关键字查询 → 双击需要的定额，如图 6-28 所示。

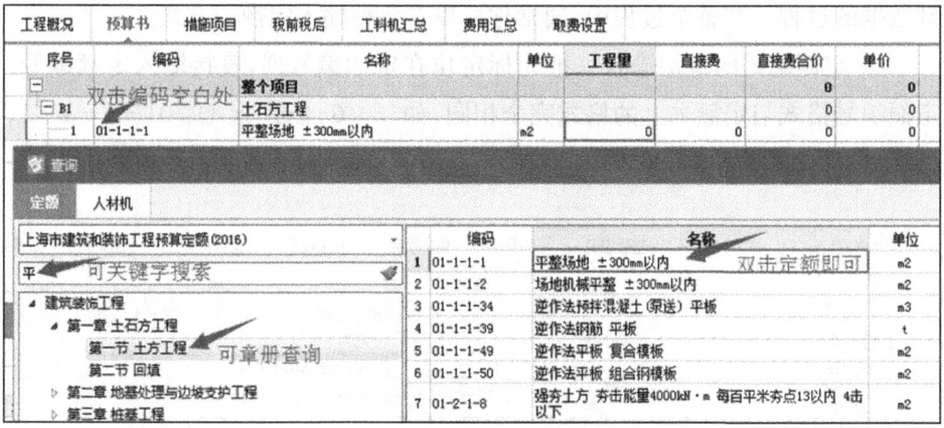

图 6-28　定额查询传递输入

(6) 借用定额的输入。

有时在编制“土建”预算文件时，可能会临时借用到同系列的“房修”或其他专业定额，甚至还可能会借用 2 000 系列定额。若借用土建 2 000 定额，可直接在编码处直接输入对应的 2 000 定额编码(见图 6-29)，如 4-8-1(2016 定额中允许套用 2 000 定额子目)。

(7) 临时定额与补充定额操作。

上海 2016 定额如果满足不了实际情况，或找不到实际所需的定额情况下，

工程概况　预算书　措施项目　税前税后　工料机汇总　费用汇总　取费设置

序号	编码	名称	单位	工程量	单价	合价
⊟		整个项目			0	11196.94
⊟ B1		土石方工程			0	0
1	01-1-1-1	平整场地 ±300mm以内	m2	1	0	0
				0	0	0
⊟ B2		混凝土及钢筋混凝土工程	借用2000定额		0	0
2	土4-8-1	现浇泵送砼 基础垫层 现浇泵送 (5-40)C20	m3	0	0	0
	T4-8-2	自动提示：请输入子目简称		0	0	0

图 6-29　借用 2 000 定额

可以采用临时定额，或补充定额。两者的主要区别：一是临时定额仅限于当前预算文件使用，并不具有保存价值；二是补充定额通常有普遍的使用价值，所以常常会被保存于系统中，供随时备用。

① 临时定额操作步骤：

在预算书编辑界面输入：异于系统的定额编码，名称、单位、工程量等按照实际输入；

在工料机显示界面输入：系统工料机编码；

或输入临时：人工名称、材料名称、机械名称及单位；

输入：人工、材料、机械的实际含量；

输入：人工、材料、机械的含税市场价。

临时定额输入如图 6-30 所示。

工程概况　预算书　措施项目　其他项目　税前税后　工料机汇总　费用汇总　取费设置

序号	编码	名称	单位	工程量	单价	合价	备注
1	01-1-1-1	平整场地 ±300mm以内	m2	100	0	0	
2	01-1-1-3	推土机 推土 推距50.0m以内	m3	100	0	0	
3	临1	手工堆土	m3	100	200	20000	
4	临2	自行车棚	m2	100	140	14000	

工料机显示　单价构成　标准换算　换算信息　工程量明细　说明信息

插入　删除　查询　筛选条件　查询造价信息库

	类别	编码	名称	单位	实际含量	总量	不含税市场价	含税市场价	税率	实际单价	合价
1	材-临	补充材料009@1	临时材料费	元	3	300	30	30	0	30	9000
2	机-临	补充机械010@1	临时机械费	元	2	200	20	20	0	20	4000
3	人-临	补充人工001@1	临时人工费	元	1	100	10	10	0	10	1000

图 6-30　临时定额输入

② 补充定额操作步骤：

在预算书编辑界面输入：异于系统定额的编码。名称、单位、工程量等按照实际输入；

在工料机显示界面输入系统工料机编码、实际含量。

补充定额输入如图 6－31 所示。

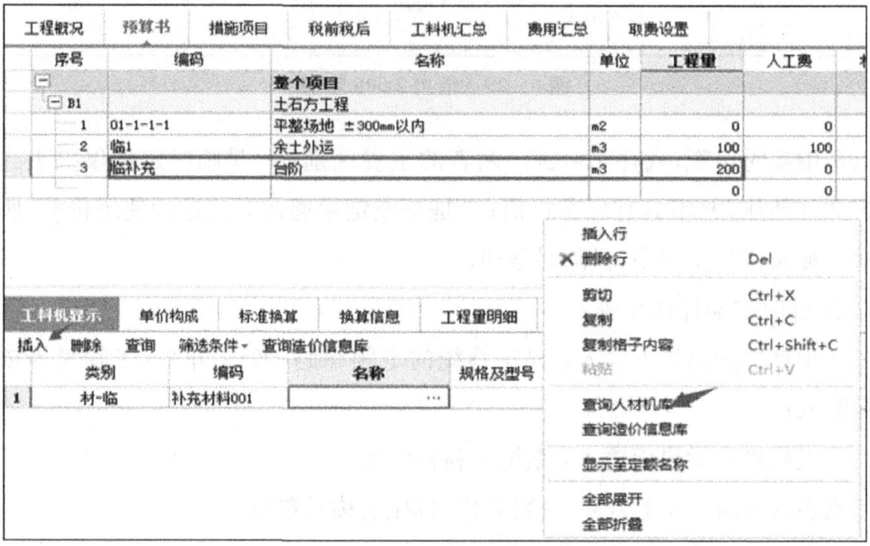

序号	编码	名称	单位	工程量	人工费
		整个项目			
B1		土石方工程			
1	01-1-1-1	平整场地 ±300mm以内	m2	0	0
2	临1	余土外运	m3	100	100
3	临补充	台阶	m3	200	0
				0	0

	类别	编码	名称	规格及型号
1	材-临	补充材料001	…	

图 6－31　补充定额输入

(8) 定额换算。

定额换算是对已有的定额按实际需要进行调整。这种换算原因是在定额的编制过程中，不可能把当时和将来的工程内容都包括进去，即不可预见因素；进一步原因是在定额编制时就知道部分定额在实际使用中需要调整以应付各种不同的情况，即可预见因素。

定额换算可能还有其他多种原因。总之，换算目的是解决定额和实际应用之间的矛盾，是定额应用的延伸。

所有各类定额换算，都是针对一条定额为对象进行调整的。

在软件中，系统提供了多种定额换算的方法，如普通换算、增减换算、级配换算和系数调整换算等。

① 定额“普通换算”。定额普通换算可以完成任何类型的换算，换算的基础数据是标准的定额数据。在标准的定额数据基础上进行添加材料、删除材料、替

换材料、修改材料含量及名称。例如，01－11－2－23 陶瓷锦砖楼地面拼花、干混砂浆铺贴。本定额需要换算内容如下：

新增材料：白色硅酸盐水泥，含量＝0.1；

删除人工：其他人工；

含量调整：装饰抹灰工的含量调整为 0.27；

替换材料：陶瓷锦砖，替换为玻璃锦砖。

图 6－32 为定额 01－11－2－23 换算前工料机显示；图 6－33 为定额 01－11－2－23 换算后工料机显示；图 6－34 为定额 01－11－2－23 换算过程信息显示。

B2		挖土工程	
5	01-1-1-10	机械挖土方 埋深5.0m以内	m^3
6	01-11-2-23	陶瓷锦砖楼地面拼花 干混砂浆铺贴	m^2

工料机显示　单价构成　标准换算　换算信息　工程量明细　说明信息

插入　删除　查询　筛选条件▾　查询造价信息库

	类别	编码	名称	规格及型号	单位	原始含量	实际含量	总量
1	人	00030129	装饰抹灰工（镶贴）	建筑装饰	工日	0.2314	0.2314	23.14
2	人	00030153	其他工	建筑装饰	工日	0.0498	0.0498	4.98
3	材	34110101	水		m^3	0.024	0.024	2.4
4	商浆	80060312	干混地面砂浆	DS M20.0	m^3	0.0051	0.0051	0.51
5	材	07070301	陶瓷锦砖		m^2	1.04	1.04	104
6	材	14417401	陶瓷砖填缝剂		kg	0.206	0.206	20.6
7	材	X0045	其他材料费		%	0.36	0.36	0

图 6－32　定额 01－11－2－23 换算前工料机显示

B2		挖土工程	
5	01-1-1-10	机械挖土方 埋深5.0m以内	m^3
6	01-11-2-23换	陶瓷锦砖楼地面拼花 干混砂浆铺贴	m^2

工料机显示　单价构成　标准换算　换算信息　工程量明细　说明信息

插入　删除　查询　筛选条件▾　查询造价信息库

含量调整=0.27

	类别	编码	名称	规格及型号	单位	原始含量	实际含量	总量
1	人	00030129	装饰抹灰工（镶贴）	建筑装饰	工日	0.2314	0.27	27
2	材	34110101	水		m^3	0.024	0.024	2.4
3	商浆	80060312	干混地面砂浆	DS M20.0	m^3	0.0051	0.0051	0.51
4	材	04011103	白色硅酸盐水泥		kg	0	0.1	10
5	材	07070401	玻璃锦砖		m^2	1.04	1.04	104
6	材	14417401	陶瓷砖填缝剂		kg	0.206	0.206	20.6
7	材	X0045	其他材料费		%	0.36	0.36	0

新增材料：白水泥

替换材料：陶瓷锦砖 替换为：玻璃锦砖

图 6－33　定额 01－11－2－23 换算后工料机显示

B2		挖土工程		
5	01-1-1-10	机械挖土方 埋深5.0m以内	m³	100
6	01-11-2-23换	陶瓷锦砖楼地面拼花 干混砂浆铺贴	m²	100

工料机显示　单价构成　标准换算　换算信息　工程量明细　说明信息

撤销　撤销换算　切换到换算对比

	说明	来源
1	插入人材机04011103(白色硅酸盐水泥)	工料机显示
2	人材机04011103(白色硅酸盐水泥)的含量改为0.1	工料机显示
3	删除人材机00030153(其他工建筑装饰)	工料机显示
4	人材机00030129(装饰抹灰工(镶贴)建筑装饰)的含量改为0.27	工料机显示
5	把人材机07070301(陶瓷锦砖)替换为人材机07070401(玻璃锦砖)(含量不变)	工料机显示

图6-34　定额01-11-2-23换算过程信息显示

② 定额“增减换算”。一些涉及厚度、运距、深度等情况，通常会使用“增减换算”。编制定额时通常编成两条相关的定额：即基本定额和附加定额，来完成“增减换算”。例如，01-11-1-17预拌细石混凝土(泵送)找平层30 cm厚。本定额需要换算内容如下：

要求：厚度从30 cm调整到45 cm；

操作：在增减换算对话框的厚度单元格输入=45即可。

图6-35为定额01-11-1-17增减换算对话框；图6-36为定额01-11-1-17增减换算结果。

③ 定额“说明系数换算”。有些定额在实际发生时可能会遇到多种情况，这些情况在定额编制时没有编进定额之内，但会在定额说明中列举，也属于定额规

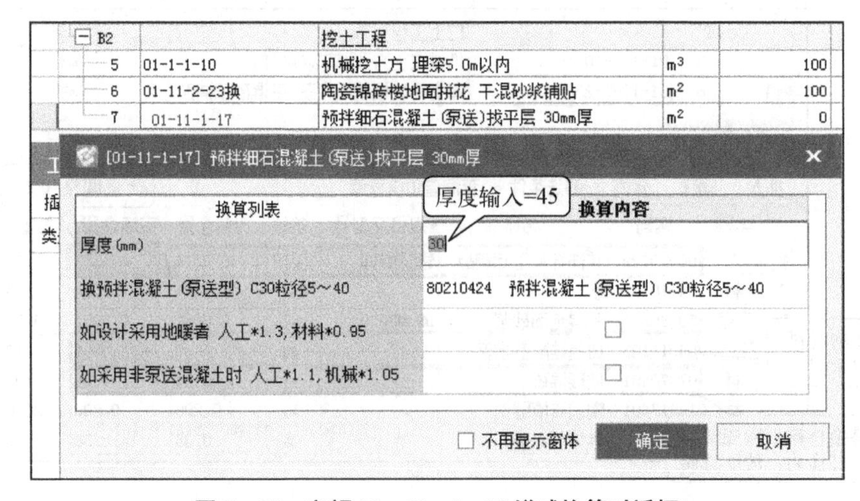

图6-35　定额01-11-1-17增减换算对话框

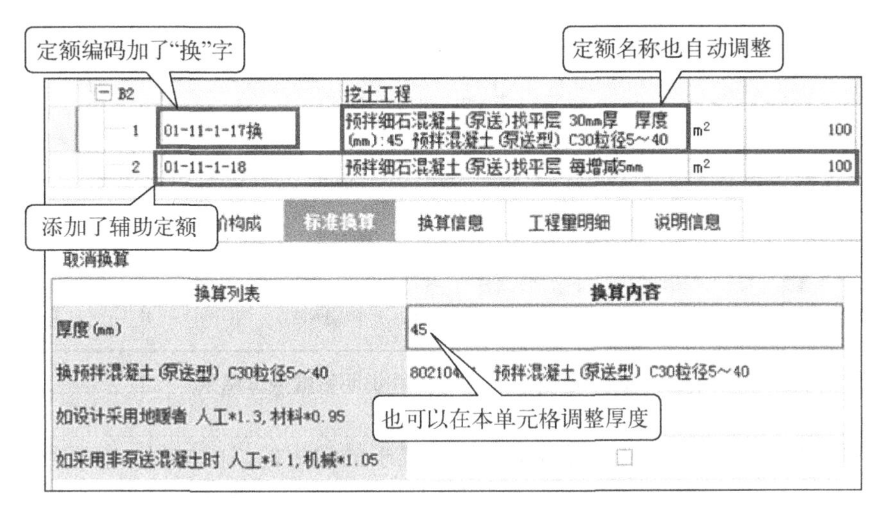

图 6-36　定额 01-11-1-17 增减换算结果

定的调整。通常,这些情况以人工、材料或机械乘以系数的形式表现出来(也有其他的表现形式)。软件把这些定额规定的调整统称为系数换算。如果定额中含有可调系数,在定额编号输入之后软件会自动调用,弹出系数调整窗口。例如,01-1-1-20 机械挖基坑、埋深 3.5 m 以内。本定额需要换算内容如下:

要求:含水率大于 25%,人工、机械含量各增加 15%;

操作:在说明系数换算对话框内,按换算列表“勾选”换算内容即可。

图 6-37 为定额 01-1-1-20 说明系数换算对话框,图 6-38 为定额 01-1-1-20 说明系数换算结果。

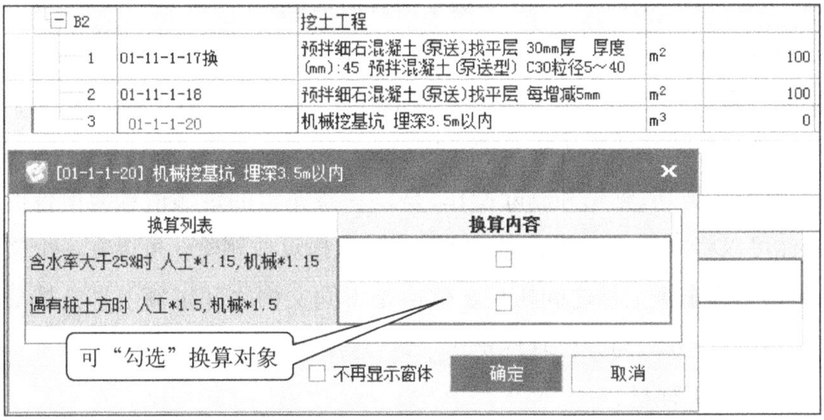

图 6-37　定额 01-1-1-20 说明系数换算对话框

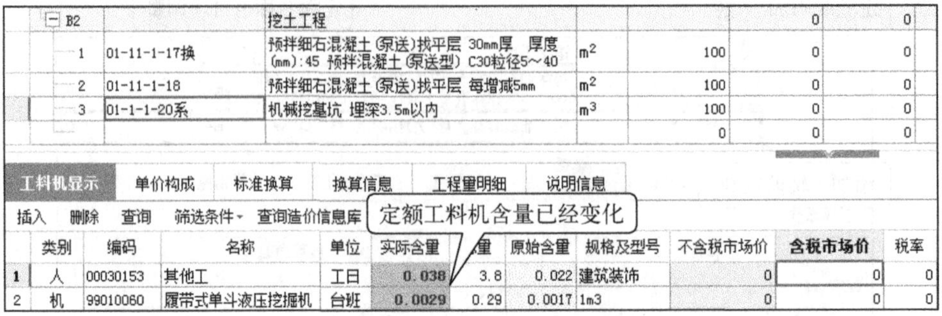

B2		挖土工程			0	0
1	01-11-1-17换	预拌细石混凝土(泵送)找平层 30mm厚　厚度(mm):45 预拌混凝土(泵送型) C30粒径5~40	m^2	100	0	0
2	01-11-1-18	预拌细石混凝土(泵送)找平层 每增减5mm	m^2	100	0	0
3	01-1-1-20系	机械挖基坑 埋深3.5m以内	m^3	100	0	0
				0	0	0

工料机显示　单价构成　标准换算　换算信息　工程量明细　说明信息

插入　删除　查询　筛选条件 -　查询造价信息库

定额工料机含量已经变化

	类别	编码	名称	单位	实际含量	量	原始含量	规格及型号	不含税市场价	含税市场价	税率
1	人	00030153	其他工	工日	0.038	3.8	0.022	建筑装饰	0	0	0
2	机	99010060	履带式单斗液压挖掘机	台班	0.0029	0.29	0.0017	1m3	0	0	0

图 6-38　定额 01-1-1-20 说明系数换算结果

④ 定额“级配换算”。“混凝土、砂浆”属于最常用的级配材料。级配换算功能仅适合这两类材料。

因上海 2016 定额中没有规定混凝土的配比，默认的混凝土的配比为 C30。但实际施工中，配比会发生变化，需按实进行调整。例如，01-5-2-1 预拌混凝土(泵送)矩形柱。本定额需要换算内容如下：

要求：预拌混凝土级配调整为 C30、粒径 5-40。

操作 1：在级配换算对话框内，在换算内容列表“选择”对应的预拌混凝土即可。

操作 2：选择预算书对应的混凝土定额→，鼠标右键→，显示操作菜单→，点击“级配换算”菜单→，选择需要的“预拌混凝土”即可(参见预算书编辑“右键菜单”介绍)。

图 6-39 为定额 01-5-2-1 级配换算对话框。

⑤ 关联定额。在输入 01-5-2-1 定额后，级配换算对话框自动显示，级配换算完成后系统会自动显示关联定额(见图 6-40)。用户可以按需勾选即可。

(9) 定额拷贝、剪切、粘贴、删除和插入。

定额拷贝、剪切、粘贴和删除操作，是以一条完整的定额信息为单位的。也就是说你可以将一条或多条的定额粘贴、剪切、拷贝或删除。可以在一个文档内拷贝，也可以在多个文档之间拷贝。这也是不同文档之间定额信息交换最便利的方法。其操作方法与办公软件操作一致，这里不再叙述。

(10) 输入工程量。

① 直接在定额工程量列输入：数值。

图 6-39　定额 01-5-2-1 级配换算对话框

图 6-40　预拌混凝土的关联定额

② 也可在工程量表达式列输入表达式。

③ 如何在预算书界面显示“工程量”表达式，可参见预算书编辑“右键菜单”介绍。

工程量表达式如图 6-41 所示。

(11) 工料机汇总表编辑。

在完成预算书编辑之后，另外一项重要工作就是要计算定额的单价，而2016 定额依然采用的是量价分离的方式，即管理总站在发布定额时，只有定额

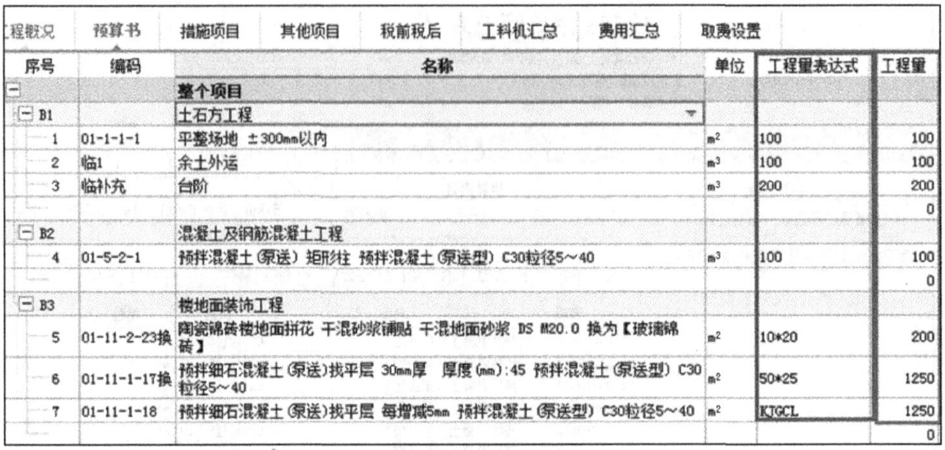

工程概况　预算书　措施项目　其他项目　税前税后　工料机汇总　费用汇总　取费设置

序号	编码	名称	单位	工程量表达式	工程量
		整个项目			
B1		土石方工程			
1	01-1-1-1	平整场地 ±300mm以内	m²	100	100
2	临1	余土外运	m³	100	100
3	临补充	台阶	m³	200	200
					0
B2		混凝土及钢筋混凝土工程			
4	01-5-2-1	预拌混凝土(泵送)矩形柱 预拌混凝土(泵送型) C30粒径5～40	m³	100	100
					0
B3		楼地面装饰工程			
5	01-11-2-23换	陶瓷锦砖楼地面拼花 干混砂浆铺贴 干混地面砂浆 DS M20.0 换为【玻璃锦砖】	m²	10*20	200
6	01-11-1-17换	预拌细石混凝土(泵送)找平层 30mm厚 厚度(mm):45 预拌混凝土(泵送型) C30粒径5～40	m²	50*25	1250
7	01-11-1-18	预拌细石混凝土(泵送)找平层 每增减5mm 预拌混凝土(泵送型) C30粒径5～40	m²	KJGCL	1250
					0

图 6-41　工程量表达式

工、料、机的消耗量而没有价格，这样做是为了更好地和市场接轨。但量价分离以后，如何处理定额工、料、机的价格，就成了软件中一个非常重要的问题。

在实际的工程预算编制过程中，工、料、机表中的数据，是按预算书输入的内容自动汇总产生的，如图 6-42 所示，其还是定额子目价格的计算依据，工、料、机市场价格在大多数情况下是通过工料机表来告诉系统的。

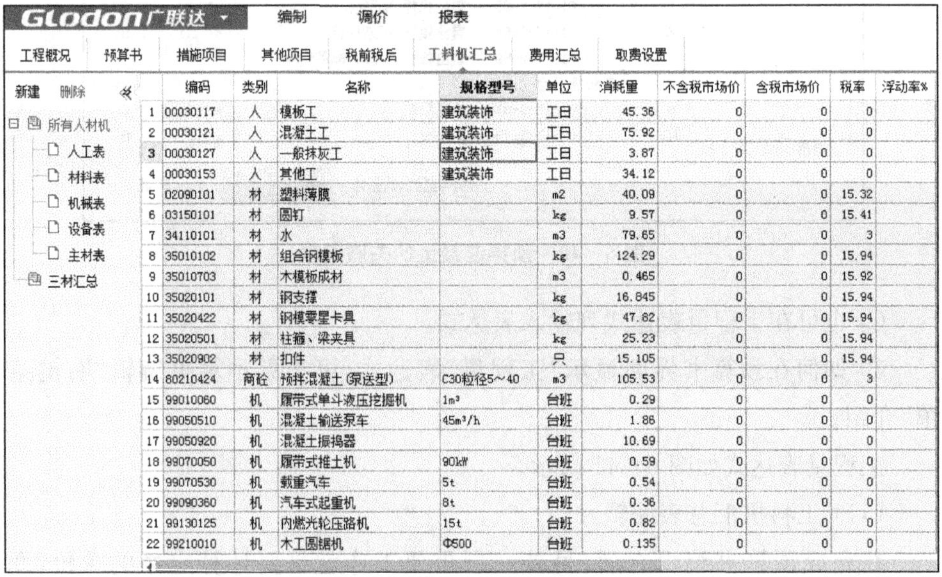

Glodon广联达　编制　调价　报表

工程概况　预算书　措施项目　其他项目　税前税后　工料机汇总　费用汇总　取费设置

新建　删除

所有人材机：人工表、材料表、机械表、设备表、主材表；三材汇总

	编码	类别	名称	规格型号	单位	消耗量	不含税市场价	含税市场价	税率	浮动率%
1	00030117	人	模板工	建筑装饰	工日	45.36	0	0	0	
2	00030121	人	混凝土工	建筑装饰	工日	75.92	0	0	0	
3	00030127	人	一般抹灰工	建筑装饰	工日	3.87	0	0	0	
4	00030153	人	其他工	建筑装饰	工日	34.12	0	0	0	
5	02090101	材	塑料薄膜		m2	40.09	0	0	15.32	
6	03150101	材	圆钉		kg	9.57	0	0	15.41	
7	34110101	材	水		m3	79.65	0	0	3	
8	35010102	材	组合钢模板		kg	124.29	0	0	15.94	
9	35010703	材	木模板成材		m3	0.465	0	0	15.92	
10	35020101	材	钢支撑		kg	16.845	0	0	15.94	
11	35020422	材	钢模零星卡具		kg	47.62	0	0	15.94	
12	35020501	材	柱箍、梁夹具		kg	25.23	0	0	15.94	
13	35020902	材	扣件		只	15.105	0	0	15.94	
14	80210424	商砼	预拌混凝土(泵送型)	C30粒径5～40	m3	105.53	0	0	3	
15	99010060	机	履带式单斗液压挖掘机	1m³	台班	0.29	0	0	0	
16	99050510	机	混凝土输送泵车	45m³/h	台班	1.86	0	0	0	
17	99050920	机	混凝土振捣器		台班	10.69	0	0	0	
18	99070050	机	履带式推土机	90kW	台班	0.59	0	0	0	
19	99070530	机	载重汽车	5t	台班	0.54	0	0	0	
20	99090360	机	汽车式起重机	8t	台班	0.36	0	0	0	
21	99130125	机	内燃光轮压路机	15t	台班	0.82	0	0	0	
22	99210010	机	木工圆锯机	Φ500	台班	0.135	0	0	0	

图 6-42　工料机汇总表

那么，如何产生定额单价呢？按照前面所述，只有在工料机汇总表内输入相关工料机含税价，才能得到定额单价。下面将详细叙述“工料机表”输入工料机含税价的方法。

① 手工直接输入含税价。手工输入非常简单，将光标在含税市场价列上下移动，输入价格即可。系统会按照税率，折算出工料机的实际单价（即不含税市场价），预算书都处在后台动态计算定额子目价格中，你转到预算书界面，就可以看到计算完毕的定额子目价格。工、料、机价格可以反复调整，直到你满意为止。

② 软件“批量载价”输入含税市场价。所谓软件“批量载价”就是通过一款工具软件，替代人工载价。“广材助手”就是这款工具软件。其有两个主要功能：

第一，储存各类材料信息价，并通过网络连接在线下载、更新工料机价格信息包；

第二，工、料、机汇总表内自动载价。

因此，确定一条定额单价，可以在工料机汇总表中手工输入材料的信息价，也可以通过“广材助手”工具载价（见图 6－43）。

“广材助手”一般工作流程如下：

价格信息包灌入“广材助手”→；

工料机汇总表执行“批量载价”→；

系统会按照税率，折算出工料机的实际单价（即不含税市场价）→；

系统依照“工料机实际单价”自动计算定额单价。

前税后　工料机汇总　费用汇总　取费设置

名称	规格型号	单位	消耗量	不含税市场价	含税市场价	税率	浮动率%	实际单价	合价
模板工	建筑装饰	工日	45.36	180	180	0		180	8164.8
混凝土工	建筑装饰	工日	75.92	160					12147.2
一般抹灰工	建筑装饰	工日	3.87	178.5					690.8
其他工	建筑装饰	工日	34.12	140.5					4793.86
塑料薄膜		m2	40.09	0					0
圆钉		kg	9.57	0					0
水		m3	79.65	0					0
组合钢模板		kg	124.29	0					0
木模板成材		m3	0.465	1596.593	1				742.42
钢支撑		kg	16.845	6.786					114.31
钢模零星卡具		kg	47.82	0					0
柱箍、梁夹具		kg	25.23	0					0
扣件		只	15.105	0					0
其他材料费		元	42.8363	1					42.84
预拌混凝土(泵送型)	C30粒径5～40	m3	105.53	529.126					55838.67
履带式单斗液压挖掘机	1m3	台班	0.29	1408.927	1527.7	8.43		1408.927	408.59

来源分析
批量载价
批量载价
全部甲供
调整浮动率
替换材料　Ctrl+B
复制格子内容　Ctrl+Shift+C
页面显示列设置
导出到Excel
插入批注
删除所有批注
清除市场价

图 6－43　调用“批量载价”工具

③ 软件“批量载价”价格包选择。“广材助手”含有 3 种价格包可供用户选择(见图 6 - 44)。

图 6 - 44 “广材助手”价格包选择

信息价分为以下 6 类：

总站信息价——市管理总站发布,可供土建、装饰、房修、安装、人防、园林建筑等专业使用(见图 6 - 45)；

广材助手 全部类型 | 信息价 | 辅材价 | 市场价 | 广材网 | 个人价格库 | 价格趋势 购买 帮助 | 登录

价格包: 总站 期数: 2018年07月 关键字: 塑料薄膜

所有材料类别: 人工；建筑安装一般常用材料；木(竹)材及其制品；金属材料(不含金属管材)；管材；防腐油漆、树脂、绝热...；电线、电缆及其线路联...；机械；其他类别；其他类别1

出处	序号	材料名称	规格型号	单位	换算率	不含税市场价	含税市场价	历史价	报价时间	来源	备注
信	1	装饰木工		工日		188.5	188.5		2018-07-15	总站信息价	155~222
信	2	普工		工日		140.5	140.5		2018-07-15	总站信息价	125~156
信	3	制浆工		工日		163.5	163.5		2018-07-15	总站信息价	141~186
信	4	注浆工		工日		169.5	169.5		2018-07-15	总站信息价	146~193
信	5	一般抹灰工		工日		178.5	178.5		2018-07-15	总站信息价	149~208
信	6	装饰抹灰工(镶贴)		工日		192	192		2018-07-15	总站信息价	160~224
信	7	油漆工		工日		170	170		2018-07-15	总站信息价	142~198
信	8	防水工		工日		159	159		2018-07-15	总站信息价	135~183
信	9	架子工		工日		166	166		2018-07-15	总站信息价	141~191
信	10	打桩工		工日		173	173		2018-07-15	总站信息价	146~200

上海市建筑和装饰工程预算定额(2016) | 建筑装饰工程 | 总造价:0元 分部分项费:0元

图 6 - 45 “广材助手”总站信息价选择

市政信息价——市管理总站发布,可供市政专业使用；

苗木信息价——市管理总站发布,可供园林绿化专业使用；

燃气信息价——市燃气行业协会发布,可供燃气专业使用；

水利信息价——市水利定额站发布，可供水利专业使用；

自来水信息价——市水利定额站发布，可供自来水专业使用；

辅材价由上海兴安得力软件公司收集整理发布，可供各类专业使用；

市场价(部分主材价)由上海兴安得力软件公司收集整理发布，可供各类专业使用。

④ 注意事项：

所载入的信息价皆属于参考价，若不合理可手动调整。

a. 载价顺序。可供载入的相关信息价文件很多，用户可以按照编辑文件的专业类型，选择合适的对象。一般情况下建议载入信息价文件遵循以下顺序：

土建、装饰、房修、人防、园林、安装、智能专业：首先载入“总站信息价”，其次可以载入“辅材信息价”作为补充，“市场价”一般为各专业主材的参考价。

b. 调整工料机价格“浮动率”(见图 6-46)。背景：当人材机单价偏高或偏低时，可利用“调整浮动率”功能，快速调整“人、材、机”单价。

操作方法：工料机汇总界面右键→调整浮动率→输入浮动率数值。

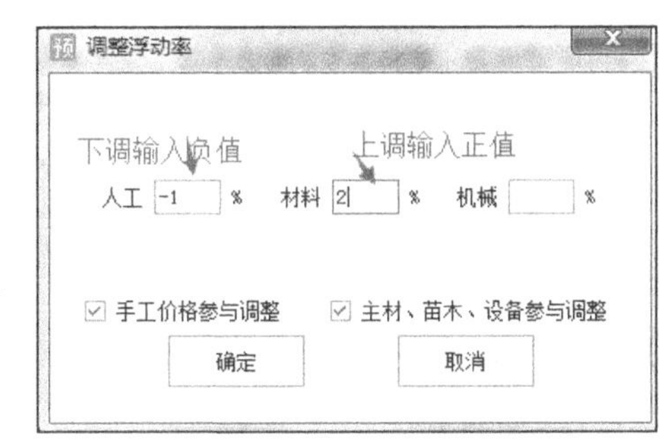

图 6-46　调整工料机价格“浮动率”

c. 甲供材料。甲供材料的处理只能在“工料机表”内定向处置。通常，甲供材料有两种定向处理方式，即“全部甲供”和“部分甲供”。

全部甲供：某一材料全部由甲方供应；

部分甲供：某一材料部分由甲方供应。

注意，工程直接费中必须包含甲供材料，而在工程造价计算时，则必须扣除“甲供材料费”。

操作方法：在“工料机汇总表”内，选中“材料”并单击右键，选择“全部甲供”菜单(见图 6-47)；

如果是“部分甲供”，可以直接在“甲供数量”单元格内直接输入；

甲供材料会自动汇总至费用表。

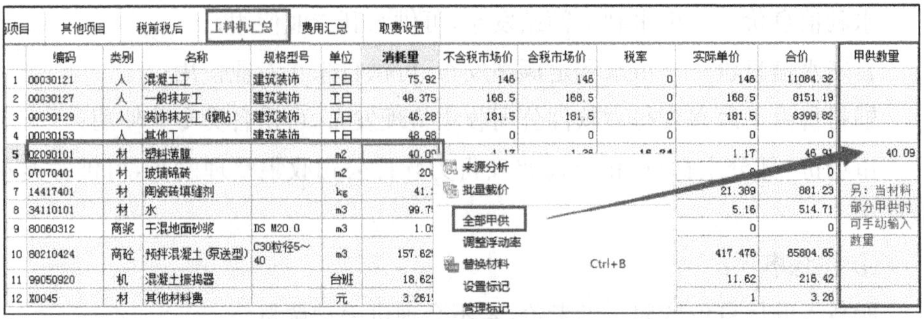

项目 | 其他项目 | 税前税后 | 工料机汇总 | 费用汇总 | 取费设置

	编码	类别	名称	规格型号	单位	消耗量	不含税市场价	含税市场价	税率	实际单价	合价	甲供数量
1	00030121	人	混凝土工	建筑装饰	工日	75.92	146	146	0	146	11084.32	
2	00030127	人	一般抹灰工	建筑装饰	工日	48.375	168.5	168.5	0	168.5	8151.19	
3	00030129	人	装饰抹灰工(镶贴)	建筑装饰	工日	46.28	181.5	181.5	0	181.5	8399.82	
4	00030153	人	其他工	建筑装饰	工日	48.98	0	0	0	0	0	
5	02090101	材	塑料薄膜		m2	40.09	1.17	[illegible]	[illegible]	1.17	46.91	40.09
6	07070401	材	玻璃锦砖		m2	20				0	0	
7	14417401	材	陶瓷砖填缝剂		kg	41.				21.389	881.23	另：当材料
8	34110101	材	水		m3	99.7				5.16	514.71	部分甲供时
9	80060312	商浆	干混地面砂浆	DS M20.0	m3	1.0				0	0	可手动输入
10	80210424	商砼	预拌混凝土(泵送型)	C30粒径5~40	m3	157.62				417.476	65804.65	数量
11	99050920	机	混凝土振捣器		台班	18.62				11.62	216.42	
12	X0045	材	其他材料费		元	3.261				1	3.26	

来源分析
批量载价
全部甲供
调整浮动率
替换材料 Ctrl+B
设置标记
管理标记

图 6-47 “甲供材料”输入

(12) 增值税折算率。

为适应国家税制改革要求，满足建筑业“营改增”建设工程计价的需要，根据上海市住房和城乡建设管理委员会《关于做好本市建筑业营改增建设工程计价依据调整工作的通知》(沪建标定(2016)257 号)、上海市建筑建材业市场管理总站《关于实施建筑业营业税改增值税调整本市建设工程计价依据的通知》(沪建市管(2016)42 号)等文件的规定，经研究和测算，编制与发布上海市建设工程各类材料中含增值税率的折算率(试行)，供各有关单位参考。

① 编制依据。住房和城乡建设部办公厅《关于做好建筑业营改增建设工程计价依据的调整准备工作的通知》(建办标(2016)4 号)，财政部、国家税务总局《关于全面推开营业税改征增值税试点的通知》(财税(2016)36 号)，国家税务总局发布的各类增值税率汇总表，即《2015 增值税税目税率表》。

② 编制方法。

一般纳税人，按“二票”制进行测算，即货物除税价＝货物含税价/(1＋增值税率 17%或 13%)＋运输含税价/(1＋增值税率 11%)，增值税率折算率＝(货物含税价/货物除税价)－1；

简易征收按“一票”制考虑，即简易征收按国税局公布的征收率；

小规模纳税人暂时不予以考虑，根据实际情况自行确定；

苗木按自产自销免增值税考虑，苗木贸易商如果作为一般纳税人，按农产品 13%增值税率。

③ 除税价计算方法。

折算率是材料、施工机具含税价换算除税价的参考依据；

一般纳税人按“二票”制计税，除税价＝含税价/(1＋增值税率折算率)；

一般纳税人按“一票”制计税，除税价＝含税价/（1＋增值税率）；

实行简易征收计税，除税价＝含税价/（1＋征收率）。

④ 增值税率折算率（见下表）：

类别编码	类别名称	折算率	范　围　说　明
01	黑色及有色金属		1. 包含金属和以金属为基础的合金材料 2. 黑色金属是指铁和以铁为基础的合金，包括钢铁、钢铁合金、铸铁等 3. 有色金属是指黑色金属以外的所有金属及其合金，包括铜、铝、钛、锌等
0101	钢筋	16.93%	包含钢筋、加工钢筋、成型钢筋、预应力钢筋、钢筋网片、热轧带肋钢筋、热轧光圆钢筋等
0103	钢丝	16.95%	包含钢丝、冷拔低碳钢丝、镀锌低碳钢丝、高强钢丝、不锈钢软态钢丝、铁绑线、拉线等
0105	钢丝绳	16.95%	包含钢丝绳、镀锌钢丝绳、不锈钢钢丝绳、钢丝绳套等
0107	钢绞线、钢丝束	16.95%	包含钢绞线、预应力钢绞线、镀锌钢绞线、喷涂塑钢绞线、无粘结钢丝、钢索 、镀铝锌钢绞线等
0109	圆钢	16.93%	包含圆钢、镀锌圆钢、不锈钢圆钢、热轧圆方钢、不锈钢压棍等
0111	方钢	16.93%	包含方钢、热轧方钢等
0113	扁钢	16.93%	包含扁钢、热轧镀锌扁钢、不锈钢扁钢等
0115	型钢	16.93%	包含 H 型钢、薄壁 H 型钢、T 型钢等
0117	工字钢	16.93%	包含工字钢、工字钢连接板等
0119	槽钢	16.93%	包含热轧槽钢、冷弯卷边槽钢等
0121	角钢	16.93%	包含等边角钢、等边镀锌角钢、不等边角钢、连接角钢等
			……

（13）措施项目报价。

① 措施项目。措施项目费用是指为完成工程项目施工，发生于该工程施工前和施工过程中非工程实体项目的费用。

② 操作方法：

【措施项目】→【计算基数】→直接输入费用报价→确定【工程量】，

如直接在市政设施保护、改道、迁移等措施费计算基数上输入 35 000 元；

【措施项目】→【计算基数】→选中取费基数 * 费率→确定【工程量】，

如工程监测费在计算基数处选择取费基数(直接费),费率处输入 5.5。

输入“措施项目”后的界面如图 6-48 所示;选择“措施项目”计费基数的界面如图 6-49 所示。

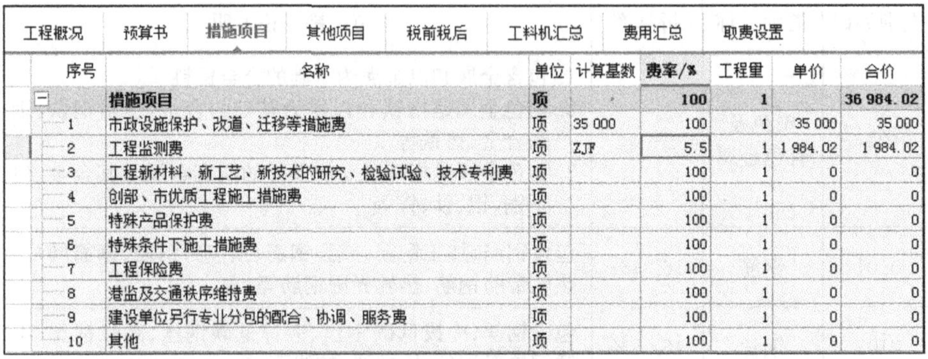

工程概况 预算书 措施项目 其他项目 税前税后 工料机汇总 费用汇总 取费设置

序号	名称	单位	计算基数	费率/%	工程量	单价	合价
	措施项目	项		100	1		36 984.02
1	市政设施保护、改道、迁移等措施费	项	35 000	100	1	35 000	35 000
2	工程监测费	项	ZJF	5.5	1	1 984.02	1 984.02
3	工程新材料、新工艺、新技术的研究、检验试验、技术专利费	项		100	1	0	0
4	创部、市优质工程施工措施费	项		100	1	0	0
5	特殊产品保护费	项		100	1	0	0
6	特殊条件下施工措施费	项		100	1	0	0
7	工程保险费	项		100	1	0	0
8	港监及交通秩序维持费	项		100	1	0	0
9	建设单位另行专业分包的配合、协调、服务费	项		100	1	0	0
10	其他	项		100	1	0	0

图 6-48 输入“措施项目”示意

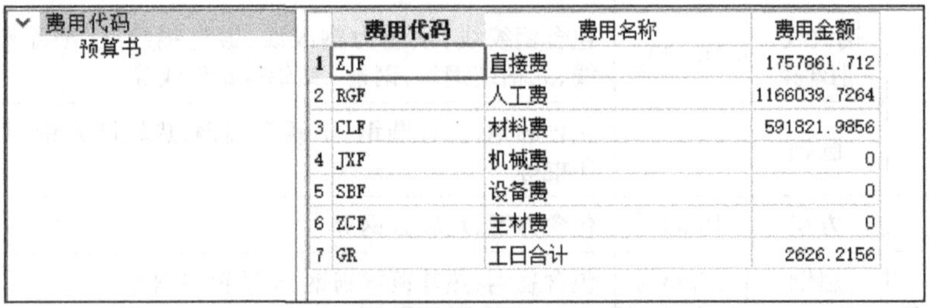

费用代码
预算书

	费用代码	费用名称	费用金额
1	ZJF	直接费	1757861.712
2	RGF	人工费	1166039.7264
3	CLF	材料费	591821.9856
4	JXF	机械费	0
5	SBF	设备费	0
6	ZCF	主材费	0
7	GR	工日合计	2626.2156

图 6-49 选择“措施项目”计费基数示意

(14) 其他项目报价(总包服务费)。

① 总承包服务费一般包括以下内容:

指总承包单位为协调各专业分包工程,配合交叉施工,而增加的现场经费;

各个分包工程的工期、质量、安全的管理与协调;

对建设单位自行采购的材料、工程设备等进行保管服务费;

总包单位及分包单位承担的竣工资料汇总整理等服务所需的费用等。

② 操作方法:

单击【其他项目】→【总承包服务费】→;

总包服务分项列项:输入→【项目名称、服务内容】→(见图 6-50);

项目价值项:输入→直接报价(或选择计费基数)→确定费率→(见图 6-50、图 6-51);

系统计算出总包服务费分项金额。

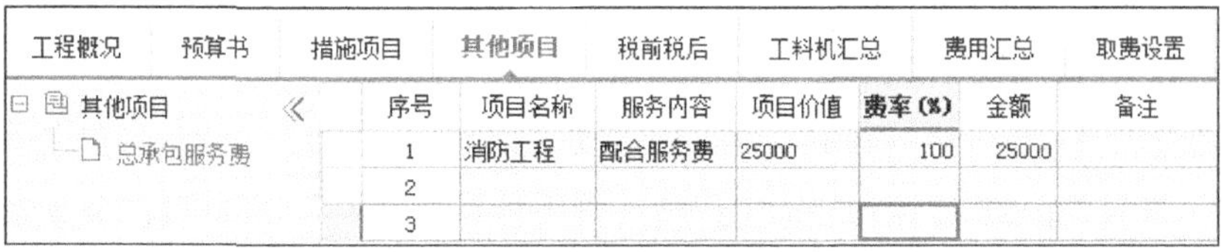

工程概况　预算书　措施项目　其他项目　税前税后　工料机汇总　费用汇总　取费设置

其他项目
总承包服务费

序号	项目名称	服务内容	项目价值	费率(%)	金额	备注
1	消防工程	配合服务费	25000	100	25000	
2						
3						

图 6－50　输入“总包服务费项目”示意

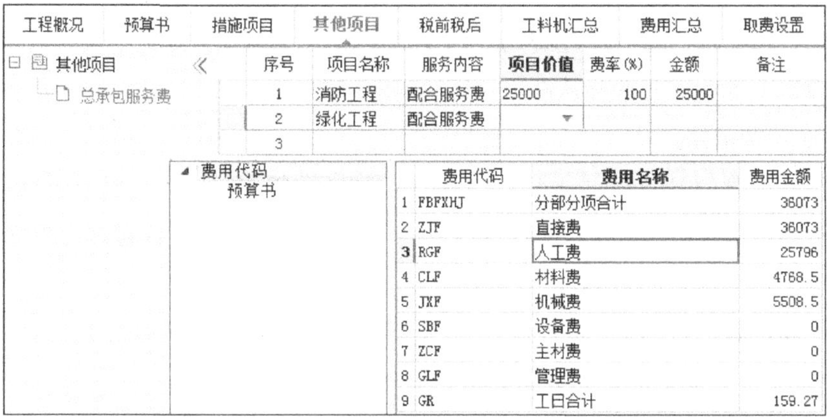

工程概况　预算书　措施项目　其他项目　税前税后　工料机汇总　费用汇总　取费设置

其他项目
总承包服务费

序号	项目名称	服务内容	项目价值	费率(%)	金额	备注
1	消防工程	配合服务费	25000	100	25000	
2	绿化工程	配合服务费				
3						

费用代码
预算书

	费用代码	费用名称	费用金额
1	FBFXHJ	分部分项合计	36073
2	ZJF	直接费	36073
3	RGF	人工费	25796
4	CLF	材料费	4768.5
5	JXF	机械费	5508.5
6	SBF	设备费	0
7	ZCF	主材费	0
8	GLF	管理费	0
9	GR	工日合计	159.27

图 6－51　选择“总包服务费项目”计费基数示意

(15) 税前税后报价。

在初始状态下，税前、税后补差表是上、下两张空表，用户填入相关内容之后，系统将根据你填入的内容计算出税前和税后的补差费用，如图 6－52 所示。

工程概况　预算书　措施项目　其他项目　税前税后　工料机汇总　费用汇总　取费设置

	序号	名称	单位	数量	单价	合价	备注
1		税前补差				13720	
2	1	水费补差	m3	2000	2.5	5000	
3	2	电费补差	度	5600	1.2	6720	
4	3	室内空气检测费	m2	2500	0.8	2000	
5	4		项			0	
6		税后补差				344000	
7	1	载人电梯（三菱）	台	2	120000	240000	
8	2	消防电梯（国产）	台	1	80000	80000	
9	3	不锈钢水箱	只	2	12000	24000	
10	4		项			0	

图 6－52　输入“税前、税后项目”示意

税前、税后补差区别如下：

税前报价项目：软件还需计算增值税的费用；

税后报价项目：不需计算增值税的费用，报价的费用直接计入总造价中。

(16) 取费设置。

随着工、料、机价格的确定，定额的价格亦随之确定。同时，工程直接费也就确定了，接下来只要按照“建筑和装饰工程施工费用计算程序表”，分别设置“企业管理费和利润率、安全防护和文明施工措施费、规费、税金”等。如此，工程造价计算就完成了。

本计价软件内置各专业费用计算规则模板，只需在“取费设置”选项卡中，分别选择以下 3 项内容并确认即可，具体操作介绍如下：

① 计费依据：

沪建市管(2016)43 号＋42 号文件(针对 2017 年 12 月 15 日以前项目)；

沪建市管(2017)105 号＋42 号文件(凡 2017 年 12 月 15 日起进行招标登记的建设工程应执行此费率)；

沪建市管(2018)28 号(针对 2018 年 5 月 1 日以后项目)(见图 6－53)。

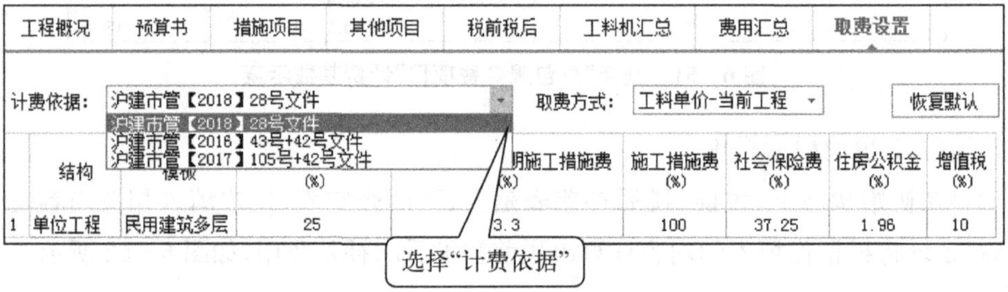

图 6－53　选择“计费依据”示意

② 政府文件简要说明：

沪建市管(2016)42 号文件要点：

增值税税率＝11％；

各专业工程企业管理费和利润费率；

安全防护、文明施工费，按照沪建交(2006)445 号执行；

各专业工程其他措施项目费费率；

规费，即社会保险费和住房公积金；

沪建市管(2016)43 号文件要点；

调整建设工程造价中的规费，即社会保险费及住房公积金费率；

沪建市管(2017)105 号文件要点；

调整建设工程造价中的规费，即社会保险费及住房公积金费率；

沪建市管(2019)24 号文件；

调整建设工程造价中的规费，即社会保险费及住房公积金费率；

沪建市管(2018)28 号文件；

调整建设工程增值税税率＝10％；

沪建标定(2019)176 号文件；

调整建设工程增值税税率＝9％。

③ 2016 定额取费方式分为 3 种(即费用计算方式)，具体内容如下：

工料单价——当前工程；

预算书界面单价为直接费单价；

预算书界面单价构成不显示内容；

费用总造价只显示在费用表上；

工料单价——分部工程；

预算书界面单价为直接费单价；

预算书界面单价构成显示根据选中的分部行显示对应分部内容；

在组合报表中可看到每个分部的明细费用造价；

全费用综合单价；

预算书界面单价为全费用单价；

预算书界面单价构成显示根据选中的每条定额显示对应定额内容；

在定额综合单价分析表中可看到每条定额费用的明细组成。

以上各条如图 6－54 所示。

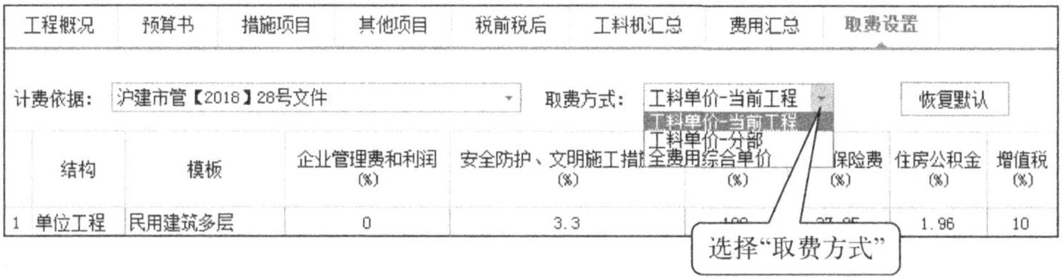

工程概况　预算书　措施项目　其他项目　税前税后　工料机汇总　费用汇总　取费设置

计费依据：沪建市管【2018】28号文件　取费方式：工料单价-当前工程　恢复默认

工料单价-当前工程
工料单价-分部
全费用综合单价

	结构	模板	企业管理费和利润(%)	安全防护、文明施工措…	(%)	保险费(%)	住房公积金(%)	增值税(%)
1	单位工程	民用建筑多层	0	3.3	100	27.85	1.96	10

选择“取费方式”

图 6－54　选择“取费方式”示意

④ 费用模板包括两个方面内容。

建筑与装饰专业可选模板如下：

工业建筑厂房单层；

工业建筑厂房多层；

工业建筑仓库单层；

工业建筑仓库多层；

民用建筑低层；

民用建筑多层；

民用建筑中高层及高层；

……

市政专业可选模板如下：(略)

以上步骤如图 6－55 所示。

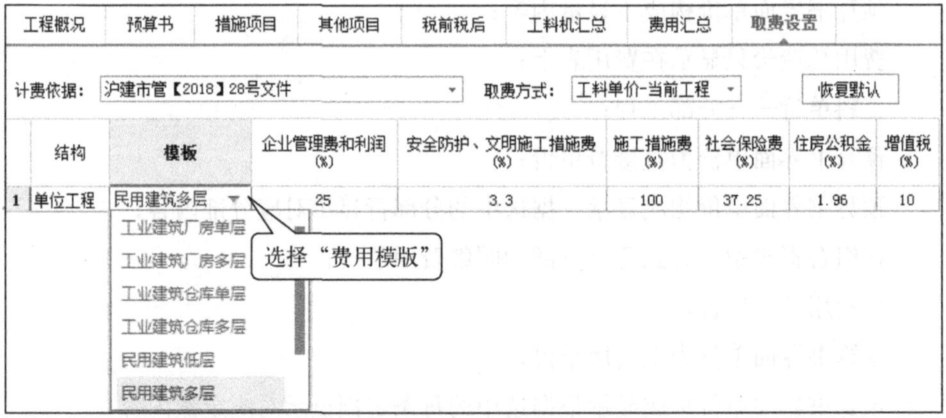

图 6－55　选择“单位工程”费用模版示意

⑤ 设置企业管理费和利润费率。

操作：单击“取费设置”页面——输入费率。

“企业管理费和利润费率”说明：

依据沪建市管(2016) 42 号文件；

费率值按照合同约定；

取费基数：人工费。

以上步骤如图 6－56 所示。

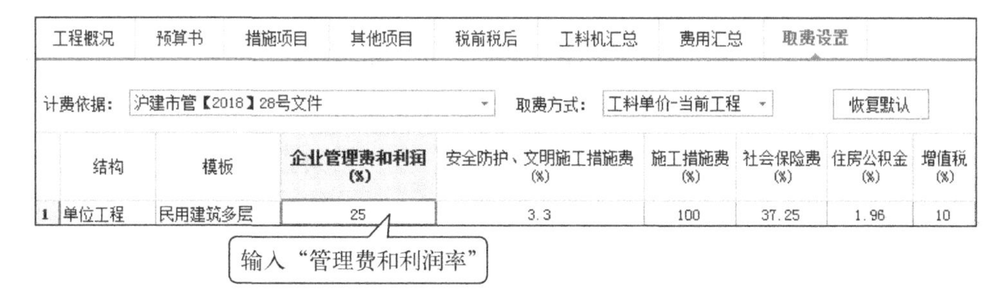

图 6-56　输入"企业管理费和利润率"示意

(17) 查看工程造价。

单击"费用汇总"页面,可查看到工程总造价(见图 6-57)。

工程概况　预算书　措施项目　其他项目　税前税后　工料机汇总　费用汇总　取费设置

	序号	费用代号	名称	计算基数	基数说明	费率(%)	金额	备注
1	1	A	直接费	A1+A2+A3+A4+A5	其中人工费+其中材料费+施工机具使用费+其中主材费+其中设备费		36,073.00	
2	1.1	A1	其中人工费	RGF	人工费		25,796.00	
3	1.2	A2	其中材料费	CLF	材料费		4,768.50	
4	1.3	A3	施工机具使用费	JXF	机械费		5,508.50	
5	1.4	A4	其中主材费	ZCF	主材费		0.00	
6	1.5	A5	其中设备费	SBF	设备费		0.00	
7	2	B	企业管理费和利润	A1	其中人工费	25	6,449.00	合同约定费率，参考范围: 20.78%~30.98%
8	3	C	安全防护、文明施工措施费	A+B	直接费+企业管理费和利润	3.3	1,403.23	沪建交[2006]445号
9	4	D	施工措施费	CSXMHJ	措施项目合计	100	36,984.02	由双方合同约定
10	5	E	其它项目费	QTXMF	其他项目费		25,000.00	
11	6	F	小计	A+B+C+D+E	直接费+企业管理费和利润+安全防护、文明施工措施费+施工措施费+其它项目费		105,909.25	
12	7	G	规费合计	G1+G2	社会保险费+住房公积金		10,114.61	
13	7.1	G1	社会保险费	A1	其中人工费	37.25	9,609.01	沪建市管[2017]105号 37.25%
14	7.2	G2	住房公积金	A1	其中人工费	1.96	505.60	沪建市管[2017]105号 1.96%
15	8	H	税前补差	SQBC	税前补差		13,720.00	
16	9	I	增值税	F+G+H	小计+规费合计+税前补差	10	12,974.39	沪建市管【2018】28号 10%
17	10	J	税后补差	SHBC	税后补差		344,000.00	
18	11	K	甲供材料	JGF	甲供费		0.00	
19	12	L	工程造价	F+G+H+I+J-K	小计+规费合计+税前补差+增值税+税后补差-甲供材料		486,718.25	

图 6-57　查看"工程造价"

(18) 报表预览、打印和输出。

① 报表预览。操作:单击"报表"主菜单→勾选相关预览报表→预览(见图 6-58和图 6-59)。

② 报表批量打印。操作:单击"批量打印"主按钮→勾选相关"报表"→单击"打印"按钮(见图 6-60)。

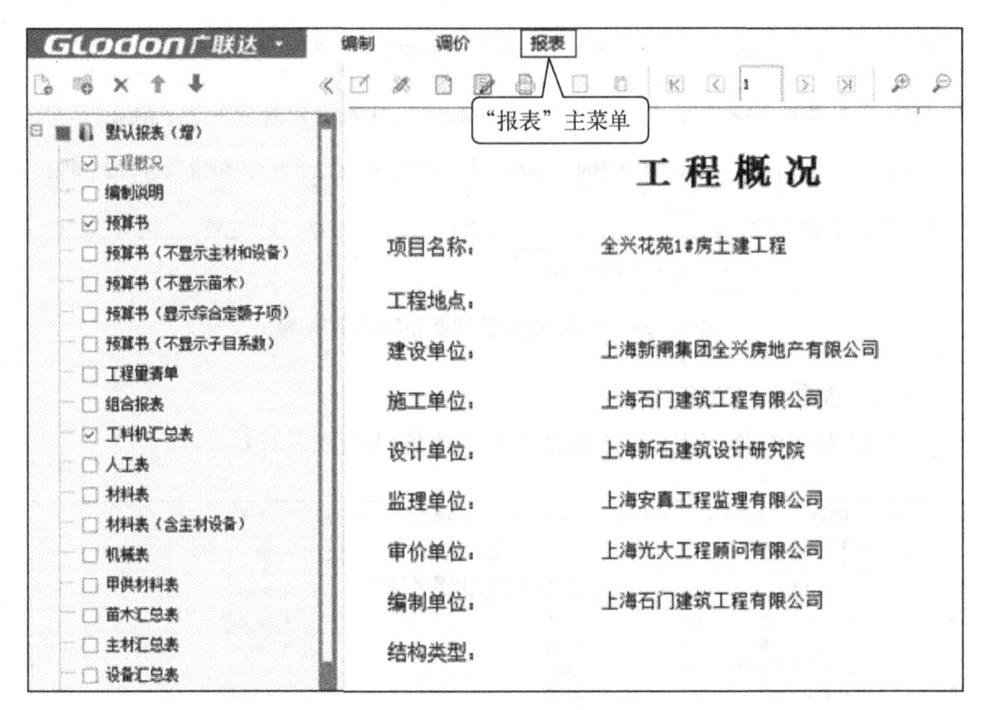

图 6－58　报表"工程概况"预览

GLodon广联达　编制　调价　报表

默认报表（增）
- 工程概况
- 编制说明
- 预算书
- 预算书（不显示主材和设备）
- 预算书（不显示苗木）
- 预算书（显示综合定额子项）
- 预算书（不显示子目系数）
- 工程量清单
- 组合报表
- 工料机汇总表
- 人工表
- 材料表
- 材料表（含主材设备）
- 机械表
- 甲供材料表
- 苗木汇总表
- 主材汇总表
- 设备汇总表
- 施工措施费
- 其他项目

预 算 书

工程名称：全兴花苑1#房土建工程　　　　第 1 页　共 1 页

序号	类	编　号	名　称	单位	工程量	单　价	合　价
			平整场地		100.00	18.46	1846.00
1	土	01-1-1-2	场地机械平整 ±300mm以内	m2	100.000	1.92	192.00
2	土	01-1-1-3	推土机 推土 推距50.0m以内	m3	100.000	6.44	644.00
3	土	01-1-1-5	填土机械碾压	m3	100.000	10.10	1010.00
			小　计	元			**1846.00**
			挖土工程		2.00	17351.75	34703.50
4	土	01-11-1-17换	预拌细石混凝土(泵送)找平层 30mm厚 厚度(mm):45 预拌混凝土(泵送型) C30粒径5～40	m2	100.000	22.57	2257.00
5	土	01-11-1-18	预拌细石混凝土(泵送)找平层 每增减5mm	m2	100.000	8.80	880.00
6	土	01-1-1-20系	机械挖基坑 埋深3.5m以内	m3	100.000	9.77	977.00
7	土	01-5-2-1换	预拌混凝土(泵送) 矩形柱　预拌混凝土(泵送型) C25粒径5-40	m3	100.000	147.72	14772.00
8	土	01-17-2-14	组合钢模板 矩形柱	m2	150.000	83.23	12484.50
9	土	01-17-3-38	输送泵	m3	100.000	33.33	3333.00
			小　计	元			**34703.50**

图 6－59　报表"预算书"预览

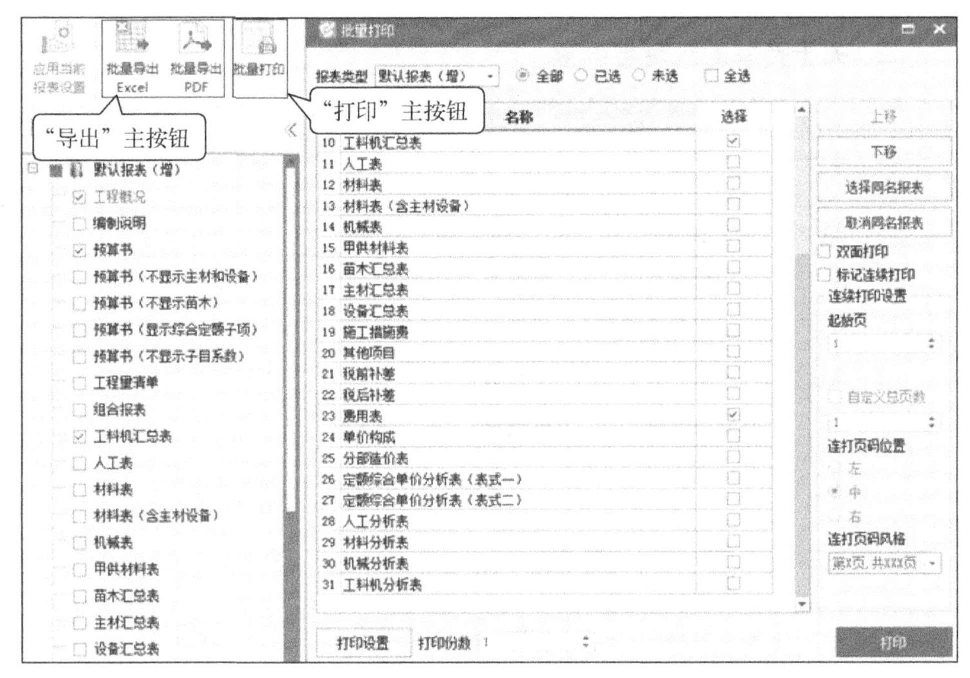

图 6－60　报表批量打印

③ 报表批量导出。导出报表文件，主要提供两种常用格式文件，即 Excel 和 PDF 文件，操作方法与报表批量打印一致，不再赘述。

任务 2　预算软件的工程应用

本任务目标要求完成一份预算文件编制，具体要求有如下几个方面。

一、材料的要求

(1) 混凝土：全部使用商品混凝土，详细要求参见预算书输入或换算要求。

(2) 砂浆：全部使用商品砂浆。

(3) 地砖：品牌：诺贝尔玻化地砖，单价＝320 元/m^2。

(4) 地板：柚木地板，单价＝420 元/m^2。

(5) 主材：参考管理总站发布的信息价(2018 年 7 月)。

(6) 辅材：参考辅材信息价(2018 年 7 月)。

(7) 部分主材价格：参考上海兴安得力公司发布的"市场价"(2018 年 7 月)。

二、关于费率的规定与设置

序号	费用代号	名　称	计算基数说明	备　注
1	A	直接费	A1+A2+A3+A4+A5	
	A1	其中人工费	人工费	
	A2	其中材料费	材料费	
	A3	施工机具使用费	机械费	
	A4	其中主材费	主材费	
	A5	其中设备费	设备费	
2	B	企业管理费和利润	A1×25%	合同约定费率,参考范围：20.78%～30.98%
3	C	安全防护、文明施工措施费	(A+B)×2.8%	沪建交(2006)445号
4	D	施工措施费	措施项目合计	由双方合同约定
5	E	其他项目费	其他项目费	
6	F	小计	A+B+C+D+E	
7	G	规费合计	G1+G2	
	G1	社会保险费	A1×32.60%	沪建市管(2019)24号 32.60%
	G2	住房公积金	A1×1.96%	沪建市管(2019)24号 1.96%
8	H	税前补差	税前补差	
9	I	增值税	(F+G+H)×9%	沪建标定(2019)176号9%
10	J	税后补差	税后补差	
11	K	甲供材料	甲供费	
12	L	工程造价	F+G+H+I+J−K	

三、报表与输出格式要求

(1) 工程概况。

(2) 费用表。

(3) 预算书。

(4) 工料机汇总表。

(5) 其他项目表。

(6) 施工措施表。

(7) 税前、税后补差表。

(8) 输出文件格式要求：EXCEL 或 PDF 文件。

四、预算文件输入要求

1. 工程概况

工程概况如下表所示。

工　程　概　况	
项目名称：	上海第一棉纺有限公司办公楼土建工程
工程地点：	
建设单位：	上海第一棉纺有限公司
施工单位：	上海石门建筑集团有限公司
设计单位：	上海兴石建筑设计有限公司
监理单位：	上海安真工程监理有限公司
审价单位：	上海光大工程顾问有限公司
编制单位：	上海石门建筑集团有限公司
结构类型：	
建筑面积(m^2)：	
框架面积(m^2)：	
地下面积(m^2)：	
编制人：	
上岗证号：	
校对人：	
上岗证号：	
审核人：	
上岗证号：	

（续表）

工 程 概 况	
编制日期：	
工程造价：	
造价指标：	
总造价(大写)：	

2. 预算书输入或换算要求

预算书输入或换算要求如下表所示。

序号	类	编 号	名 称	单位	工程量	输入或换算要求
			土方工程			
1	土	01-1-1-1	平整场地 ±300 mm以内	m^2	100	
2	土	01-1-1-3换	推土机 推土 推距50.0 m以内 推距(m)：180	m^3	100	推距：180 m
3	土	01-1-1-4	推土机 推土 推距每增加10.0 m	m^3	100	
4	土	01-1-1-7	人工挖土方 埋深1.5 m以内	m^3	100	
5	土	01-1-1-9系	机械挖土方 埋深3.5 m以内	m^3	100	系数：遇有桩土方
			打桩工程			
6	土	01-3-2-3	钻孔灌注桩桩径 ϕ800 成孔 护壁泥浆	m^3	100	
7	土	01-3-2-4	钻孔灌注桩桩径 ϕ800 灌注混凝土(非泵送)	m^3	100	预拌水下混凝土(非泵送型) C30 粒径5～40
8	土	01-1-2-9	泥浆外运	m^3	100	
			基础工程			
9	土	01-5-1-1	预拌混凝土(泵送)垫层	m^3	100	预拌混凝土(泵送型) C20 粒径5～40

（续表）

序号	类	编　　号	名　　　　称	单位	工程量	输入或换算要求
10	土	01-17-2-1	组合钢模板 垫层	m^2	100	
11	土	01-17-3-37	输送泵车	m^3	100	
12	土	01-5-1-2	预拌混凝土(泵送) 带形基础	m^3	100	预拌混凝土(泵送型) C30 粒径 5～40
13	土	01-17-2-2	组合钢模板 带形基础	m^2	100	
14	土	01-17-3-37	输送泵车	m^3	100	
			模板工程			
15	土	01-17-2-53	复合模板 矩形柱	m^2	100	
16	土	01-17-2-61	复合模板 矩形梁	m^2	100	
17	土	01-17-2-74	复合模板 有梁板	m^2	100	
18	土	01-17-2-69	复合模板 直形墙、电梯井壁	m^2	100	
			钢筋工程			
19	土	01-5-11-1	钢筋 带形基础、基坑支撑	t	100	
20	土	01-5-11-7	钢筋 矩形柱、构造柱	t	100	
21	土	01-5-11-11	钢筋 矩形梁、异形梁	t	100	
22	土	01-5-11-15	钢筋 直形墙、电梯井壁	t	100	
			混凝土工程			
23	土	01-5-2-1	预拌混凝土(泵送) 矩形柱	m^3	100	预拌混凝土(泵送型) C30 粒径 5～40
24	土	01-5-3-2	预拌混凝土(泵送) 矩形梁	m^3	100	预拌混凝土(泵送型) C30 粒径 5～40
25	土	01-5-5-1	预拌混凝土(泵送) 有梁板	m^3	100	预拌混凝土(泵送型) C30 粒径 5～40

（续表）

序号	类	编　号	名　　称	单位	工程量	输入或换算要求
26	土	01-5-4-1	预拌混凝土(泵送)直形墙、电梯井壁	m^3	100	预拌混凝土(泵送型) C30 粒径 5～40
			砌筑工程			
27	土	01-4-1-1	砖基础 蒸压灰砂砖 干混砌筑砂浆 DM M10.0	m^3	100	
28	土	01-4-1-20	零星砌体 蒸压灰砂砖 干混砌筑砂浆 DM M5.0	m^3	100	
29	土	01-4-2-4	砂加气混凝土砌块 200 mm厚 砂加气砌块粘结砂浆	m^3	100	
30	土	01-4-2-6	加气混凝土砌块墙 200 mm厚 干混砌筑砂浆 DM M5.0	m^3	100	
			门窗工程			
31	土	01-8-6-2 系	铝合金窗安装 推拉	m^2	100	系数：设计为中空玻璃
32	土	01-8-1-2	成品木门框安装 干混抹灰砂浆 DP M15.0	m	100	
33	土	01-8-1-1	成品木门扇安装	m^2	100	
34	土	01-8-1-3	成品套装木门安装 单扇门	樘	100	
35	土	01-8-2-9	钢质防火门 干混抹灰砂浆 DP M15.0	m^2	100	
			楼地面工程			
36	土	01-11-1-17 换	预拌细石混凝土(泵送)找平层 30 mm 厚	m^2	100	预拌混凝土(泵送型) C30 粒径 5～16
37	土	01-11-1-1	干混砂浆楼地面 干混地面砂浆 DS M20.0	m^2	100	
			屋面工程			

（续表）

序号	类	编　　号	名　　　　称	单位	工程量	输入或换算要求
38	土	01-9-2-10换	屋面刚性防水 预拌细石混凝土(泵送) 40 mm厚	m^2	100	预拌混凝土（泵送型）C30 粒径5～16
39	土	01-9-2-11	屋面刚性防水 防水砂浆 干混防水砂浆	m^2	100	
40	土	01-9-2-1	屋面防水 三元乙丙橡胶卷材	m^2	100	
41	土	01-9-2-12	屋面防水 刷防水底油第一遍	m^2	100	
42	土	01-9-2-13	屋面防水 刷防水底油第二遍	m^2	100	
			会议室装修工程			
43	土	01-11-1-17换	预拌细石混凝土（泵送)找平层 30 mm厚 厚度(mm)：40 预拌混凝土(泵送型)C30 粒径5～16	m^2	100	预拌混凝土（泵送型）C30 粒径5～16，厚度＝40 mm
44	土	01-11-1-18换	预拌细石混凝土（泵送）找平层 每增减5 mm 单位×2 预拌混凝土(泵送型)C30 粒径5～16	m^2	100	预拌混凝土（泵送型）C30 粒径5～16
45	土	01-11-4-4	地板 木格栅	m^2	100	
46	土	01-11-4-5	地板 毛地板	m^2	100	
47	土	01-11-4-6	企口地板 基层板上直铺 柚木地板	m^2	100	柚木地板，含税单价=420元/m^2
48	土	01-13-2-4	U型轻钢天棚龙骨 450 mm×450 mm平面	m^2	100	
49	土	01-13-2-35	吊顶天棚 面层 塑铝板	m^2	100	
			卫生间装修			
50	土	01-9-3-11	墙面防水、防潮 防水砂浆 干混防水砂浆	m^2	100	

（续表）

序号	类	编　号	名　　称	单位	工程量	输入或换算要求
51	土	01-9-4-11	楼（地）面防水、防潮 防水砂浆 干混防水砂浆	m^2	100	
52	土	01-9-4-10	楼（地）面防水、防潮 苯乙烯涂料二度	m^2	100	
53	土	01-11-2-16	楼地面干混砂浆铺贴 每块面积 0.64 m^2 以外 干混地面砂浆 DS M20.0	m^2	100	诺贝尔玻化地砖，含税单价＝320 元/m^2
			脚手架工程			
54	土	01-17-1-2	钢管双排外脚手架 高 20 m 以内	m^2	100	
55	土	01-17-1-12	钢管满堂脚手架 基本层高 3.6～5.2 m	m^2	100	

3. 工料机价格

工料机价格如下表所示。

编　码	名　　称	单位	数量	单价/元	合价/元
00030113	打桩工 建筑装饰	工日	45.29	173	7 835.17
00030117	模板工 建筑装饰	工日	123.99	180	22 318.2
00030119	钢筋工 建筑装饰	工日	1 828.28	168	307 151
00030121	混凝土工 建筑装饰	工日	248.42	160	39 747.2
00030123	架子工 建筑装饰	工日	18	166	2 988
00030125	砌筑工 建筑装饰	工日	436.16	182	79 381.12
00030127	一般抹灰工 建筑装饰	工日	22.07	178.5	3 939.5
00030129	装饰抹灰工（镶贴） 建筑装饰	工日	11.76	192	2 257.92
00030131	装饰木工 建筑装饰	工日	116.49	188.5	21 958.37
00030133	防水工 建筑装饰	工日	24.86	159	3 952.74
00030139	油漆工 建筑装饰	工日	1.07	170	181.9
00030153	其他工 建筑装饰	工日	425.74	140.5	59 816.47
01010120	成型钢筋	t	404	4 257.54	1 720 045

（续表）

编　码	名　　称	单位	数量	单价/元	合价/元
02031001	三元乙丙卷材搭接带	m	103.53	2.11	218.45
02090101	塑料薄膜	m^2	1 243.16	1.16	1 442.07
03013101	六角螺栓	kg	1.97	10.27	20.23
03015555	镀锌通丝螺杆 $\phi8$	m	212.53	1.96	416.56
03018172	膨胀螺栓(钢制) M8	套	788.01	0.66	520.09
03018174	膨胀螺栓(钢制) M12	套	151.81	2.1	318.8
03018903	塑料胀管带螺钉	套	1 460.81	0.09	125.63
03019315	镀锌六角螺母 M14	个	1 410.62	0.23	325.85
03035915	连接件(门窗专用)	个	552.64	1.03	569.22
03130115	电焊条 J422 $\phi4.0$	kg	15.37	4.74	72.85
03150101	圆钉	kg	42.07	2.75	115.69
03150811	水泥钢钉	kg	0.02	4.12	0.08
03150901	地板钢钉	kg	54.64	13.44	734.36
03152501	镀锌铁丝	kg	1 669.33	4.62	7 712.3
03152507	镀锌铁丝 8#～10#	kg	5.06	4.87	24.64
03152516	镀锌铁丝 18#～22#	kg	4.34	4.66	20.22
03154813	铁件	kg	170	5.42	921.4
03154822	其他铁件	kg	2.94	5.42	15.93
03154831	镀锌垫片	kg	0.09	6.7	0.6
03210801	石料切割锯片	片	0.3	43.22	12.97
04050218	碎石 5～70	kg	2 486.9	0.13	323.3
04131714	蒸压灰砂砖 240×115×53	块	108 106.5	0.51	55 134.32
04151333	蒸压加气混凝土砌块 600×300×200	m^3	94.82	324.87	30 804.46
04151414	蒸压砂加气混凝土砌块 600×250×200	m^3	102.27	290.95	29 755.25
05030102	一般木成材	m^3	0.28	1 908.2	534.29
05030107	中方材 55～100 cm^2	m^3	3.3	1 785.17	5 891.07

（续表）

编　码	名　　称	单位	数量	单价/元	合价/元
05030225	地板木搁栅 30×45	m^2	376.95	3.23	1 217.55
05330111	竹笆 1 000×2 000	m^2	20.75	7.06	146.5
07050215@1	诺贝尔玻化地砖 1 000×1 000	m^2	104	276.53	28 759.12
07130501	毛地板	m^2	105	31.63	3 321.05
07131701@2	柚木地板	m^2	105	362.16	38 027.12
09110421	铝塑板 δ4	m^2	110	116.38	12 801.69
10010912	轻钢龙骨上人型(平面)450×450	m^2	101	17.29	1 745.79
11010241	成品木门框	m	102	38.84	3 961.37
11012221	成品装饰门扇	m^2	91.45	453.38	41 461.51
11012231	成品套装木门单扇门	樘	100	733.58	73 358.1
11031201	钢质防火门	m^2	98.25	547.48	53 790.01
11092311	铝合金推拉窗(含玻璃)	m^2	95.43	273.74	26 122.63
13030301	苯乙烯涂料	kg	52	12.83	667.16
13052901	冷底子油	kg	84.44	12.83	1 083.37
13056101	红丹防锈漆	kg	7.52	12.66	95.2
13331301	三元乙丙橡胶防水卷材	m^2	122.2	10.09	1 233
14050121	油漆溶剂油	kg	0.85	5.86	4.98
14372501	聚氨酯发泡密封胶 750 ml	支	142.72	20.93	2 987.13
14410701	万能胶	kg	31.2	19.09	595.64
14412529	硅酮耐候密封胶	kg	98.72	35.53	3 507.62
14412548	硅酮密封胶	kg	21.72	5.13	111.42
14414701	三元乙丙卷材黏合剂	kg	49.99	13.55	677.36
14415001	砂加气黏结剂	kg	1 978.83	0.41	811.32
14417401	陶瓷砖填缝剂	kg	10.2	22.69	231.44
17252681	塑料套管 ϕ18	m	77.96	1.29	100.57
33330713	L 型铁件 L150×80×1.5	块	390.14	1.8	702.25
34110101	水	m^3	558.39	5.66	3 160.46

（续表）

编　　码	名　　　　称	单位	数量	单价/元	合价/元
35010102	组合钢模板	kg	154.72	3.98	615.79
35010703	木模板成材	m^3	1.12	1 596.59	1 788.18
35010801	复合模板	m^2	100.55	32.9	3 307.99
35020101	钢支撑	kg	110.05	6.79	746.8
35020422	钢模零星卡具	kg	22.53	5.03	113.33
35020531	铁板卡	kg	282.9	4.96	1 403.18
35020601	模板对拉螺栓	kg	195.94	4.96	971.86
35020711	模板钢拉杆	kg	53.79	4.96	266.8
35020721	模板钢连杆	kg	108.95	6.75	735.09
35020902	扣件	只	129.31	4.28	553.45
35030343	钢管 ϕ48.3×3.6	kg	152.75	4.31	658.35
35030612	钢管底座 ϕ48	只	0.2	7.76	1.55
35031212	对接扣件 ϕ48	只	8.84	5.88	51.98
35031213	旋转扣件 ϕ48	只	2.3	6.04	13.89
35031214	直角扣件 ϕ48	只	20.44	5.87	119.98
35050127	安全网(密目式立网)	m^2	32.88	17.15	563.89
35091211	钢制护套管	kg	19.14	3.25	62.21
80060111	干混砌筑砂浆 DM M5.0	m^3	31.38	439.82	13 801.49
80060113	干混砌筑砂浆 DM M10.0	m^3	25.45	463.19	11 788.24
80060213	干混抹灰砂浆 DP M15.0	m^3	1.46	482.19	704
80060312	干混地面砂浆 DS M20.0	m^3	2.55	493.08	1 257.35
80060331	干混防水砂浆	m^3	6.15	501.73	3 085.64
80112011	护壁泥浆	m^3	66	45.47	3 001.02
80210416	预拌混凝土(泵送型) C20 粒径 5～40	m^3	101	514.56	51 970.86
80210421	预拌混凝土(泵送型) C30 粒径 5～16	m^3	11.1	533.98	5 927.19
80210424	预拌混凝土(泵送型) C30 粒径 5～40	m^3	505	529.13	267 208.63

(续表)

编　码	名　　称	单位	数量	单价/元	合价/元
80211213	预拌水下混凝土(非泵送型)C30 粒径 5～40	m^3	124.84	514.56	64 238.04
X0045	其他材料费	元	4 077.21	1	4 077.21
99010060	履带式单斗液压挖掘机 1 m^3	台班	0.26	1 408.93	366.32
99030620	工程钻机 GPS－10	台班	9.1	232.76	2 118.11
99050150	泥浆排放设备	台班	10.35	200	2 070
99050540	混凝土输送泵车 75 m^3/h	台班	2.16	1 846.75	3 988.99
99050920	混凝土振捣器	台班	54.36	10.09	548.49
99070050	履带式推土机 90 kW	台班	1.83	1 236.66	2 263.08
99070530	载重汽车 5 t	台班	4.94	533.11	2 633.57
99090360	汽车式起重机 8 t	台班	2.61	985.37	2 571.81
99130340	电动夯实机 250 N·m	台班	0.14	29.65	4.15
99210010	木工圆锯机 ϕ500	台班	1.53	30.04	45.96
99250020	交流弧焊机 32 kVA	台班	3.16	102.3	323.27
99430200	电动空气压缩机 0.6 m^3/min	台班	4.4	42.11	185.28
99440240	泥浆泵 ϕ50	台班	6.47	49.83	322.41
99510040	泥浆外运	m^3	100	87	8 699.7
合　计					3 173 488

4. 其他项目

其他项目如下表所示。

序　号	项目名称	服务内容	项目价值	费率/%	金额/元
1	消防工程	配合服务费	25 000	100.00	25 000
2	绿化工程	配合服务费	15 000	100.00	15 000

5. 施工措施费

施工措施费如下表所示。

序号	项　目　名　称	单位	数量	单价/元	费用/元
1	市政设施保护、改道、迁移等措施费	项	1	35 000	35 000
2	工程监测费	项	1	20 000	20 000
3	工程新材料、新工艺、新技术的研究、检验试验费等	项	1		
4	创部、市优质工程施工措施费	项	1		
5	特殊产品保护费	项	1		
6	特殊条件下施工措施费	项	1		
7	工程保险费	项	1		
8	港监及交通秩序维持费	项	1		
9	建设单位另行专业分包的配合、协调、服务费	项	1		
10	其他	项	1		
合计			—	—	55 000

6. *税前补差*

税前补差如下表所示。

序号	项 目 名 称	单位	数量	单价/元	费用/元
1	水费补差	m^3	2 000	2.5	5 000
2	电费补差	度	5 500	2	11 000
3	室内空气检测费	m^2	500	1.8	900
合　计					16 900

7. *税后补差*

税后补差如下表所示。

序号	项 目 名 称	单位	数量	单价/元	费用/元
1	载人电梯(奥的斯)	台	2	120 000	240 000
2	消防电梯	台	1	80 000	80 000
3	不锈钢水箱	只	1	6 000	6 000
合　计					326 000

8. 费率设置

费率设置如下表所示。

序号	名　　称	基 数 说 明	费率/%	金额/元
1	直接费	其中人工费+其中材料费+施工机具使用费+其中主材费+其中设备费		3 173 485
1.1	其中人工费	人工费		551 554
1.2	其中材料费	材料费		2 595 792
1.3	施工机具使用费	机械费		26 139
1.4	其中主材费	主材费		
1.5	其中设备费	设备费		
2	企业管理费和利润	其中人工费	25	137 888.5
3	安全防护、文明施工措施费	直接费+企业管理费和利润	3	99 341.21
4	施工措施费	措施项目合计	100	55 000
5	其他项目费	其他项目费		40 000
6	小计	直接费+企业管理费和利润+安全防护、文明施工措施费+施工措施费+其他项目费		3 505 714.71
7	规费合计	社会保险费+住房公积金		190 617.07
7.1	社会保险费	其中人工费	32.60	179 806.61
7.2	住房公积金	其中人工费	1.96	10 810.46
8	税前补差	税前补差		16 900
9	增值税	小计+规费合计+税前补差	9	334 190.86
10	税后补差	税后补差		326 000
11	甲供材料	甲供费		
12	工程造价	小计+规费合计+税前补差+增值税+税后补差—甲供材料		4 373 422.64

参考文献

[1] 上海市建筑建材业市场管理总站.上海市建设工程施工费用计算规则 SHT 0-33—2016[S].上海：同济大学出版社，2017.

[2] 住房和城乡建设部标准定额研究所.建筑工程建筑面积计算规范 GB/T50353—2013[S].北京：中国计划出版社，2014.

[3] 上海市建筑建材业市场管理总站.上海市建筑和装饰工程预算定额 SH 01-31—2016[S].上海：同济大学出版社，2017.

[4] 中国建筑标准设计研究院.混凝土结构施工图平面整体表示方法制图规则和构造详图(现浇混凝土框架、剪力墙、梁、板)16G101-1[S].北京：中国计划出版社，2016.

[5] 中国建筑标准设计研究院.混凝土结构施工图平面整体表示方法制图规则和构造详图(现浇混凝土板式楼梯)16G101-2[S].北京：中国计划出版社，2016.

[6] 中国建筑标准设计研究院.混凝土结构施工图平面整体表示方法制图规则和构造详图(独立基础、条形基础、筏形基础、桩基础)16G101-3[S].北京：中国计划出版社，2016.

[7] 孙丽雅，瞿丹英，等.建筑工程预算项目教程[M].杭州：浙江大学出版社，2012.

[8] 上海市建设工程标准定额管理总站.上海市建设工程预算[M].上海：上海科学普及出版社，2002.

[9] 应惠清.建筑施工技术[M].(第2版).上海：同济大学出版社，2011.

[10] 上官子昌.平法钢筋识图与计算细节详解[M].(第3版).北京：机械工业出版社，2017.

[11] 倪安葵，蓝建勋，孙友棣，等.建筑装饰装修施工手册[M].北京：中国建筑工业出版社，2017.

[12] 上海市住房和城乡建设管理委员会.上海市建设工程定额体系表(2015版)[G].上海：上海市住房和城乡建设管理委员会，2016.